Thermodynamics

熱力学 第2版

小口 幸成・髙石 吉登 ｜ [編著]

佐藤 智明・林　直樹・佐藤 春樹
長沼　要・佐々木直栄・田中 三郎 ｜ [著]

朝倉書店

編集者

小口幸成　神奈川工科大学 名誉教授
髙石吉登　神奈川工科大学 名誉教授

執筆者

小口幸成　神奈川工科大学 名誉教授
髙石吉登　神奈川工科大学 名誉教授
佐藤智明　神奈川工科大学 工学部機械工学科 教授
林　直樹　神奈川工科大学 工学部機械工学科 准教授
佐藤春樹　慶應義塾大学 名誉教授
長沼　要　金沢工業大学 工学部機械工学科 教授
佐々木直栄　日本大学 工学部機械工学科 教授
田中三郎　日本大学 工学部機械工学科 准教授

初版執筆者

小口幸成　伊藤定祐　髙石吉登　矢田直之
栩谷吉郎　佐藤春樹　洞田　治

（執筆順）

改訂版の
ま え が き

　本書の初版は 2006 年 3 月 30 日に出版された．その後，「国際単位系（SI）」が 2019 年 5 月 20 日に新たに形を変えて施行された．さらに，地球温暖化を防ぐための枠組みを議論する「締約国会議（COP）」（Conference of the Parties）が組織され，「持続可能な開発目標（SDGs）」（Sustainable Development Goals）として 17 項目の目標提言が行われるなど，熱力学の基礎から応用に関わる広い範囲にわたった改革が提言された．本書は，これらの改革に熱力学が如何に関連しているかを取り入れて改訂したものである．

　国際単位系（SI）の改正の概要については，第 2 章に記述した．

　地球環境の保全を図ることは，人類全体の責任であり，務めである．熱力学の基礎のひとつにエネルギー保存則があるが，自然エネルギーを含めて，すべてのエネルギーは最後には「熱」に変換される．その「熱」を吸収する「温室効果ガス」（greenhouse gas）を低減し，増加させない工夫が提案されている．温室効果ガスは，大気圏にあって地表から放射される赤外線の一部を吸収することによって温室効果をもたらすことになる．この温室効果ガスは，H_2O，CO_2，CH_4，NO_2，フルオロカーボン類（CFCs，HCFCs，HFCs）など生活に密着したガスであり，これらを大気に放出しない工夫も必要である．

　自然エネルギーを活用すれば自然のままで問題は少ないのではと考えがちである．しかしながら，たとえば自然エネルギーを電力に変換する際には，そのための装置を製造する必要がある．材料の調達・輸送・加工や設置工事等を行って装置を製造するために，さらには，寿命のきた装置を廃棄処分するために大量のエネルギーが消費される．その結果として，大気に大量の温室効果ガスを間接的に排出する可能性がある．

　また，化石燃料を使用して発電する場合，燃焼ガス（CO_x，NO_x，SO_x など）を煙突から大気へ放出しないように回収する工夫が必要である．この回収したガスを再活用しようとする試みが技術革新をもたらすことであろう．

　本書においても，初版と同様に，章・節の内容を［入門］，［初級］または［一般］に分類して目次に示した．

　本書の改訂にあたり，多くの国際規格，著書，研究論文等を参考にさせていただいた．ここに記して謝意を表する．

　終わりに，本書の改訂にあたり，朝倉書店編集部に多大のご尽力をいただくとともに，ご支援・ご助力を賜った．ここに，心から謝意を表する．

2022 年 12 月

著者を代表して

小 口 幸 成

髙 石 吉 登

まえがき

　本書は，「工業熱力学」の初級編ともいうべき内容にポイントを絞って，工業高等学校，工業高等専門学校，大学工学系の教科書用に編纂されたものである.

　熱力学には，工業熱力学，化学熱力学，統計熱力学などそれぞれの分野に適した熱力学があるが，それらのなかで工業熱力学は熱力学の歴史的発展に忠実に記述されているといってよかろう. 熱力学の基礎は，数学，物理，化学であるが，熱力学の歴史は自然科学の歴史そのものである. また，その歴史のなかで，エントロピーが定義されたことによって，完成した唯一の学問とされている. すなわち，あらゆる学問の最も基礎になる学問ということである. したがって，熱力学を勉強することは，自然科学，理学，工学の入門を勉強することであり，学問の広がりを知ることができるものである.

　本書の特長は，次頁の表に示すように，節の内容によって，「入門」，「初級」，および「一般」に分類したところにある.

　「入門」は，授業を聴かなくても，自分で読んで理解できるように記述したところである. 授業の予習としてぜひ読んでおいていただきたい.

　「初級」は，教員が授業で開始する節である. 「入門」の知識をもっていることを前提として授業を開始する.

　「一般」は，通常の「工業熱力学」の授業である.

　本書を授業で使用する場合，「入門」，「初級」，および「一般」を授業の進度にあわせて使い分けていただきたい.

　本書の執筆にあたり，多くの先達の著書等を参考にさせていただいた. そのすべてを記すことは不可能であり，ここに記して心から謝意を表する.

　終わりに本書の出版にあたり，朝倉書店編集部にご尽力をいただくとともに，一方ならないご支援をいただき，またご助言を賜った. ここに，心から感謝の意を表する.

2006 年 3 月

著者を代表して

小 口 幸 成

目　　　次

コーヒーブレイク ─────────────────

1 熱 と 熱 現 象

1.1 熱 と は

熱（heat）は次のような性質をもっている.

① 人がさわって熱いと感じる**物体**（**物質**, matter, substance）と冷たいと感じる物体がある.

② 表面温度が同じでも，金属表面は冷たく感じ，発泡スチロール表面は温かく感じる.

③ 人間が感じる温かさと冷たさは，**定性**（quality）的なもので，人によってその程度が違う.

④ 温かさと冷たさは，人の感触による違いばかりでなく，その物体がもっている熱の量（熱量），物体の材質，物体表面の仕上げなどによっても異なる.

⑤ 熱を数量として**定量**（quantity）的に表すために，**温度**（temperature）を使う. 温度の測定には，**温度計**（thermometer）を使用する.

⑥ 温度計には，**温度目盛**（temperature scale）をつける. 日常使われるセルシウス温度（℃）もそのひとつであるが，**熱力学温度目盛**（thermodynamic temperature scale）が温度目盛の基準である. 熱力学温度目盛を実用的に再現できるように，国際温度目盛が国際度量衡会議で決められている. したがって，国際温度目盛にしたがって温度が目盛られているが，現在は 1990 年に制定された国際温度目盛が使われている.

⑦ 温度の高い物体は熱く感じ，温度の低い物体は冷たく感じる.

⑧ 一般に，物体に熱を加えるとその物体の温度は高くなり，熱を取り去るとその物体の温度は低くなる. しかし，熱と温度は異なる.

⑨ 熱は抽象的な表現であり，**熱量**（quantity of heat）は数量として数値に単位をつけた量で表すものをいう.

⑩ 熱を物体に与えるとき，物体の温度を上げるために使われた熱を**顕熱**（sensible heat）といい（図 1.1），一定温度のもとで物体の**相**（phase）を変えるために使われた熱を**潜熱**（latent heat）という. たとえば，**水**（water）（**液相**, liquid phase）を**一定圧力**（isobar）のもとで加熱して**水蒸気**（steam, water vapor）（**気相**, gas phase）を発生させるときは温度が一定であるが，このときの熱が潜熱であり，**蒸発潜熱**または**蒸発熱**

熱素，光素，燃素の考え方

熱（カロリック），光（ルミエール），燃焼（フロジストン）をそれぞれ物質と考えた時代があった. たとえば，熱は熱素という物質であり，熱素は新たに生じることもなく消滅することもない. 物体内に再配分されるもので，熱素の量が増えると温度が上がり，減ると温度が下がる. 熱素が完全になくなると最低の温度（絶対零度）になる. 温度はラテン語（テンペリエース）を語源とし混合物を表している. この考え方では，物体の温度とは，物体の構成物質と熱素の混合物と理解され，温度の度数は混合物の濃度を表すものとされた. 酒のアルコール濃度の度数と同じ起源である. 1789 年にラボアジェ（Lavoisier）は，初めて元素表をまとめたが，そのなかに熱素と光素が酸素，窒素，水素などといっしょに含まれている. それ以前，物体の燃焼は燃素が物体から逃げ出すことと説明されていたが，ラボアジェは 1777 年に燃焼は酸素による酸化反応であることを提唱し，彼の元素表には燃素はなく，酸素が載せられている. 光は物体の性質と波の性質をもっているので，光素を考え出したことには理由があった. 元素だけの表ではなく，最初に周期律表をまとめた研究者は，元素の化学的性質に基づいたメンデレーエフ（Mendeleyev）と元素の物理的性質に基づいたメイヤー（Meyer）であった.

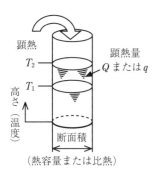

図1.1　顕熱と温度の関係

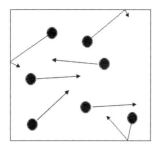

図1.2　物体内の粒子の運動

エネルギーの語源

　「エネルギー（energy）」という言葉は，「仕事をする能力」を意味する言葉として，ベルヌーイ（Bernoulli）によって1717年に初めて使われたといわれる．ギリシャ語の「$\varepsilon\rho\gamma o\nu$（エルゴン，仕事）」に，「内部へ」を意味する接頭語の「en」を付けたもので，ギリシャ語のエネルゲイアを語源とする言葉である．すなわち，仕事を行う能力が物体または状態に潜在的に存在していることを示している．

　その後，1800年代にヤング（Young）が，1850年前後からトムソン（W. Thomson, 後のLord Kelvin）がそれぞれ論文中でエネルギーの言葉を使用し，ランキン（Rankine）が力学的エネルギー（mechanical energy），化学的エネルギー（chemical energy），電気的エネルギー（electric energy），磁気的エネルギー（magnetic energy）などを提唱し，広い範囲でエネルギーという言葉が使用されるようになった．当時は一般には，エネルギーに相当する内容を，活力（living force）とよぶことが多かった．

（heat of vaporization）という．

　⑪　温度の異なる2個の物体を接触させると，時間とともに高温の物体は冷え，低温の物体は温まって，最後は等しい温度になる．これを熱が高温の物体から低温の物体へ移動したという．

　⑫　熱は，温度差があるところでは，常に温度の高いところから温度の低いところへ移動する．

　⑬　熱は，物体といっしょにも移動する．熱は，壁を通過して移動することができる．また，真空中では電磁波に姿をかえて移動することができる．

　⑭　物体は，**原子**（atom）や**分子**（molecule）などの**粒子**（particle）がたくさん集まってできている．熱はこれらの粒子の無秩序な運動として物体内に蓄えられ（図1.2），熱が加わるとこの運動が激しくなり，熱を除去するとこの運動は鈍くなる．

　⑮　熱は，**密度**（density），**比熱容量**（specific heat capacity），**屈折率**（refractivity），**粘性率**（viscosity），**熱伝導率**（thermal conductivity）など，物体の性質（**熱物性**，thermophysical property）を変化させる．

　⑯　熱は，物体を構成する分子や原子の**運動エネルギー**（kinetic energy），**位置エネルギー**（potential energy），**運動量**（momentum）などを変化させる．

1.2　熱の発生とエネルギー源

　冷たい手を暖めるには，たき火，ストーブなどに手をかざせばよい．あるいは，手に息を吹きかけたり，手袋をしたり，手をポケットに入れたりする．これらは，熱で手を暖める方法である．たき火，ストーブなどの方法は，燃料を使って熱を発生させ，その熱を利用する方法である．息を吹きかけたり，手袋を使ったりする方法は，人間が食料を食べて体内で食物を燃焼させ，体温調節を行うための発熱を利用して，その熱を直接利用したり，体内で発生した熱を周囲に逃がさないように手を保温したりする方法である．

　一方，手をこすり合わせれば，同じように手を暖めることができる．手をこすり合わせるという作業は**仕事**（work）であり，手の**摩擦**（friction）によって，仕事を熱に変換している．この仕事は，人間が食料を食べて体内で食物を燃焼させて発生したエネルギーを使って仕事を行うものである．仕事から熱へのエネルギー変換は，摩擦によって火をおこすなど，有史以前から日常生活の中で自然に行っていた．

　エネルギーには以下のようなものがある．

$$
\text{エネルギー} \left\{
\begin{array}{l}
\text{熱（熱エネルギーともいう）} \\
\text{力学的エネルギー（運動エネルギー，位置エネルギー，回転} \\
\qquad \text{エネルギーなど）} \\
\text{電気的エネルギー} \\
\text{仕事} \\
\text{原子力（核分裂エネルギー，核融合エネルギー）} \\
\text{磁気的エネルギー} \\
\text{化学的エネルギー} \\
\text{光学的エネルギー}
\end{array}
\right.
$$

火力発電や原子力発電で電力を発生させるには，発電機を回転させなければならない．この回転力を発生させるために蒸気タービンを使っており，水蒸気をタービン翼にノズルから吹き付けるために高温高圧の水蒸気が必要である．その水蒸気の発生には，水を加熱するための高温の熱が必要である．いろいろな目的に応じて適したエネルギー源を選択することが重要である．エネルギー源（1次エネルギー）には次のようなものがある．

$$
\text{エネルギー源} \left\{
\begin{array}{l}
\text{化石燃料（石油，石炭，天然ガス，オイルシェール，ター} \\
\qquad \text{ルサンドなど）} \\
\text{その他の燃料（植物性燃料，動物性燃料，核燃料など）} \\
\text{水力（放水面より高い位置にある水）} \\
\text{自然エネルギー（太陽熱，太陽光，地熱，風力，バイオマ} \\
\qquad \text{ス，海洋温度差，潮の干満差，海の波など）}
\end{array}
\right.
$$

エネルギーの種類については，9.3節にも述べられている．

1.3 熱現象のいろいろ

1.3.1 つぶれかけたピンポン球

つぶれかけたピンポン球を熱湯につけると，ピンポン球がもとどおりに丸く膨らむ．ピンポン球のなかの空気が湯の熱で加熱され，ピンポン球内の空気の圧力が上昇し，この圧力が周囲の大気圧に等しくなるまでこの空気が膨張しようとするので，その力によってピンポン球が膨らむ．このように，熱が加わることによって，ピンポン球のなかの空気が膨張するというように，熱が移動するとその過程でいろいろな熱現象が生じる．

1.3.2 熱移動の方向性

熱は温度の高いところから温度の低いところへ移動し，その逆には移動しない（図1.3）．すなわち，熱の移動現象は方向性が決まっており，この熱移動現象は代表的な不可逆過程である．

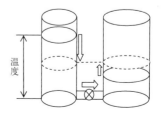

図1.3 熱移動
矢印が熱の移動方向を表す．

1.3.3　熱力学の基本量

力学（mechanics, dynamics）では基本量に**長さ**（length），**質量**（mass）および**時間**（time）を使用するが，**熱力学**（thermodynamics）では，これらに加え**温度**をもうひとつの基本量として使用する．基本量が増えただけ，熱力学は力学に比べて複雑になる．

力学は力と運動を取り扱うが，熱力学は熱と仕事の関係を扱う学問として生まれた．熱と仕事の間の関係はあらゆる自然現象がからみ合っているので，熱力学は基礎になる学問であると同時にミクロからマクロまでの広い応用分野を含んだ学問である．

1.3.4　気体の加熱

ある気体を，熱を逃がさない容器（断熱容器）に封入して，何らかの方法でこの気体を加熱すると，気体の温度は上昇し，圧力も上昇する．この容器が変形しない容器であれば，圧力上昇は激しくなる．この熱は，気体の分子の無秩序な運動にエネルギーとして蓄えられるから，分子の運動エネルギー，位置エネルギー，回転エネルギーなどが増加する（図1.4）．

1.3.5　水の沸騰

標準大気圧（101.325 kPa）下において，空気を含まない純粋な水を加熱すると約100℃（1990年国際温度目盛では，99.974℃）で沸騰が始まり，水蒸気が発生する．この加熱によって，水分子どうしの分子相互間の結合エネルギーを超えたことになり，水蒸気として水のときより自由な分子の活動が起こったことになる．したがって，水のときより水蒸気になったほうが体積は大きくなり，その体積は約1600倍になる．水以外の液体を沸騰させても蒸気になると同じように体積が膨張する．沸騰する温度を沸点または飽和温度ということがある．飽和温度は，沸騰する圧力が高圧になれば高温になる．この気液平衡状態の最も低い温度は三重点温度であり，最も高い温度は臨界温度である．このように三重点温度と臨界温度の間に気液平衡状態が存在する．

この沸騰しているときの水と水蒸気は等しい温度ではあるが，水蒸気のほうが水より約2257 kJ/kgだけ大きなエネルギーを所持している．このエネルギーが蒸発熱である．

1.4　熱の伝わり方

熱は温度差によって移動する．温度が等しいところへは移動しない．熱がひとつの場所から他の場所に移動することを，**伝熱**（heat transfer）または熱移動という．伝熱は非常に複雑な現象の組合せであり，熱が伝わることによって周囲に多くの熱現象を生じさせる．そのように複雑な熱移動

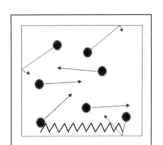
図1.4　断熱容器内で加熱された気体分子の運動

気液平衡状態
7.5節にこの状態の取り扱い方が述べられている．気体（蒸気）と液体が共存している状態であり，沸騰や凝縮の状態がこの状態である．

物質の三重点
固体と液体，液体と気体，固体と気体，および固体，液体と気体が，それぞれ共存した状態で存在することがある（これを相平衡状態という）．固体から液体へ変化する現象を融解（液化），その逆を凝固（固化）という．液体から気体（蒸気）へ変化する現象を蒸発（気化），その逆を凝縮（液化）という．固体から液体にならずにそのまま気体へ変化する現象を昇華という．固体，液体および気体（蒸気）が同時に共存する状態を三重点の状態という．温度は，水の三重点温度を273.16 K（0.01℃）と定義して，ほかの温度を目盛ることになっていた．2019年5月20日に，新SIが施行され，熱力学温度のケルビンの定義が改定され，ボルツマン定数によって定義されることになった（第2章を参照）．しかし，この定義改定は，国際温度目盛には影響しない（水の三重点温度は273.16 ± 0.0001 K）．

現象を分析すると，その基本は**熱伝導**（heat conduction），**熱対流**（heat convection），および**熱放射**（**熱ふく射**，heat radiation）の3種類のまったく異なった熱移動過程から成り立っており，これらの過程のうち2つまたは3つが組み合わされて起こることが多い．

1.4.1 熱 伝 導

物体を構成する分子や原子の粒子同士が衝突して，熱を伝える．熱は物体内の粒子の無秩序な運動であるから，衝突しながら粒子のもつ力学的エネルギーを伝達しあう．これが熱伝導である．

物体内に温度差が生じると，熱は高温の部分から低温の部分へ熱伝導によって移動する．固体の場合は，分子が分子配列の格子の周りで振動し，隣の分子に衝突することによってエネルギーを伝達したり，内部における熱放射によっても伝達したりする．とくに金属の場合は，多数の自由電子が原子から原子へ自由に移動することができるため，金属内にエネルギー分布の均等化が行われ，伝達しやすくなっている．したがって，金属は導電性と熱伝導性のよい性質をもっている．

分子配列が均一で熱の伝わり方が場所によって異ならない場合は，図1.5のように壁のなかを一様に温度が下降していき，熱が壁のなかを移動する．熱が伝わる方向の壁の面積を A，熱が伝わっている時間を τ とすると平行壁（平板）を伝わる定常熱伝導による熱量 Q には，次式の関係がある．

$$Q = \lambda A \frac{T_1 - T_2}{L} \tau = -\lambda A \frac{T_2 - T_1}{L} \tau \tag{1.1}$$

ここに，λ を**熱伝導率**（thermal conductivity），$(T_2 - T_1)/L$ を**温度勾配**（temperature gradient），$Q/(A\tau)$ を**熱束**（**熱流束**，heat flux）という．熱伝導の基礎式は，フーリエ（Fourier）によって導入された．

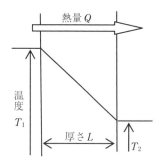

図1.5 平行壁（平板）の定常熱伝導

1.4.2 熱 対 流

熱は物体内に熱容量として収容されているから，物体が対流を起こして移動すれば，熱も物体とともに移動する．また熱対流の過程には必ず熱伝導の過程も伴って起こるため，熱対流を単独に取り扱うより，熱対流と熱伝導を組み合わせて**熱伝達**（heat transfer, heat transmission）の過程として取り扱うのが一般的である．

熱対流の部分は，**対流**（convection）が，**層流**（laminar flow）か**乱流**（turbulent flow）か，**自然対流**（natural convection）か**強制対流**（forced convection）かで物体の流れが異なるため，熱伝達の状況も対流の状況の影響を大きく受ける．対流の開始点と十分発達した対流とも異なる．また，熱が伝わってくる壁面において，沸騰が生じて対流によって生じる境界層を気泡が破壊する場合もある．したがって，熱伝達を理論的に解析することは難しく，実験による結果が尊重される．

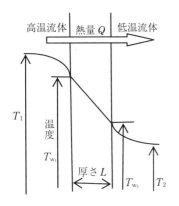

図 1.6　熱伝達の温度分布

　熱伝達は，図 1.6 のように，高温流体，低温流体の温度をそれぞれ T_1，T_2 として，次式で表される.

　高温流体側では，

$$Q = \alpha_1 (T_1 - T_{w_1}) A\tau \tag{1.2}$$

　低温流体側では，

$$Q = \alpha_2 (T_{w_2} - T_2) A\tau \tag{1.3}$$

ここに，α_1，α_2 は熱伝達率といい，流れの状態によって異なる.

1.4.3　熱　放　射

　熱は放熱面で放射エネルギー（光・電波と同じ電磁波のエネルギー）に変化して空間に放射され，受熱面に達すると再び熱にもどるという方式で伝わる. これが熱放射の伝熱過程である. 熱伝導と熱対流は伝熱に物体の介在が必要であるが，熱放射は途中に物体の存在を必要としない. したがって，真空中でも放射エネルギーは伝達される. 太陽エネルギーは真空の宇宙空間を経て地球上に到達し，熱に変換されている.

　熱放射は，熱伝導と熱対流とともに起こる場合が多いが，熱伝導と熱対流に影響されることはないため，単独に取り扱うことができる.

　入射エネルギーを全部吸収する物体を**完全黒体**（perfect black body）または**黒体**（black body）という. 絶対温度 T [K] の物体表面の単位面積から単位時間に放出される**放射エネルギー**（emissive energy）または**放射度**（emissive power）を E とすると，次式で表される（p. 51 のコーヒーブレイクを参照）.

$$E = \varepsilon E_b = \varepsilon \sigma T^4 \tag{1.4}$$

ここに，ε は**放射率**（emissivity），σ はステファン-ボルツマン定数（Stefan-Boltzmann constant）という. E_b は黒体の放射度である. 放射率は，物質，表面状態などによって異なる.

演　習　問　題

問題 1.1　つぎの身近に起きる現象のうち，どこに熱がかかわっているかを説明せよ.

　　　　　　（1）炎の揺らぎ，（2）かげろう（陽炎），（3）魔法びんのなかの湯

問題 1.2　式（1.1）において，Q の単位を J，A の単位を m^2，温度の単位を K，長さの単位を m，時間の単位を s としたとき，熱伝導率 λ の単位を求めよ.

問題 1.3　物体が力を受けて移動するとき，力は物体に仕事をしたという. 一定の力 F が物体に水平に働いて，物体は距離 s だけ移動したとき，この力のした仕事 W は次式で定義される[1].

$$W = Fs$$

力 F の単位を N，距離 s の単位を m とするとき，仕事 W の単位を求めよ.

＊1　これを仕事とよんだのはコリオリ（1829 年）である.

コーヒーブレイク

物質の構造に関する探究 (1)

　われわれが直接観測できる状態を巨視的（macroscopic）状態という．19世紀までの物理学，化学は巨視的な状態を扱っていた．これに対し，分子，原子，素粒子の状態にまで立ち入って扱う場合を，微視的（microscopic）な扱いという．微視的な状態はニュートン力学のみでは理解できない．この問題解決のために誕生した力学が量子力学である．さらに，この両者を結びつける力学が統計力学である．微視的な取り扱いは，19世紀後半から20世紀にわたって確立され，物質の構造と，原子間の化学結合などが正確に理解されるようになった．分子，原子，素粒子の詳細は量子力学を学ばなければならないが，その全貌は20世紀に入って理解が深まった．いまもなお，素粒子の詳細について探究され続けている．

　20世紀当初の量子力学が発展する過程では，放射（ふく射）伝熱の分野で重要な事実が明らかになった．その動きは，少しさかのぼって，19世紀中頃から現れている．物体は熱すると光を出す．光はいろいろな波長の光が混ざっているのが普通であるが，温度を上げていくと光は赤味をおびた色から黄色に，さらに青色に変わっていく．日本でも古くから刀鍛冶は鉄の色によって温度の高さを判断し刀を鍛えたわけであるが，なぜ色が変わるのかという疑問を解決しようとする動きは日本にはなかった．産業革命で有名なイギリスにおいても，19世紀に入ってから研究が進められた．日本にしてもイギリスにしても昔からその事実を事実として受け入れて，その事実をいかに上手に使うかが免許皆伝の内容として伝えられたのであろう．この疑問の解決は，ドイツから発信された．

　1815年ナポレオンが100日天下でパリを去ることになりルイ18世の第二王政復古が開始されると，ナポレオンはアメリカに亡命するつもりで英艦ベレロフォンに乗りこんだが，イギリス本国からの命令により軍艦ノーサンバーランドに身柄を移され，セント・ヘレナ島に送られた．1821年ナポレオンは死去し，1840年にナポレオンの遺骸はパリに戻されアンヴァリド寺院に改葬されたが，そのころからナポレオンの甥であるルイ・ナポレオン・ボナパルトが頭角をあらわし，1848年ルイ・ナポレオンは第二共和国大統領となり，1851年クーデターを起こし，1852年に皇帝となりナポレオン三世を名乗った．

　ドイツはこのナポレオン三世と普仏戦争を戦いセダン要塞の戦いに勝利すると，フランスから50億フランの賠償金とアルザス・ロレーヌ地方を獲得した．このアルザス・ロレーヌ地方は鉄の産地として知られたところで，ドイツはこれを機会に工業国へと転換を図ることになり，鉄の精錬技術と高温加熱技術の研究のため，ベルリンにドイツ国立物理工学研究所を設立した．同研究所の助手であったウィーン（Wien）は，1893年に「物体が発する光のうちもっとも強い光の波長はそのときの温度に反比例する」，表現を変えると「温度が低くなるにつれて，強さが極大になる黒体放射の波長が少しずつ長くなる方向にずれている」というウィーンの変位則を見出した．ウィーンはベルリン大学で，ヘルムホルツ（Helmholtz）に物理学を学んでいる．

（「物質の構造に関する探究（2）」，p. 26へ続く）

2 単位と状態量

2.1 単位と量計算

2.1.1 SI

一般に，ある量（quantity）は，数値（numerical value）と単位（unit）の積のかたちで表される．すなわち，量＝数値×単位である．たとえば，「長さ」という量は，123 m のように表される．さらに，その「長さ」123 m は，

$$123\,\text{m} = 12300\,\text{cm} = 123000\,\text{mm} = 0.123\,\text{km}$$

のように表すこともできる．このように，ある量の単位が異なれば，ある量の数値が変わることになる．

数値と単位の積で表される量を記述するのに量記号が用いられる．たとえば，質量（mass）には m または M が，圧力（pressure）には p または P がよく使用される．量記号には英語のアルファベットばかりでなく，ギリシャ語のアルファベットも用いられることがある（左表参照）．

本書で使用する単位系は SI である．SI は，Le Système International d'Unitès（仏語），The International System of Units（英語）の略称であり，**国際単位系**を意味する．

SI は最も合理的で一貫性のある単位系である．SI は 7 つの基本単位から構成されている．SI の基本単位は，長さ：メートル [m]，質量：キログラム [kg]，時間：秒 [s]，電流：アンペア [A]，熱力学温度：ケルビン [K]，物質量：モル [mol]，光度：カンデラ [cd] である．その他の単位は，原則として，この 7 つの基本単位の組合せで表すことができる．

2.1.2 SI 基本単位の定義

表 2.1 に，7 つの SI 基本単位のそれぞれの定義を示した．これらの SI 基本単位の定義は，2019 年 5 月に発効した定義改定によるものである．この定義改定において特筆すべきことは，質量を含む 7 つのすべての基本単位が 1 つの物質定数と 6 つの基礎物理定数によって定義されたことである．以下に，定義値（不確かさのない値）として決められた物質定数および基礎物理定数を示す．

ギリシャ文字

大文字	小文字	読み方
A	α	アルファ
B	β	ベータ
Γ	γ	ガンマ
Δ	δ	デルタ
E	ε, ϵ	イプシロン
Z	ζ	ゼータ
H	η	イータ
Θ	θ, ϑ	シータ
I	ι	イオタ
K	κ	カッパ
Λ	λ	ラムダ
M	μ	ミュー
N	ν	ニュー
Ξ	ξ	クシー
O	o	オミクロン
Π	π, ϖ	パイ
P	ρ, ϱ	ロー
Σ	σ, ς	シグマ
T	τ	タウ
Υ	υ	ウプシロン
Φ	φ, ϕ	ファイ
X	χ	カイ
Ψ	ψ	プシー
Ω	ω	オメガ

表2.1　SI 基本単位

量	単位		定　義
	名　称	記　号	
時間	秒	s	秒 [s] の大きさは，単位 [s^{-1}]（[Hz] に等しい）による表現で，基底状態で温度が 0 ケルビンのセシウム 133（^{133}Cs）原子の超微細構造の周波数 $\Delta\nu_{\mathrm{Cs}}$ の数値を 9192631770 と定めることによって設定される
長さ	メートル	m	メートル [m] の大きさは，単位 [m·s^{-1}] による表現で，真空中の光の速さ c の数値を 299792458 と定めることによって設定される
質量	キログラム	kg	キログラム [kg] の大きさは，単位 [s^{-1}·m^2·kg]（[J·s] に等しい）による表現で，プランク定数 h の数値を 6.62607015 × 10^{-34} と定めることによって設定される
電流	アンペア	A	アンペア [A] の大きさは，電気素量 e の数値を 1.602176634 × 10^{-19} と定めることによって設定される．電気素量の単位は [C]（クーロン）であり，これはまた [A·s] に等しい
熱力学温度	ケルビン	K	ケルビン [K] の大きさは，単位 [s^{-2}·m^2·kg·K^{-1}]（[J·K^{-1}] に等しい）による表現で，ボルツマン定数 k の数値を 1.380649 × 10^{-23} と定めることによって設定される
物質量	モル	mol	1 モル [mol] は，正確に 6.02214076 × 10^{23} の要素粒子を含む．この数値は，単位 [mol^{-1}] による表現で，アボガドロ定数 N_{A} の固定された数値であり，アボガドロ数とよばれる
光度	カンデラ	cd	カンデラ [cd] の大きさは，単位 [s^3·m^{-2}·kg^{-1}·cd·s] または [cd·sr·W^{-1}]（[lm·W^{-1}] に等しい）による表現で，周波数 540 × 10^{12} Hz の単色光の視感効果度 K_{cd} の数値を 683 と定めることによって設定される

物質定数：

- 基底状態のセシウム 133 原子の超微細構造の周波数

$$\Delta\nu_{\mathrm{Cs}} = 9192631770\,\mathrm{Hz}$$

基礎物理定数：

- 真空中の光の速さ $c = 299\,792\,458$ m/s
- プランク定数 $h = 6.626\,070\,15 \times 10^{-34}$ J·s
- アボガドロ定数 $N_{\mathrm{A}} = 6.022\,140\,76 \times 10^{23}$ mol^{-1}
- ボルツマン定数 $k = 1.380\,649 \times 10^{-23}$ J/K
- 電気素量 $e = 1.602\,176\,634 \times 10^{-19}$ C
- 540 × 10^{12} Hz の単色光の視感効果度 $K_{\mathrm{cd}} = 683$ lm/W

この定義改定によって，それまでに質量の定義として用いられてきた「国際キログラム原器」に代わって，質量の基本単位キログラムはプランク定数という普遍的な基礎物理定数によって定義されることになった．この定義改定は，基礎科学を支える計測技術の進歩の成果であり，従来，定義と測定との間に生じていた乖離（かいり）や矛盾のかなりの部分を解消し，単位系としての整合性や精度を飛躍的に向上させた．

ところで，熱力学で頻出する一般気体定数 R_0 は，分子 1 個あたりの気体定数を表すボルツマン定数 k とアボガドロ定数 N_{A} の積である．ボルツマン定数 k とアボガドロ定数 N_{A} がそれぞれ不確かさのない値として決め

SI の起源

　SI は 18 世紀末フランスで生まれたメートル法に由来する．メートル法は，(1) 単位の大きさを人類共通の地球や水に求める，(2) 10 進法，(3) 1 つの量に 1 つの単位を原則とした．SI は，メートル法の原則を継承，発展させ，現在では，世界的に普及し，私たちの日常生活から最先端の科学技術まで，ありとあらゆる場面で計り知れない恩恵をもたらしている．わが国においては，1974 年 4 月の導入以来，SI の段階的な普及が図られ，さまざまな分野で SI への移行が進行中である．

表 2.2 SI 組立単位の例

	量	名 称	記 号	
基本単位を用いて表される組立単位	面積	平方メートル	m^2	
	体積	立方メートル	m^3	
	速さ	メートル毎秒	m/s	
	加速度	メートル毎秒毎秒	m/s^2	
	密度	キログラム毎立方メートル	kg/m^3	
	比体積	立方メートル毎キログラム	m^3/kg	
固有の名称をもつ組立単位	平面角	ラジアン	rad	
	立体角	ステラジアン	sr	
	周波数, 振動数	ヘルツ	Hz	← s^{-1}
	力	ニュートン	N	← $kg \cdot m/s^2$
	圧力, 応力	パスカル	Pa	← N/m^2
	エネルギ, 仕事, 熱量	ジュール	J	← N·m
	仕事率, 動力, 出力	ワット	W	← J/s
	電気量, 電荷	クーロン	C	← A·s
	電位, 電圧, 起電力	ボルト	V	← J/C
	静電容量	ファラド	F	← C/V
	電気抵抗	オーム	Ω	← V/A
	磁束	ウェーバ	Wb	← V·s
	磁束密度	テスラ	T	← Wb/m^2
	セルシウス温度	セルシウス度	℃	$t[℃] = T[K] - 273.15$
固有の名称をもつ単位を用いて表される組立単位	モーメント, トルク	ニュートンメートル	N·m	
	表面張力	ニュートン毎メートル	N/m	
	熱流束, 放射照度	ジュール毎平方メートル	W/m^2	
	熱容量, エントロピー	ジュール毎ケルビン	J/K	
	比熱, 比エントロピー	ジュール毎キログラム毎ケルビン	J/(kg·K)	
	熱伝導率	ワット毎メートル毎ケルビン	W/(m·K)	
	粘性率	パスカル秒	Pa·s	
	誘電率	ファラド毎メートル	F/m	
	透磁率	ヘンリー毎メートル	H/m	

られたことにより, 一般気体定数 R_0 は次式によって与えられる不確かさをもたない定義値となる.

$$R_0 = kN_A$$
$$= 1.380\,649\,03 \times 10^{-23}\,J/K \times 6.022\,140\,76 \times 10^{23}\,mol^{-1}$$
$$= 8.314\,462\,618\,153\,24\,J/(mol \cdot K) = 8\,314.462\,618\,153\,24\,J/(kmol \cdot K)$$

ただし, 実用計算には, $R_0 = 8.314\,5\,J/(mol \cdot K) = 8\,314.5\,J/(kmol \cdot K)$ とすれば十分である (4 章参照).

2.1.3 SI 組立単位および SI 接頭語

　一般的に，ある量は，その定義または理論により，基本単位および組立単位を組み合わせて表すことができる．表 2.2 には，種々の SI 組立単位を，「基本単位を用いて表される組立単位」，「固有の名称をもつ組立単位」，「固有の名称をもつ単位を用いて表される組立単位」の 3 つに大別して示した．たとえば，密度の単位 $[kg/m^3]$ は質量 $[kg]$ と長さ $[m]$ という「基本単位を用いて表される組立単位」の例である．また，力の単位は，$1\,kg \times 1\,m/s^2 = 1\,N$ と定め，ニュートン $[N]$ という「固有の名称をもつ組立単位」の例である．さらに，比熱の単位 $[J/(kg{\cdot}K)]$ は，ジュール $[J]$ という「固有の名称をもつ組立単位」と質量 $[kg]$，温度 $[K]$ という「基本単位」を含む組立単位の例である．

　なお，従来，SI 補助単位とよばれていた平面角：ラジアン $[rad]$ および立体角：ステラジアン $[sr]$ は，ここでは「固有の名称を用いて表される組立単位」に分類した．

　表 2.3 に，SI 接頭語を示す．SI 基本単位や SI 組立単位を用いてある量を表すとき，数値が大きすぎたり，小さすぎたりすることがある．このような場合には表 2.3 に示される接頭語を用いることが推奨される．たとえば，長さ $123456\,m$ は，10^3 を表す接頭語キロ（k）を用い，

$$123456\,m = 123.456 \times 10^3\,m = 123.465\,km$$

と表せる．ただし，単位記号が商の形式となる場合，接頭語は単位記号の分子に用いることはできるが，単位記号の分母に用いることはできない．たとえば，速さ $123456\,m/s$ は，

$$123456\,m/s = 123.456 \times 10^3\,m/s = 123.456\,(10^3\,m)/s$$
$$= 123.456\,km/s$$

と表せる．しかし，

$$123456\,m/s = 123456\,m/(10^3{\cdot}10^{-3}\,s) = 123456\,m/(10^3{\cdot}\,ms)$$
$$= 123456 \times 10^{-3}\,m/ms = 123.456\,m/ms$$

などとすることは避けねばならない．

【例題 2.1】

　例にならい，次の（1），（2）の量の SI 組立単位を SI 基本単位で表せ．

（例）　力 F の単位ニュートン $[N]$：力の定義は，力＝質量×加速度であるから，単位ニュートンは，$N = kg{\cdot}\dfrac{m}{s^2} = kg{\cdot}m{\cdot}s^{-2}$

（1）　圧力 p の単位パスカル $[Pa]$

（2）　動力 P の単位ワット $[W]$

【解答 2.1】

（1）　圧力の定義は，$圧力 = \dfrac{力}{面積}$ であるから，単位パスカルは

$$Pa = \frac{N}{m^2} = kg{\cdot}\frac{m}{s^2}{\cdot}\frac{1}{m^2} = \frac{kg}{s^2{\cdot}m} = kg{\cdot}m^{-1}{\cdot}s^{-2}$$

単位記号の表記上の注意
- 数値と単位の間は半角の空白を入れる（例：3 m）.
- 接頭語と単位の間には空白を入れない（例：km は可，k m は不可）.
- 単位記号の積で作る場合，単位間に半角の空白をいれるか中黒を入れる（例：N m または N·m）.
- 単位記号の商で作る場合，負の指数や分数形を用いる（例：$kJ{\cdot}kg^{-1}{\cdot}K^{-1}$，$\dfrac{kJ}{kg{\cdot}K}$，$kJ/(kg{\cdot}K)$）. なお，本書では，$kJ/(kg{\cdot}K)$ のように横書きの分数形を多用する.

(2) 動力の定義は，動力 $= \dfrac{仕事}{時間}$ である．これより，単位ワットは

$$W = \frac{J}{s} = \frac{N{\cdot}m}{s} = \frac{kg{\cdot}m}{s^2}{\cdot}\frac{m}{s} = \frac{kg{\cdot}m^2}{s^3} = kg{\cdot}m^2{\cdot}s^{-3} \quad\blacksquare$$

2.1.4　単位の取扱いと換算

単位を取り扱うとき注意すべき事項がある．それらを以下にまとめる．

(1) 単位は加算・減算では変化しない．逆に加算・減算は同じ単位で操作しなければならない．

例：$2\,m + 3\,m = 5\,m$

例：$100\,\dfrac{m}{s} - 72\,\dfrac{km}{h} = 123\,\dfrac{m}{s} - \dfrac{72\times10^3}{60\times60}\,\dfrac{m}{s}$

$$= 123\,\frac{m}{s} - 20\,\frac{m}{s} = 103\,\frac{m}{s}$$

(2) 単位は乗算・除算で変化する．

例：$2\,MPa \times 0.2\,m^2 = 2\times0.2\,MPa{\cdot}m^2 = 0.4\,\dfrac{MN}{m^2}{\cdot}m^2 = 0.4\,MN$

表 2.3　SI 接頭語

倍　　数	倍　数	接頭語	記　号
1 000 000 000 000 000 000 000 000	10^{24}	ヨタ	Y
1 000 000 000 000 000 000 000	10^{21}	ゼタ	Z
1 000 000 000 000 000 000	10^{18}	エクサ	E
1 000 000 000 000 000	10^{15}	ペタ	P
1 000 000 000 000	10^{12}	テラ	T
1 000 000 000	10^{9}	ギガ	G
1 000 000	10^{6}	メガ	M
1 000	10^{3}	キロ	k
100	10^{2}	ヘクト	h
10	10^{1}	デカ	da
1	10^{0}		
0.1	10^{-1}	デシ	d
0.01	10^{-2}	センチ	c
0.001	10^{-3}	ミリ	m
0.000 001	10^{-6}	マイクロ	μ
0.000 000 001	10^{-9}	ナノ	n
0.000 000 000 001	10^{-12}	ピコ	p
0.000 000 000 000 001	10^{-15}	フェムト	f
0.000 000 000 000 000 001	10^{-18}	アト	a
0.000 000 000 000 000 000 001	10^{-21}	ゼプト	z
0.000 000 000 000 000 000 000 001	10^{-24}	ヨクト	y

例：$10\,\mathrm{m} \div 2\,\mathrm{s} = \dfrac{10}{2}\dfrac{\mathrm{m}}{\mathrm{s}} = 5\dfrac{\mathrm{m}}{\mathrm{s}}$

(3) 単位を見ると，その量のもつ意味を理解できることがある．

例：水の比熱は約 $4.2\dfrac{\mathrm{kJ}}{\mathrm{kg\cdot K}}$

これは「質量 $1\,\mathrm{kg}$ の水を $1\,\mathrm{K}$ だけ温度上昇させるに要する熱量は約 $4.2\,\mathrm{kJ}$ である」と理解できる．

(4) 式を使って計算問題を解くとき，式の単位系，式のなかに使われている各量の単位をよく確認して，各量の値を代入しなければならない．数値の計算とともに単位の計算も同時に行うとよい．求めるべき量が単位をもつ量であるならば，計算結果は必ず数値に単位をつけて答えるべきである．

【例題 2.2】

質量 $m = 499\,\mathrm{g}$ の水が体積 $V = 0.5\,\mathrm{L}$ を占めている．この水の密度 ρ を SI の $[\mathrm{kg/m^3}]$ で求めよ．

【解答 2.2】

質量を $499\,\mathrm{g} \to 499 \times 10^{-3}\,\mathrm{kg}$，体積を $0.5\,\mathrm{L} \to 0.5 \times 10^{3} \times 10^{-6}\,\mathrm{m^3}$ のようにそれぞれ SI に変換してから，密度の定義式に代入する．

$$\rho = \frac{m}{V} = \frac{499 \times 10^{-3}\,\mathrm{kg}}{0.5 \times 10^{3} \times 10^{-6}\,\mathrm{m^3}} = 998\,\mathrm{kg/m^3} \qquad \blacksquare$$

SI は，長さ，質量，時間，電流，熱力学温度，物質量，光度を基本単位とする**絶対単位系**である．SI 以前には，長さ・質量・時間を基本単位とする絶対単位系（物理単位系ともいう）と長さ・力（重量）・時間を基本単位とする**工学単位系**とが共存して使われていた．絶対単位系には，長さ（m）・質量（kg）・時間（s）とした MKS 単位系と長さ（cm）・質量（g）・時間（s）とした CGS 単位系があった．

工学単位系は文字どおり工学・技術の分野でよく使用されてきた．その基本単位は長さ $[\mathrm{m}]$，力 $[\mathrm{kgf}]$，時間 $[\mathrm{s}]$ である．力（重量）W の単位である $1\,\mathrm{kgf}$ は質量 $m = 1\,\mathrm{kg}$ の物体に標準重力加速度 $g = 9.80665\,\mathrm{m/s^2}$ を生じさせる力の大きさとして定められている．すなわち，ニュートンの運動方程式 $W = mg$ より，

$1\,\mathrm{kg} \times 9.80665\,\mathrm{m/s^2} = 9.80665\,\mathrm{kg\cdot m/s^2} = 9.80665\,\mathrm{N} = 1\,\mathrm{kgf}$

である（図 2.1）．したがって，重量 $1\,\mathrm{kgf}$（工学単位）の物体の質量は，$1\,\mathrm{kg}$（SI）という関係にあり，重量 $60\,\mathrm{kgf}$ の物体の質量は $60\,\mathrm{kg}$ である．なお，工学単位系における質量の単位は $[\mathrm{kgf\cdot s^2/m}]$ となる．

我が国において SI の普及が進んでいるが，産業界において工学単位系が慣習的に使われている分野もある．工学単位や SI 以外の単位から SI へ，SI からその他の単位への変換には換算が必要である．各種の圧力単位の

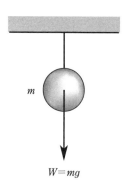

$W = mg$

質量 $1\,\mathrm{kg}$（SI）の重量：
$9.80665\,\mathrm{N}$（SI）
$1\,\mathrm{kgf}$（工学単位）

図 2.1 工学単位系と SI の重量

表 2.4　圧力単位の換算

単　位	Pa	bar	atm	at [kgf/cm²]	mmHg [Torr]	psi [lb/in²]
1 Pa	1	10^{-5}	0.986923×10^{-5}	1.01972×10^{-5}	750.062×10^{-5}	14.5038×10^{-5}
1 bar	10^5	1	0.98692	1.01972	750.062	14.5038
1 atm	1.01325×10^5	1.01325	1	1.03323	760	14.6959
1 at	0.980665×10^5	0.980665	0.967841	1	735.559	14.2233
1 mmHg	133.322	1.33322×10^{-3}	1.31579×10^{-3}	1.35951×10^{-3}	1	0.193368
1 psi	6.89476×10^3	0.0689476	0.0680460	0.0703070	51.7149	1

表 2.5　エネルギー単位の換算

単　位	J	kgf·m	kcal[注1]	kWh	PSh	Btu[注2]
1 J	1	0.1019716	2.38846×10^{-4}	2.77778×10^{-7}	3.77673×10^{-7}	9.47817×10^{-4}
1 kgf·m	9.80665	1	2.34228×10^{-3}	2.72407×10^{-6}	3.70370×10^{-6}	$9.294\,91 \times 10^{-4}$
1 kcal	4186.8	426.935	1	1.16300×10^{-3}	1.58111×10^{-3}	3.96832
1 kWh	3600000	367097.8	859.845	1	1.35962	3412.14
1 PSh	2647796	270000	632.416	0.735499	1	2509.63
1 Btu	1055.056	107.5857	0.251996	2.93071×10^{-4}	3.98466×10^{-4}	1

注 1：[kcal] は国際キロカロリ（国際蒸気表カロリ，1956 年に制定）[kcal$_{IT}$] とする．熱化学カロリ [kcal$_{th}$] は 4.184 kJ
　　　であり，日本では 1999 年の計量法以降，熱化学カロリが使われている．

注 2：[Btu] は British thermal unit の略称である．

あなたの体重と質量

あなたの体重（重量）は 60 kgf（工学単位）であるとする．あなたの質量は何 kg（SI）か？

$$60\,\text{kgf}$$
$$= 60\,\text{kg} \times 9.80665\,\frac{\text{m}}{\text{s}^2}$$
$$= 588\,\text{N}$$

という関係にあるので，あなたの質量は 60 kg（SI）である．工学単位の重量 [kgf] と SI の質量 [kg] の数値は標準重力加速度（9.806 65 m/s²）のもとでは同じである．[kgf] はキログラム・エフまたはキログラム重と読む．

換算，各種のエネルギー単位の換算および各種の動力単位の換算には，それぞれ，表 2.4，表 2.5，および表 2.6 を参照されたい．

いま，工学単位で表された動力 $P = 123$ kgf·m/s を SI に換算してみよう．換算は次式のように行うことができる．

$$P = 123\,\frac{\text{kgf}\cdot\text{m}}{\text{s}} = 123 \times \frac{9.80665\,\text{N}\cdot\text{m}}{\text{s}} = 1206\,\frac{\text{N}\cdot\text{m}}{\text{s}} = 1206\,\frac{\text{J}}{\text{s}}$$
$$= 1206\,\text{W} = 1.206 \times 10^3\,\text{W} = 1.21\,\text{kW}$$

ただし，1 kgf $= 9.80665$ N を用いた．

また，工学単位で表された熱伝導率 $\lambda = 0.777$ kcal/(m·h·℃) は次式のように SI に換算できる．

$$\lambda = 0.777\,\frac{\text{kcal}}{\text{m}\cdot\text{h}\cdot℃} = 0.777 \times \frac{4186.8\,\text{J}}{\text{m}\cdot3600\,\text{s}\cdot\text{K}} = 0.903651\,\frac{\text{J}}{\text{m}\cdot\text{s}\cdot\text{K}}$$
$$= 0.904\,\frac{\text{W}}{\text{m}\cdot\text{K}} = 0.904\,\text{W/(m·K)}$$

表 2.6　動力単位の換算

単　位	kW	kgf·m/s	PS	kcal/h[注]
1 kW	1	101.9716	1.3596	859.845
1 kgf·m/s	9.80665×10^{-3}	1	0.013333	8.4324
1 PS	0.73549875	75	1	632.44
1 kcal/h	1.163×10^{-3}	0.118594	1.58125×10^{-3}	1

注：[kcal] は国際キロカロリ [kcal$_{IT}$] とする．

ただし，1 kcal = 4186.8 J，1 h = 3600 s，温度差1℃ = 1 K を用いた．

2.1.5 有効数字と計算

任意の不確かさをもって測定されたある量を考える．その量を表す数値のうち，位取りだけを表すゼロを除き，測定の不確かさに基づく意味のある数字を有効数字という．以下に種々の有効数字の例を示す．

0.123 は有効数字 3 桁

0.0012 は有効数字 2 桁

1.20 は有効数字 3 桁

1.200 は有効数字 4 桁

12300 の有効数字は 3 桁か 4 桁か 5 桁か，このままでは不明

12300 の有効数字が 4 桁である場合，1.230×10^4 と書く

加減乗除にともなう有効数字の規則は以下のとおりである．

(1) 加算・減算による結果の有効数字は，小数点以下の桁数の最も小さい有効数字に合わせて，それより 1 つ下の桁を四捨五入する．たとえば，

$$1.234 + 5.6 = 6.834 = 6.8$$
$$123 - 0.123 = 122.877 = 123$$

(2) 乗算・除算による結果の有効数字は，有効数字の最も小さい桁に合わせ四捨五入する．たとえば，

$$1.234 \times 0.120 = 0.14808 = 0.148$$
$$12.3/2.1 = 5.8571\cdots = 5.9$$

(3) 個数や回数などの確定した量，ある値に仮定した量などは不確かさをもたないので，その数値の最小桁以降に無限のゼロが続く有効数字として扱い，有効数字の規則 (1)，(2) から除外する．たとえば，5 個のりんごの総質量が 1.234 kg（有効数字 4 桁）であるとき，りんご 1 個の平均質量は，

$$\frac{1.234\,\text{kg}}{5} = \frac{1.234\,\text{kg}}{5.00000\cdots} = 0.2468\,\text{kg}（有効数字 4 桁が保たれる）$$
$$\neq 0.2（有効数字 1 桁とはならない）$$

である．

2.2 熱力学における用語と量

2.2.1 熱力学における用語

熱力学は，「対象とするもの」の熱や仕事のエネルギーの授受および物体の授受，それにともなう「対象とするもの」の状態の変化を取り扱う．熱力学では「対象とするもの」を**系**（system）とよび，明確に限定する．図2.2に示したように，系は物体の集まりであり，**境界**（boundary）によ

計量法における「カロリー」

日本の単位の使用に関する法律として，「計量法」がある．計量法を実施するために，「計量単位令」を制定している．計量単位令第五条の別表第六（第五条関係）の第十三項に「人若しくは動物が摂取する物の熱量又は人若しくは動物が代謝により消費する熱量の計量」に限って使用できる単位として「カロリー」の使用を認めている．日本では，食品や人の新陳代謝などには「カロリー」が使われている．このカロリーは，「1 cal = 4.184 J」の熱化学カロリーである．なお，「カロリー」は，ラテン語で「熱」を意味する"calor" に由来している．

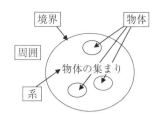

図2.2　系と周囲と境界

(a)　単気筒エンジンの内部

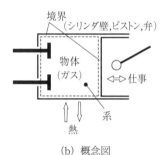

(b)　概念図

図2.3　閉じた系（(a)は本田技研工業(株)）

って**周囲**（surroundings）と区別される．系は境界を通して周囲と熱や仕事のエネルギーや物体のやり取りをすることによりその状態を変化させる．逆に，系はその状態を変化させることにより，境界を通して周囲と熱や仕事のエネルギーや物質のやり取りをする，ということもできる．

系は境界の性質により，以下のように，**閉じた系**（closed system），**開いた系**（open system），**孤立系**（isolated system）に分類される．

閉じた系：境界を通して周囲との間で熱や仕事などのエネルギーはやり取りするが，物体はやり取りしない系である（図2.3）．物体が系内にとどまる非流れ過程（non-flow process）である．

開いた系：境界を通して周囲との間で熱や仕事などのエネルギーをやり取りし，かつ物体もやり取りする系である（図2.4）．物体が系に入ったり出たりする流れ過程（flow process）である．

孤立系：閉じた系で境界を通して周囲と熱や仕事のエネルギーをやり取りしない系，すなわち，境界を通して周囲との間で物体も熱や仕事のエネルギーも何ら交換しない系である．

系の状態が変わることを**変化**（change）といい，変化の連続を**過程**（process）という．ただし，両者は明確な区別なしに使われている．たとえば，等温変化と等温過程は同じ意味である．

(a)　ガスタービンとその内部

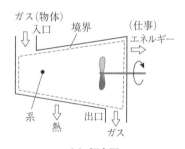

(b)　概念図

図2.4　開いた系（(a)は石川島播磨重工業(株)）

系がある状態から変化を始め，途中種々の変化を続け，再びもとの状態にもどる過程を繰り返すとき，この繰り返される循環過程を**サイクル**（cycle）という．第8章では熱機関の理論サイクルを表すときに，カルノーサイクル，オットーサイクル，ディーゼルサイクルなどという用語が使われる．

2.2.2　熱力学で取り扱う量

熱力学で取り扱われる量には種々のものがある．とくに熱量，仕事量，温度，比熱，内部エネルギー，エンタルピー，エントロピー，自由エネルギーなどは熱力学において中心的な役割を演ずる量である．これらのうち，熱量，温度，比熱については第3章，内部エネルギー，エンタルピーにつ

いては第5章，エントロピー，自由エネルギーについては第6章において
それぞれ詳述される．ここでは，これら熱力学に特有の量のほかに，熱力
学でよく使われる基本的な量についての定義や注意すべき事項について述
べる．

(1) **力**（force）

　力はニュートンの運動方程式で定義される．質量を m[kg]，加速
度を a[m/s^2] とすると，力 F は，$F = ma$ である．力の単位はニュ
ートン [N] である．$1\,\mathrm{N} = 1\,\mathrm{kg} \times 1\,\mathrm{m/s}^2$ である．

(2) **圧力**（pressure）

　圧力は単位面積あたりに作用する力として定義される．対象とす
る面の面積を A[m^2]，それに作用する力を F[N] とすると，圧力 p
は，$p = \dfrac{F}{A}$ である．圧力の単位はパスカル [Pa] である．$1\,\mathrm{Pa} =$
$1\,\mathrm{N/m}^2$ である．作用する力の原因は，微視的には，面に衝突して
はね返る多数の分子の運動量の変化である．

　圧力は圧力計で測定される．圧力計は大気圧を基準に目盛づけ
（検定 calibration）されていることが多い．圧力計の読みを**ゲージ
圧力**（gage pressure）という．種々の熱力学計算では絶対真空（圧
力ゼロ）からの**絶対圧力**（absolute pressure）が必要になる．図
2.5にゲージ圧力と絶対圧力の関係を示す．絶対圧力 p は，ゲージ
圧力 p_g と大気圧 p_a から次式で求められる．

$$p = p_\mathrm{g} + p_\mathrm{a} \tag{2.1}$$

ただし，大気圧よりも低い圧力の状態を真空というが，真空計で測
定する真空度は大気圧を基準にしているので，式（2.1）を用いて
真空状態の絶対圧力を求めるときには，真空度の値に負号（－）を
つけて第1項に代入する．

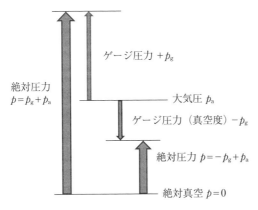

図2.5　ゲージ圧力と絶対圧力

(3) **密度**（density）と**比体積**（specific volume）

　質量 m[kg] および体積 V[m³] の物体の密度 ρ は，$\rho = \dfrac{m}{V}$ と定義される．密度の単位は [kg/m³] である．これより，密度は物体の単位体積あたりの質量を表す．一方，比体積 v は，$v = \dfrac{V}{m}$ と定義される．比体積の単位は [m³/kg] であり，物体の単位質量あたりの体積を表す．したがって，$v = \dfrac{1}{\rho}$，密度と比体積は互いに逆数の関係にある．

(4) **仕事**（work）と**仕事率**（power）

　物体に力 F[N] が作用して物体が力の作用する方向に距離 L[m] だけ移動したとき，力は物体に仕事をしたという．仕事 W は，$W = F \cdot L$ で定義される．仕事 W の単位はジュール [J] であり，1 J $=$ 1 N·m である．定義式から，力が物体に作用していない場合には，たとえ物体が動いていても仕事はゼロである．

　ところで，同じ仕事 W[J] でもより短い時間 t[s] でしたりなされたりするほうが効率がよい．単位時間あたりの仕事を**仕事率**とよぶ．すなわち，仕事率 P は

$$P = \frac{W}{t} = \frac{FL}{t} = Fw \tag{2.2}$$

である．ただし，$w = \dfrac{L}{t}$ は速さ [m/s] である．仕事率の単位はワット [W] であり，1 W $=$ 1 J/s である．仕事率は動力または工率とよばれることがある．

　たとえば，ある物体に 6 N の力を加え，2 分間かけて物体を距離 2 m だけ移動させたとき，仕事 W[J] および仕事率 P[W] は，それぞれ

$$W = FL = 6\,\text{N} \times 2\,\text{m} = 12\,\text{N·m} = 12\,\text{J}$$

$$P = \frac{W}{t} = \frac{12\,\text{J}}{2 \times 60\,\text{s}} = 0.1\,\text{J/s} = 0.1\,\text{W}$$

となる．

　図2.6のように，半径 R[m] 上の質点に力 F[N] が作用して，毎分 N 回転している回転体の動力 P[W] は次式のように表される．

$$P = \frac{W}{t} = \frac{Fl}{t} = \frac{FR\theta}{t} = T\omega = T\,\frac{2\pi N}{60} \tag{2.3}$$

ただし，半径 R 上の質点が θ[rad] だけ回転したときの円周上の移動距離 l[m] は，$l = R\theta$ で表される．$T = FR$[N·m] は質点に作用しているトルク，$\omega = \dfrac{\theta}{t}$[rad/s] は角速度である．

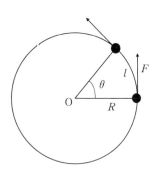

図2.6　回転体の動力

2.3　状　態　量

2.3.1　状態量の特徴

　物体の集まりである系は周囲と境界を通して熱，仕事，物体などをやり取りし，その状態を変化させる．**熱平衡状態**（thermal equilibrium，以下に状態という）にある系は，圧力，温度，比体積など系の巨視的な**状態量**（property）によって記述できる．状態量は系の状態だけによって定まり，変化の経路に無関係な量である．たとえば，いま温度 20 ℃，大気圧 101 kPa という状態にある空気は，過去にどんな状態にあったとか，どんな変化の経路に沿ってその状態に到達したのかに無関係に，その状態としての性質（状態量の値）を示す．

　温度 T を例にとって状態量の特徴を述べる．図 2.7 のように，系が初めの状態 1（温度 T_1）から終わりの状態 2（温度 T_2）まで変化する間の温度変化を考えよう．温度変化 ΔT は，温度の微分 dT を 1→2 まで積分し，次式のように求めることができる．

$$\Delta T = \int_1^2 dT = \int_{T_1}^{T_2} dT = [T]_{T_1}^{T_2} = T_2 - T_1 \tag{2.4}$$

すなわち，温度変化 ΔT は，1→2 への変化が経路（1→a→2）であるか，経路（1→b→2）であるかには無関係であり，変化の初めの状態 1 および終わりの状態 2 のみによって定まる．このように温度が状態量であるということは，数学的には，温度の微分 dT が全微分であることに相当する．

　温度や圧力や比体積など，熱力学で扱う状態量は変化の初めと終わりの状態だけに依存し，変化の途中の経路に無関係であり，その変化量は変化の前後の差として求められる．

2.3.2　熱および仕事の符号

　系が境界を通して周囲とやり取りする熱量や仕事のエネルギーは変化の経路に依存する．したがって，熱量 Q や仕事量 W は温度，体積，圧力とは異なり，最初と最後の状態によってのみ決まる状態量ではない．状態量ではないので熱量や仕事量の微小量 $\delta Q, \delta W$ は全微分ではない．系が状態 1→状態 2 への変化の間に系が授受する熱および仕事のそれぞれの総量は単純に代数和として計算することによって求められ，Q_{12} および W_{12} などと書かれる．

　機械系の熱力学では，熱機関のように，系が周囲から熱を受けて周囲へ仕事をすることに関心がある．そのため，慣習的に熱と仕事の符号を以下のように定めている．熱 Q は，系が加熱されて系が周囲から受け取る場合を正（＋），逆に，系が冷却されて系から周囲に出ていく場合を負（−）として取り扱う．一方，仕事 W は，系が膨張して系が周囲に仕事をする場

いろいろな平衡

　熱力学は系の平衡状態を取り扱う．「平衡」という用語は釣り合った状態のことをいう．以下に示すいろいろな平衡がある．

　熱平衡：温度が等しい
　力学平衡：圧力が等しい
　相平衡：相の間を移動する質量が等しい
　化学平衡：組成が等しい

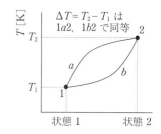

図 2.7　状態量

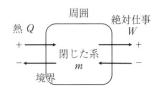

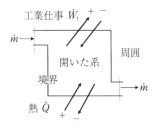

図2.8　熱および仕事の符号

合を正（＋），逆に，系が圧縮されて系が周囲から仕事をされる場合を負
（－）とする（図2.8）.

2.3.3　示量性状態量および示強性状態量

　さて，熱力学で取り扱う状態量は，系の質量やモル量に依存しない**示強**
性状態量（intensive property, **強度性状態量**ともいう）と，系の質量やモ
ル量に依存する**示量性状態量**（extensive properties, **容量性状態量**ともい
う）とに大別される．温度や圧力は示強性状態量である．一方，体積およ
び第5章以降で取り扱う内部エネルギー，エンタルピー，エントロピー，
自由エネルギーなどは示量性状態量である.

　一般に，系が境界を通して周囲とやり取りする微小なエネルギー量は示
強性状態量と示量性状態量の微分との積で表される．たとえば，力学にお
いて力の及ぼす微小な仕事量は $\delta W = F dx$, 可逆変化において系がなす
微小な仕事量は $\delta W = p dV$（第5章参照），可逆変化において系が受ける
微小な熱量は $\delta Q = T dS$（第6章参照）である，ここで，力 $F\,[\mathrm{N}]$, 圧力
$p\,[\mathrm{Pa}]$ および温度 $T\,[\mathrm{K}]$ はそれぞれ示強性状態量であり，変位 $dx\,[\mathrm{m}]$,
体積変化 $dV\,[\mathrm{m}^3]$ およびエントロピー変化 $dS\,[\mathrm{J/K}]$ はそれぞれ示量性状
態量である．熱量の計算における温度 $T\,[\mathrm{K}]$ が，仕事量の計算における力
$F\,[\mathrm{N}]$ や圧力 $p\,[\mathrm{Pa}]$ と同様の示強性状態量の役割を担っていることに注
意しておこう.

　いま，質量 $m\,[\mathrm{kg}]$ をもつ系の任意の示量性状態量を $X\,[\mathrm{unit}]$ とする.
$X\,[\mathrm{unit}]$ を $m\,[\mathrm{kg}]$ で除した $x = X/m\,[\mathrm{unit/kg}]$ を**比状態量**（specific
property）とよぶ．比状態量 $x\,[\mathrm{unit/kg}]$ は質量 m に無関係な量となる.
示量性状態量を大文字で表し，その比状態量は同じ小文字を用いて表され
ることが多い．たとえば，示量性状態量の体積 $V\,[\mathrm{m}^3]$ を質量 $m\,[\mathrm{kg}]$ で除
した $v = V/m\,[\mathrm{m}^3/\mathrm{kg}]$ は比体積（specific volume）とよばれる．第4章
以降で取り扱う示量性状態量とその比状態量の例を表2.7に示す.

表2.7　質量 $m\,[\mathrm{kg}]$ の系の示量性状態量と比状態量の例

示量性状態量		比状態量	
体積	$V\,[\mathrm{m}^3]$	比体積	$v = \dfrac{V}{m}\,[\mathrm{m}^3/\mathrm{kg}]$
内部エネルギー	$U\,[\mathrm{J}]$	比内部エネルギー	$u = \dfrac{U}{m}\,[\mathrm{J/kg}]$
エンタルピー	$H\,[\mathrm{J}]$	比エンタルピー	$h = \dfrac{H}{m}\,[\mathrm{J/kg}]$
エントロピー	$S\,[\mathrm{J/K}]$	比エントロピー	$s = \dfrac{S}{m}\,[\mathrm{J/(kg\cdot K)}]$
ギブスの自由エネルギー	$G\,[\mathrm{J}]$	比ギブスの自由エネルギー	$g = \dfrac{G}{m}\,[\mathrm{m}^3/\mathrm{kg}]$

次に，分子量（モル質量）M［kg/kmol の意味をもつ］で，質量 m［kg]，キロモル数 $n = \dfrac{m}{M}$［kmol］である系の任意の示量性状態量 X［unit］を考えよう．X［unit］を n［kmol］で除した $X_{\mathrm{m}} = X/n$［unit/kmol］は，物質の量 n に無関係な示強性状態量となる．この X_{m} を**モル状態量**（molar property）とよぶ．たとえば，示量性状態量の体積 V［m³] をキロモル数 n［kmol］で除した $V_{\mathrm{m}} = V/n$［m³/kmol］はモル体積（molar volume）とよばれる．モル体積 V_{m}［m³/kmol］と比体積 v［m³/kg］とは，分子量（モル質量）M［kg/kmol］を用いて，$V_{\mathrm{m}} = vM$ と関係づけられる．

注

$$n = \frac{m}{M} \rightarrow m = nM$$

$$v = \frac{V}{m} \rightarrow V = vm = vnM$$

$$V_{\mathrm{m}} = \frac{V}{n} = vM$$

2.4 熱力学の一般関係式

純物質で1相（気相または液相）からなる系の熱力学性質を記述するために必要とされる独立な状態量の数は2つであり，その他の状態量はすべて関係づけられているという経験則に基づく公理がある．これを**状態公理**（state postulate）という．たとえば，気体の窒素の圧力 p および温度 T を独立な状態量（独立変数）に選ぶと，その他の状態量，たとえば体積 V は自由に選ぶことはできず，圧力 p および温度 T と関係づけられた状態量（従属変数）となる．これは数学的には，V が p と T の関数として，$V = V(p,T)$ のように表されることを意味する．このような状態量間の関係を表す式を**状態方程式**または**状態式**（equation of state）とよぶ．

いま独立な2つの状態量を x, y，その他の第3の状態量を z とすると，一般的に，z は x, y の関数として次式のように表すことができる．

$$z = z(x, y) \tag{2.5}$$

ここで，z が x, y の連続関数であれば，以下の全微分 dz が成り立つ．

$$dz = \left(\frac{\partial z}{\partial x}\right)_y dx + \left(\frac{\partial z}{\partial y}\right)_x dy \tag{2.6}$$

図 2.9 に偏微分 $\left(\dfrac{\partial z}{\partial x}\right)_y$ の幾何学的表現，図 2.10 に全微分 dz の幾何学的表現をそれぞれ示す．

式（2.6）の第1項および第2項の係数である2つの偏微分をそれぞれ

$$\left(\frac{\partial z}{\partial x}\right)_y = M, \quad \left(\frac{\partial z}{\partial y}\right)_x = N \tag{2.7}$$

とおくと

$$dz = M dx + N dy \tag{2.8}$$

式（2.7）および式（2.8）の係数 M を y で，係数 N を x でそれぞれ偏微分すると

$$\left(\frac{\partial M}{\partial y}\right)_x = \frac{\partial}{\partial y}\left[\left(\frac{\partial z}{\partial x}\right)_y\right]_x = \frac{\partial^2 z}{\partial y\, \partial x} \tag{2.9}$$

$$\left(\frac{\partial N}{\partial x}\right)_y = \frac{\partial}{\partial x}\left[\left(\frac{\partial z}{\partial y}\right)_x\right]_y = \frac{\partial^2 z}{\partial x\, \partial y} \tag{2.10}$$

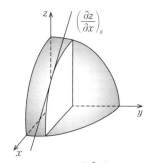

図 2.9 偏微分 $\left(\dfrac{\partial z}{\partial x}\right)_y$ の幾何学的表現

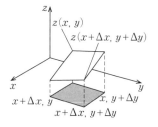

図 2.10 関数 $z = z(x, y)$ の全微分 dz の幾何学的表現

となる．もし状態量 z が連続関数であれば，式 (2.9) および式 (2.10) の 2 階偏微分は偏微分の順序によらず等しい．よって，

$$\frac{\partial^2 z}{\partial y\,\partial x} = \frac{\partial^2 z}{\partial x\,\partial y} \tag{2.11}$$

すなわち

$$\left(\frac{\partial M}{\partial y}\right)_x = \left(\frac{\partial N}{\partial x}\right)_y \tag{2.12}$$

が成り立つ．式 (2.12) は，数学的には dz が全微分であるための，熱力学的には z が状態量であるための条件式である．式 (2.12) は，7.8 節においてマックスウェルの熱力学関係式を誘導するときに用いられる基本関係式でもある．

　さて，状態式，式 (2.5) は次式のように，y, z を独立変数として $x = x(y, z)$ と表すこともできる．このとき，x の全微分 dx は

$$dx = \left(\frac{\partial x}{\partial y}\right)_z dy + \left(\frac{\partial x}{\partial z}\right)_y dz \tag{2.13}$$

である．式 (2.13) を式 (2.6) に代入し，dx を消去すると

$$\begin{aligned}
dz &= \left(\frac{\partial z}{\partial x}\right)_y dx + \left(\frac{\partial z}{\partial y}\right)_x dy \\
&= \left(\frac{\partial z}{\partial x}\right)_y \left[\left(\frac{\partial x}{\partial y}\right)_z dy + \left(\frac{\partial x}{\partial z}\right)_y dz\right] + \left(\frac{\partial z}{\partial y}\right)_x dy \\
&= \left(\frac{\partial z}{\partial x}\right)_y \left(\frac{\partial x}{\partial y}\right)_z dy + \left(\frac{\partial z}{\partial x}\right)_y \left(\frac{\partial x}{\partial z}\right)_y dz + \left(\frac{\partial z}{\partial y}\right)_x dy \\
&= \left[\left(\frac{\partial z}{\partial x}\right)_y \left(\frac{\partial x}{\partial y}\right)_z + \left(\frac{\partial z}{\partial y}\right)_x\right] dy + \left(\frac{\partial z}{\partial x}\right)_y \left(\frac{\partial x}{\partial z}\right)_y dz \tag{2.14}
\end{aligned}$$

上式の左辺の dz を移行して整理すると

$$\left[\left(\frac{\partial z}{\partial x}\right)_y \left(\frac{\partial x}{\partial y}\right)_z + \left(\frac{\partial z}{\partial y}\right)_x\right] dy + \left[\left(\frac{\partial z}{\partial x}\right)_y \left(\frac{\partial x}{\partial z}\right)_y - 1\right] dz = 0 \tag{2.15}$$

式 (2.15) が恒等的に成り立つためには，dy, dz の各係数がそれぞれゼロでなければならない．

　さて，式 (2.15) の dz の係数をゼロとおくと

$$\left(\frac{\partial z}{\partial x}\right)_y \left(\frac{\partial x}{\partial z}\right)_y - 1 = 0$$

これより，次式が得られる．

$$\therefore \left(\frac{\partial x}{\partial z}\right)_y = \frac{1}{\left(\dfrac{\partial z}{\partial x}\right)_y} \tag{2.16}$$

式 (2.16) は，偏微分に関する逆方向への演算がその偏微分の逆数と等しいことを示している．

　さらに，式 (2.15) の dy の係数をゼロとおくと

$$\left(\frac{\partial z}{\partial x}\right)_y \left(\frac{\partial x}{\partial y}\right)_z + \left(\frac{\partial z}{\partial y}\right)_x = 0$$

これより，

$$\left(\frac{\partial z}{\partial x}\right)_y \left(\frac{\partial x}{\partial y}\right)_z = -\left(\frac{\partial z}{\partial y}\right)_x$$

$$\frac{\left(\frac{\partial z}{\partial x}\right)_y \left(\frac{\partial x}{\partial y}\right)_z}{\left(\frac{\partial z}{\partial y}\right)_x} = -1$$

$$\therefore \left(\frac{\partial x}{\partial y}\right)_z \left(\frac{\partial y}{\partial z}\right)_x \left(\frac{\partial z}{\partial x}\right)_y = -1 \qquad (2.17)$$

式 (2.17) は，状態量 x, y, z に関する循環的な 3 つの偏微分の積がちょうど -1 となることを示している．

熱力学では，式 (2.8) の形式の微分方程式が頻出する．それらに対して，式 (2.12)，式 (2.13)，式 (2.16)，式 (2.17) に相当する関係式を同様に誘導することができる．これらの関係式は，物体（物質）の種類や状態（固体，液体，気体）によらず，任意の物体（物質）に対して一般的に成り立つので，**熱力学の一般関係式**（general thermodynamic relation）とよばれる．

いま，ある系の任意の状態量 x, y, z の代わりに，圧力 p，体積 V，温度 T という状態量を具体的に選び，状態式を $p = p(V, T)$ とすると，式 (2.13)，式 (2.16) および式 (2.17) に相当する以下の熱力学の一般関係式を同様に導出することができる．

全微分 $\quad dp = \left(\frac{\partial p}{\partial V}\right)_T dV + \left(\frac{\partial p}{\partial T}\right)_V dT \qquad (2.18)$

相反関係 たとえば $\quad \left(\frac{\partial p}{\partial V}\right)_T = \dfrac{1}{\left(\frac{\partial V}{\partial p}\right)_T} \qquad (2.19)$

循環関係 $\quad \left(\frac{\partial p}{\partial V}\right)_T \left(\frac{\partial V}{\partial T}\right)_p \left(\frac{\partial T}{\partial p}\right)_V = -1 \qquad (2.20)$

【例題 2.3】

物体（物質）の体膨張係数 β，圧力係数 χ，等温圧縮率 α_T は，偏微分を用いてそれぞれ次式のように定義される．

体膨張係数 $\quad \beta = \frac{1}{V}\left(\frac{\partial V}{\partial T}\right)_p$

圧力係数 $\quad \chi = \frac{1}{p}\left(\frac{\partial p}{\partial T}\right)_V$

等温圧縮率 $\quad \alpha_T = -\frac{1}{V}\left(\frac{\partial V}{\partial p}\right)_T$

ただし，p：圧力（Pa），V：体積（m^3），T：温度（K）である．このとき，β, χ, α_T の単位をそれぞれ示せ．つぎに，状態量 p, V, T の間に成り立つ熱力学の一般関係式，$\left(\frac{\partial p}{\partial V}\right)_T \left(\frac{\partial V}{\partial T}\right)_p \left(\frac{\partial T}{\partial p}\right)_V = -1$ を β, χ, α_T を用いて表せ．

【解答 2.3】

まず，β, χ, α_T の単位はそれぞれの定義式より以下のように求められる．

$$体膨張係数 \beta の単位：\frac{1}{\mathrm{m}^3} \cdot \frac{\mathrm{m}^3}{\mathrm{K}} \to 1/\mathrm{K}$$

$$圧力係数 \chi の単位：\frac{1}{\mathrm{Pa}} \cdot \frac{\mathrm{Pa}}{\mathrm{K}} \to 1/\mathrm{K}$$

$$等温圧縮率 \alpha_{\mathrm{T}} の単位：\frac{1}{\mathrm{m}^3} \cdot \frac{\mathrm{m}^3}{\mathrm{Pa}} \to 1/\mathrm{Pa}$$

各定義式より，$\left(\dfrac{\partial p}{\partial V}\right)_T$, $\left(\dfrac{\partial V}{\partial T}\right)_p$, $\left(\dfrac{\partial T}{\partial p}\right)_V$ はそれぞれ以下のように表すことができる．

$$\beta = \frac{1}{V}\left(\frac{\partial V}{\partial T}\right)_p \to \left(\frac{\partial V}{\partial T}\right)_p = V\beta$$

$$\chi = \frac{1}{p}\left(\frac{\partial p}{\partial T}\right)_V \to \left(\frac{\partial p}{\partial T}\right)_V = p\chi \to \left(\frac{\partial T}{\partial p}\right)_V = \frac{1}{p\chi}$$

$$\alpha_{\mathrm{T}} = -\frac{1}{V}\left(\frac{\partial V}{\partial p}\right)_T \to \left(\frac{\partial V}{\partial p}\right)_T = -V\alpha_{\mathrm{T}} \to \left(\frac{\partial p}{\partial V}\right)_T = -\frac{1}{V\alpha_{\mathrm{T}}}$$

これらを，p, V, T の間に成り立つ熱力学の一般関係式に代入し，整理すると

$$\left(\frac{\partial p}{\partial V}\right)_T\left(\frac{\partial V}{\partial T}\right)_p\left(\frac{\partial T}{\partial p}\right)_V = -1$$

$$-\frac{1}{V\alpha_{\mathrm{T}}} \cdot V\beta \cdot \frac{1}{p\chi} = -1$$

$$\therefore \frac{\beta}{\alpha_{\mathrm{T}} p\chi} = 1 \quad または \quad p = \frac{\beta}{\alpha_{\mathrm{T}}\chi} \qquad ■$$

演 習 問 題

問題 2.1　質量 25 g の弾丸が速さ 330 m/s で壁に打ち込まれて静止した．このとき発生する熱量は何 kJ か．また，それは何 kcal か．

問題 2.2　先端が一辺の長さ 0.42 mm の正方形のダイヤモンドアンビルに 1.5 トンの荷重をかけた．ダイヤモンドアンビルの先端に発生する圧力は何 Pa か．ただし，重力加速度を 9.81 m/s^2 とする．

問題 2.3　海に潜ると水深 Δh に応じて水圧 Δp は増加する．海水の密度は $\rho = 1030\,\mathrm{kg/m^3}$ で一定とし，重力加速度は $g = 9.81\,\mathrm{m/s^2}$ として以下の各問に答えよ．

（1）　水深 10 m に潜水したダイバーにかかる水圧はいくらか．

（2）　日本海溝の最深 8020 m における水圧はいくらか．

問題 2.4　以下の(1)～(10)の系について，閉じた系の場合は C，開いた系の場合は O，孤立系の場合は I をそれぞれ（　）に書き入れよ．

（1）　ジェットエンジン入口から出口に流れる気体（　）

（2）　閉じた冷蔵庫内の空気および被冷却物（　）

（3）　往復式エンジンのシリンダ内で断熱膨張する燃焼ガス（　）

（4）　圧縮機入口から出口に流れる空気（　）

（5）　閉じた圧力鍋内の煮物，水分，空気（　）

(6)　完全に断熱された魔法びん内の熱湯　（　）

(7)　扇風機入口から出口に流れる空気　（　）

(8)　ポンプ入口から出口に流れる水　（　）

(9)　運転中のミキサー内のオレンジおよび空気　（　）

(10)　蒸気タービン入口から出口に流れる水蒸気および水　（　）

問題 2.5　軸トルク 160 N·m で 4000 rpm で作動しているガソリンエンジンの軸動力を [kW] および [PS] の単位でそれぞれ求めよ.

問題 2.6　平均風速 14 m/s の場所に設置された直径 10 m の回転翼をもつ風車の最大出力を求めよ. ただし, 風車出口の風速は 11 m/s, 空気の運動エネルギーの減少量はすべて風車の軸出力に変換されるものとする. 空気の密度は 1.2 kg/m³ で一定とする.

コーヒーブレイク

物質の構造に関する探究（2）

　さかのぼって 1859 年にキルヒホッフ（Kirchhoff）は実験によって，「物体は自分が発する光と同じ波長の光を吸収する」ことを発見した．光をプリズムで分光すると，虹色のようにその光の性質によって，いくつかの縞に分かれる．この縞をスペクトルという．アーク灯の光をプリズムで分光すると赤から紫までの広がったスペクトルが現れるが，アーク灯とプリズムの間に，ブンゼン灯で燃やした光の弱い黄色のナトリウムを置くと，アーク灯のスペクトルのなかで黄色のスペクトルが弱くなる．すなわち，ナトリウムの黄色がアーク灯の黄色を吸収したのである．キルヒホッフは，直流回路に関する法則，光の放射と吸収に関する法則，反応熱の温度変化に関する法則など 4 つの法則をまとめているが，そのうちのひとつに「黒体はすべての物体のなかで最大の放射度をもつ．その他の一般の物体はそれより小さい放射度をもち，それと黒体の放射度との比である放射率は，その物体の吸収率に等しい」がある．

　ブンゼン灯はブンゼン（Bunsen）による発明である．ブンゼンはキルヒホッフとの共同研究で分光器を発明し，スペクトル分析により新元素の発見に貢献した．ブンゼンは自らセシウム（Cs），ルビジウム（Rb）を発見している．分子量測定装置，熱量計，電池など多くの実験装置を発明した．

　前述のキルヒホッフの発見は，温度に応じていろいろな光を出せるものは，それらのいろいろな光を吸収できる物体であることを明らかにした．すべての光を吸収できる「黒体」探しが行われたが，ウィーンは内部をピカピカに磨いた箱で外部に小さな穴がひとつ空けてある箱を提案した．この穴から箱のなかに入った光は周囲の壁で反射し吸収されて再び穴から出ることはほとんど皆無であった．

　このようにして黒体が確立すると，逆に黒体の温度を変化させることにより，その温度に応じていろいろな色の光が出てくるはずである．一方，ボルツマン（Boltzmann）は熱現象について，熱せられた気体のなかでは気体分子が激しく運動していることを示したが，それにヒントを得たウィーンは 1896 年気体分子運動論的な取扱いによって，光を分子のような粒子と考え，熱した箱から出てくる光の解析を行い，短い波長の光についてその強さの分布を表す熱放射エネルギーの分布式を提案した．

（「物質の構造に関する探究（3）」，p. 51 へ続く）

3 温度と熱量

3.1 温度と温度変化

3.1.1 温度計と熱力学の第ゼロ法則（熱平衡の法則）

熱をまったく通さない壁を想定して，その壁を**断熱壁**（adiabatic wall）という．逆に熱をよく通す壁を想定して，その壁を**透熱壁**（diathermal wall）という．

周囲が断熱壁で囲まれた系を考え，その系は高温の物体Aと低温の物体Bの2個の物体から成り立っており，この2個の物体の間を，透熱壁を介して接触させておくことにする（図3.1）．高温の物体Aから低温の物体Bへ熱が流れ，物体Aはしだいに冷えて，物体Bはしだいに温まり，十分長い時間が経過すると，両物体の温度は等しくなる．この現象は日常の経験から容易に想像できる実験結果である．この最終状態では，両物体は**熱平衡**（thermal equilibrium）の状態にあるという（図3.2）．

「2個の物体（AとB）がそれぞれ第三の物体（C）と熱平衡の状態にあれば，それらの2個の物体（AとB）も熱平衡の状態にある．」ということは正しいかどうかを考えよう．

まず，物体Aと第三の物体Cが熱平衡の状態にあるということは，物体Aと第三の物体Cの間には熱が流れていないということである（図3.3）．すなわち，物体Aの温度と物体Cの温度は等しい．図には熱の矢印がついているが，熱は温度に差があるときに流れるから，等しい温度（等温）の場合は，この流れがないということである．

つぎに，同様に図3.4を考えて，物体Bと第三の物体Cが熱平衡の状態にあるということは，物体Bと第三の物体Cの間には熱が流れていないということである．

すなわち，2個の物体（AとB）について熱平衡状態にあるかどうかを直接調べなくても，第三の物体Cを介して，物体Aと物体Bは互いに熱平衡状態にあるということができる．

これを**熱力学の第ゼロ法則**（または**熱平衡の法則**という，the zeroth law of thermodynamics）という（図3.5）．この第三の物体Cが温度計である．温度だけで熱平衡状態を調べていることに注意しよう．熱平衡というときは，熱量が等しいということではなく，温度が等しいということである．

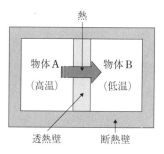

図3.1 熱平衡の過程

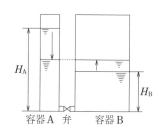

図3.2 熱平衡への変化
H_A：容器Aの最初の水位（最初の温度），H_B：容器Bの最初の水位（最初の温度）．

熱力学の第ゼロ法則
　熱力学の第一法則（エネルギー保存の法則）と熱力学の第二法則（変化の方向性に関する法則）がすでに法則として確立された後に，それらよりも基礎的で重要な法則であるし，法則化すべきことであるため，第ゼロ法則とよばれる．

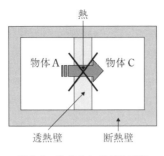

図3.3　物体AとCが熱平衡

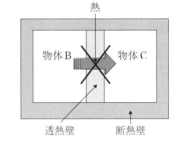

図3.4　物体BとCが熱平衡

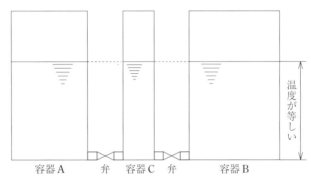

図3.5　熱力学の第ゼロ法則

3.1.2　温度測定

図3.5の容器Cが温度計の作用を表している．すなわち，温度はその系が所持している熱量を表すのではなく，熱平衡の状態を示す指標である．

a.　熱力学温度と気体温度計

理論的に正しい温度を**熱力学温度**（thermodynamic temperature）といい，熱力学温度は理想気体が示す温度として定義されている．理想気体は，第4章に示すように，実在気体を圧力ゼロに補外した状態として近似することができる．したがって，理想気体は実在しないが，実在気体に対する実測状態から理想気体の状態を推定する方法がとられる．そのような方法で温度を実測する温度計を，**気体温度計**（gas thermometer）という（図3.6）．

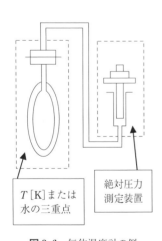

図3.6　気体温度計の例

定容積型の気体温度計の原理を図3.7に示した．容器の中の気体（たとえば He，H_2，N_2 など）の量を少なくすると，容器内の圧力が減少する．測定したい温度場を安定させ，その温度 $T[\mathrm{K}]$ における圧力 $p[\mathrm{Pa}]$ を測定し，次に水の三重点 $T_0 = 273.16\,\mathrm{K}$（定点）において圧力 $p_0[\mathrm{Pa}]$ を測定する．気体の量を減少させて，再び温度 $T[\mathrm{K}]$ における圧力 $p[\mathrm{Pa}]$ を測定し，次に再び水の三重点 T_0 において圧力 $p_0[\mathrm{Pa}]$ を測定する．この測定を圧力 p が測定精度以内で限りなく $0\,\mathrm{Pa}$ に近づくまで繰り返して行う．その結果，次式のようにこの温度を求める．

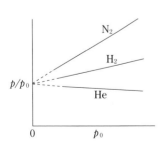

図3.7　定容積型気体温度計の原理

$$T = T_0 \lim_{p_0 \to 0}\left(\frac{p}{p_0}\right) = 273.16 \times \lim_{p_0 \to 0}\left(\frac{p}{p_0}\right) \tag{3.1}$$

気体温度計による測定は，手間と時間がかかり実用的ではない．そこで，流体の沸点，純金属の凝固点などの温度を気体温度計で正確に測定しその温度を定点として，それらの定点間を接続する相関式を定義する方法で，**国際温度目盛**（International Temperature Scale）が**国際度量衡総会**（General Conference of Weights and Measures）によって制定されている．

b. 国際温度目盛

国際温度目盛の制定の動きは，1911年におけるドイツ，イギリス，アメリカの国立研究所による呼びかけに始まったが，1927年の第7回国際度量衡総会の決議によって具体化した．国際温度目盛は，一時国際実用温度目盛とよばれたこともあったが，1927年，1948年，1968年，1975年修正版を経て，1990年国際温度目盛が実用されている．温度計については，温度範囲 0.65〜24.556 K では蒸気圧温度計，温度範囲 13.8033 K〜1234.93 K（961.78 ℃）では白金抵抗温度計，温度範囲 1234.93 K（961.78 ℃）以上ではプランクの放射則による放射温度計によって定義されている．

c. 熱電効果

熱電効果には，**ゼーベック効果**（Seebeck effect，図3.8），**ペルティエ効果**（Peltier effect，図3.9）および**トムソン効果**（Thomson effect，図3.10）がある．

金属の内部では，自由電子が原子間を飛び回り不規則な運動を行っている．金属内の自由電子はその熱運動に相当する圧力を有しており，金属の種類によって原子間の距離と自由電子の数が異なるから，その圧力も異なる．2種類の金属を接触させると自由電子の圧力の差によって，2種類の金属間で自由電子の移動が生じ，電位差が生じる．

① ゼーベック効果（図3.8）： 2種の金属Aと金属Bで電気回路を作り，その一方の接点を加熱し両接点間に温度差を発生させると，この回路内に電流（熱電流）が生じ，電位差が生じる．**ゼーベック**（Seebeck）によって1821年に発見された現象である．

② ペルティエ効果（図3.9）： 2種の金属Aと金属Bの接点を通して電流を流すと，電流が接点を流れるときに，接点において熱の発生または吸収が生じる．電流が高電位の金属Aから低電位の金属Bに向かって流れるとき，そのエネルギーが減少するからこれに相当する熱が発生する．逆に，低電位の金属から高電位の金属へ電流が流れるときはエネルギーが必要であるから，それに相当するエネルギーを周囲から熱として吸収する．ペルティエ（Peltier）によって1834年に発見された現象である．

③ トムソン効果（図3.10）： 同一金属の一部分に温度勾配があるとき，その部分に電流を流すと，その部分に熱の吸収または発生が生じる．電流の流れを逆方向にすると，熱の吸収は熱の発生に変わり，可逆的

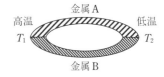

図3.8 ゼーベック効果（熱電対）

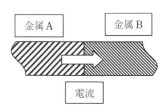

図3.9 ペルティエ効果（異種金属接触による）

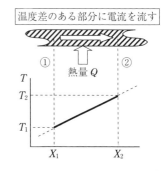

図3.10 トムソン効果（同一金属内の現象）

な現象である．トムソン（W. Tomson, 後の Lord Kelvin）は，1857
年にゼーベック効果とペルティエ効果の関係を立証するとともに，
第3の熱電効果であるトムソン効果を発見した．

d.　熱電対とサーミスタ温度計

実用的な温度測定には，熱電対やサーミスタが使用される．**熱電対**
（thermocouple, 図 3.11）は，金属の熱電効果のひとつであるゼーベック
効果を利用したものである．代表的な熱電対は，表 3.1 のとおりであるが，
素線の太さによって使用温度範囲が異なる．素線は残留歪みを取り除くた
め使用温度以上に加熱して焼きもどしを行っておく必要がある．熱電対は，
温度差を測定するときに使用するが，一方の端（基準接点）を 0℃（氷点）
にすると，セルシウス温度 t[℃] を測定することができる．熱電対の**熱起
電力**（emf, electro-motive force）とセルシウス温度の関係を事前に突合
せで校正しておき，熱起電力 E[mV] からセルシウス温度 t[℃] を，セル
シウス温度 t[℃] から熱力学温度 T[K] または国際温度目盛（1990）
T_{90}[K] を，突合せに使った温度計の温度目盛によって次式より求める．

$$T = t + 273.15 \quad \text{または} \quad T_{90} = t_{90} + 273.15 \qquad (3.2)$$

国際温度目盛（1990）にしたがった温度には添え字として 90 をつけるこ
とになっている．

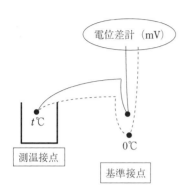

電位差計（mV）

t℃

0℃

測温接点

基準接点

図 3.11　熱電対

表 3.1　代表的な熱電対

JIS タイプ	素線（+）	素線（-）	使用温度範囲（℃）
S	白金 + 10%ロジウム	白金	-50〜1760
R	白金 + 13%ロジウム	白金	0〜1760
K	クロメル	アルメル	-270〜1370
T	銅	コンスタンタン	-270〜400
J	鉄	コンスタンタン	0〜800

注）クロメル：Ni（90%）+ Cr（10%）の合金
　　アルメル：Ni（94%）+ Al（3%）+ Si（1%）+ Mn（2%）の合金
　　コンスタンタン：Cu（55%）+ Ni（45%）の合金

サーミスタ温度計は，酸化物の抵抗値と温度の関係が負の温度係数をも
つことから温度計として使用する方式のものである．ニッケルやマンガン
などの酸化物を焼結し，表面にガラスコーティングした素子は，温度が上
昇すると抵抗が小さくなる．この温度変化による抵抗変化を利用して温度
を測定する．サーミスタ温度計は温度範囲 -50〜350℃ で使用することが
できる．

e.　温度計の歴史

図 3.12 はガリレイ（Galilei）が考案したサーモスコープであり，ノー
トに書き残したと伝えられる．弟子のビビアーニ（Viviani）によれば
1592 年にこれを製作している．感温部を手で暖めるとなかの空気が膨張
して流体の液面を押し下げる．しかし，大気圧が変化しても液面の位置は

**熱力学温度の単位「ケルビン」
の定義の改訂**

メートル条約締結国は，2018
年 11 月 16 日に，第 26 回国際度
量衡総会を開催し，s, m, kg, A,
K, mol, cd の定義改定を決定し，
新国際単位系（SI）は 2019 年
5 月 20 日に発効した（「第 2
章　単位と状態量」参照）．

温度については，次のとおり
である．

旧定義：熱力学温度の単位ケ
ルビンは，水の三重点温度を正
確に 273.16 K（0.01℃）と定め，
その 1/273.16 である．

新定義：ケルビン（K）は熱
力学温度の単位であり，その大
きさは，単位 $J \cdot K^{-1}$（$= kg \cdot m^2 \cdot
s^{-2} \cdot K^{-1}$）による表現で，ボル
ツマン定数 k の数値を 1.380649
$\times 10^{-23}$ と定めることによって
設定される．ここで，kg, m, s
は h（プランク定数），c（光速
度）と $\Delta\nu$ Cs（セシウム 133 の
超微細遷移周波数）を用いて定
義されたものである．

この新定義に従うと，水の三
重点温度は，273.16 ± 0.0001 K
（0.01±0.0001℃）になる．

熱力学温度の定義が変更され
たが，温度計の目盛付けは，
1990 年国際温度目盛に従って
行われている．

変化する．パドバ大学医学部のサントーリョ（Santorio）は，この感温部を患者の口にくわえさせ体温計として用いている．その後，後継者たちはサーモスコープをさかさまにし，感温部に液体を入れ，液体の体膨張を利用した温度計を開発した．その後は液体の種類と温度目盛の工夫が行われ，液体の種類では水，アルコール，水銀などが提案された．

温度目盛には，2定義定点温度目盛法と1定義定点温度目盛法がある．

① 2定義定点温度目盛法： セルシウス，ファーレンハイト（Fahrenheit）らにより，提案された目盛である．セルシウスが1742年に提案し，ストレーマー（Strömer）が1750年に変更した目盛が1927年国際温度目盛に引き継がれたが，氷点（1標準気圧のもとで空気を飽和した水と氷の平衡温度）を0℃，沸点（1標準気圧のもとで空気を溶解しない純粋な水の気液平衡温度）を100℃とし，その間を等間隔で比例配分して温度を目盛る．この温度目盛は，液体の種類によって液体の体膨張率が異なるため，液体によって中間の温度目盛が異なるという欠点がある．

② 1定義定点温度目盛法： トムソンがカルノーサイクルの理論からヒントを得た目盛方法で，現行の国際温度目盛の基礎になるものである．たとえば，定容積型の気体温度計を使用する場合，温度 T により変化する状態量 x として圧力 p を考える．水の三重点（273.16 K，0.01℃）のみを定点とし，この温度 T_0 における気体温度計の示す圧力を p_0 とすると，右欄の解析から

$$\frac{T}{P} = \frac{T_0}{p_0}, \quad \therefore T = T_0 \frac{p}{p_0} \tag{3.3}$$

式（3.1）は実在気体の式（3.3）の値を，圧力がゼロに近づいて理想気体の状態へ補外したものである．

本質的には右欄の解析によって同じ形の1次方程式になっていて，この両方法は同じであるが，目盛られる温度はまったく異なる．

3.1.3 温度変化

系の温度 T は系の熱量変化によって生じる．物体の温度を変化させるには，物体の熱量変化が必要である．物体の温度が，温度 T_1 から温度 T_2 へ変化したとき，この温度変化を温度の初め T_1 と終わり T_2 の差として次のように表される．

$$\Delta T = T_2 - T_1 \tag{3.4}$$

すなわち，温度差は，初めと終わりの温度だけで決定され，その途中の温度は温度変化の対象とはならない．この温度差 ΔT は T_1 から T_2 まで微小な温度変化 dT を加算したものに等しい．すなわち，

$$\Delta T = \int_{T_1}^{T_2} dT = [T]_{T_1}^{T_2} = T_2 - T_1 \tag{3.5}$$

温度は，瞬間々々に変化するがその変化は連続変化である．このように瞬

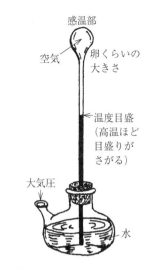

図 3.12 ガリレイのサーモスコープ

感温部
空気
卵くらいの大きさ
温度目盛（高温ほど目盛りがさがる）
大気圧
水

2定義定点温度目盛法

2定義定点を (x_1, T_1)，(x_2, T_2) とし，この間を等間隔で比例配分して温度を目盛る．

$$T = \frac{T_2 - T_1}{x_2 - x_1}(x - x_1) + T_1$$

$$\therefore \frac{T - T_1}{x - x_1} = \frac{T_2 - T_1}{x_2 - x_1} = a$$

$$\therefore T = a(x - x_1) + T_1 \quad ■$$

1定義定点温度目盛法

1定義定点を (x_1, T_1) とし，次式によって温度を目盛る．

$$\frac{T}{x} = b = \frac{T_1}{x_1} = \frac{T - T_1}{x - x_1}$$

$$\therefore T = \frac{T_1}{x_1}(x - x_1) + T_1$$

$$= b(x - x_1) + T_1 \quad ■$$

温度差 ΔT

温度 T_1 から温度 T_2 までの間，たとえば T_a，T_b，$T_c \cdots T_x$，T_y，T_z と変化したとすると，温度差 ΔT は次式となる．

$$\Delta T = (T_2 - T_z) + (T_z - T_y)$$
$$+ (T_y - T_x) + \cdots$$
$$+ (T_c - T_b) + (T_b - T_a)$$
$$+ (T_a - T_1)$$
$$= T_2 - T_1$$

間々々の状態変化を表す量を状態量という．温度は状態量のひとつであり，数学の変数と同じ性質をもっている．したがって，状態量は微分も積分も可能である．

3.2 熱量の種類

第1章に示したように，熱量の種類には顕熱と潜熱がある．

① **顕熱**（sensible heat）： 熱を物体 1 kg に与えるとき，物体の温度を上げるために使われた熱．顕熱量の単位は，[J/kg] である．

② **潜熱**（latent heat）： 物体 1 kg の**相**（phase）を変えるために使われた熱．たとえば，**水**（water）（**液相**, liquid phase）を**一定圧力**（isobar）のもとで加熱して**水蒸気**（steam, water vapor）（**気相**, gas phase）を発生させるときは温度が一定であるが，このときの熱が潜熱であり，蒸発潜熱または蒸発熱という．潜熱量の単位は [J/kg] である．

3.3 熱量の表し方

3.3.1 顕熱量の表し方

物体は，固体，液体，または気体のいずれかの状態にあるが，いかなる状態にあっても，物体内に熱を蓄える能力をもっている．この能力を**熱容量**（quantity of heat capacity）C[J/K] といい，物体の温度を 1 K だけ高めるのに必要な熱量である．1 kg あたりの熱容量を，**比熱容量**（specific heat capacity）または**比熱** c[J/(kg·K)] という．したがって，物体の質量を m[kg] とすると，次式の関係がある．

$$C = mc \qquad (3.6)$$

熱を蓄えられる能力（熱容量，比熱容量）を温度と関係づけて，熱量 Q[J] を次式によって表す．顕熱 Q を温度 T_1 の物体に加えたところ，比熱容量 c が一定，熱損失がないとして温度 T_2 になったとすると，

$$Q = C(T_2 - T_1) = mc\,(T_2 - T_1) \qquad (3.7)$$

一般に，m[kg] の量を大文字の記号で，1 kg あたりの量を小文字の記号で表す．1 kg あたりの量の名前に「比」をつけて表し，1 kg あたりの熱容量が比熱容量 c である．したがって，1 kg あたりの熱量 q は次式で表される．

$$q = c(T_2 - T_1) = c(t_2 - t_1) \qquad (3.8)$$

顕熱量を図 3.13 のように想像することができる．容器の断面積を熱容量または比熱容量，容器の高さを温度とし，この容器内に充てんされた物体（たとえば水）の量を，式（3.7）または式（3.8）によって表している．

3.3.2 潜熱と顕熱の違い

図 3.14 は，大気圧下における水（氷，水，水蒸気）の比熱容量の変化と潜熱（融解潜熱，蒸発潜熱）を考慮した容器を示したものである．比熱容量と潜熱の値の違いによって容器の断面積が変化することから容器の形が変化し，熱容量が変化する．0℃の氷を加熱して 0℃の水にするときに融解熱量が必要である．高さが温度であるから，同じ高さで必要な水量を入れられるような容器を考えると，潜熱を表すことができる．

氷，水，水蒸気の容器の形の違いは，それぞれの状態における比熱容量の温度変化によっている．すなわち，水の比熱容量が氷や水蒸気の比熱容量よりも大きいことがわかる．

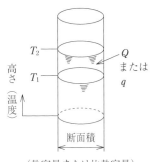

（熱容量または比熱容量）

図 3.13 熱量と温度の関係

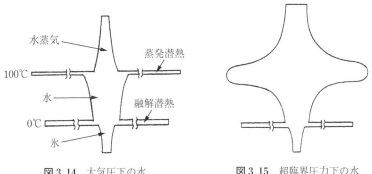

図 3.14 大気圧下の水 　　**図 3.15** 超臨界圧力下の水

臨界圧力（critical pressure）以上の圧力（超臨界圧力）のもとでは，気液平衡状態が存在しない．液体と気体（蒸気）の境目となる**境界（メニスカス，** meniscus）が存在しないので，状態変化が連続的に生じる．そのため図 3.15 のように蒸発潜熱の箇所がなく，連続的に変化している．

このように，物体の熱容量は温度変化に対応して取り扱う必要がある．

3.3.3 温度変化を伴った顕熱量の表し方

図 3.16 のように物体の熱容量（容器の断面積）C が温度（高さ）T によって変化する場合，微小な温度変化（高さ変化）dT を考え，その熱量（体積）δQ を求めると次式で与えられる．

$$\delta Q = CdT = mcdT \tag{3.9}$$

または，物体の質量を 1 kg とすると

$$\delta q = cdT \tag{3.10}$$

この微小な熱量（体積）を温度（高さ）が T_1 から T_2 まで加算すると，その間に加えられた熱量を求めることができる．この微小量を加算することを積分するという．すなわち，この間の熱量変化（体積変化）Q_{12} は次式で与えられる．質量 m は一定であるから，

$$Q_{12} = \int_{T_1}^{T_2} CdT = m\int_{T_1}^{T_2} cdT \tag{3.11}$$

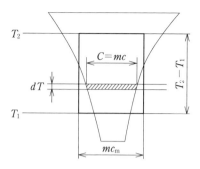

図 3.16　熱容量と平均比熱

または，物体の質量を 1 kg とすると

$$q_{12} = \int_{T_1}^{T_2} c \, dT \tag{3.12}$$

このように，比熱容量（断面積）の温度変化（高さ変化）を考慮して熱量（体積）を求めることが必要である．この式は比熱容量（断面積）一定の場合も含んでいる．

3.3.4　平均比熱の考え方

温度変化に対して物体（高さに対して容器）の比熱容量（断面積）が一定でない場合，温度変化（高さ変化）を等しくして比熱容量（断面積）が一定な物体（容器）に同量の熱量（水）を入れることにしたときの比熱容量（断面積）を平均比熱容量（平均断面積）という．よって，平均比熱容量（平均断面積）c_m は次式で与えられる．

$$c_m = \frac{q}{T_2 - T_1} = \frac{1}{T_2 - T_1} \int_{T_1}^{T_2} c \, dT \tag{3.13}$$

3.4　比熱容量（比熱）

比熱容量 c が一定の場合は，式（3.8）から

$$c = \frac{q}{T_2 - T_1} \tag{3.14}$$

比熱容量 c が温度によって変化する場合は，式（3.10）から

$$c = \frac{\delta q}{dT} \tag{3.15}$$

ここで，δq は加熱方法によって異なる．

圧力を一定にして加熱するときの比熱容量は，定圧比熱 c_p といい

定圧比熱：　$$c_p = \frac{(\delta q)_p}{dT} = \left(\frac{\partial h}{\partial T} \right)_p \tag{3.16}$$

体積（容積）を一定にして加熱するときの比熱容量は，定積比熱 c_v といい

$$\text{定積比熱}: \quad c_{\mathrm{v}} = \frac{(\delta q)_{\mathrm{v}}}{dT} = \left(\frac{\partial u}{\partial T}\right)_v \tag{3.17}$$

式（3.16）および式（3.17）の微分は偏微分といい，添え字の圧力 p または比体積 v を一定にしたまま微分することを示している．

【例題 3.1】

図のようにビーカーの中の水に鉄球が同じ温度で入っている混合系を考える．水の比熱を 4.2 kJ/(kg·K)，鉄の比熱を 0.46 kJ/(kg·K) とし，それぞれの質量を 10 kg（水），0.5 kg（鉄）とする．

この混合系に周囲から 100 kJ の熱を加えて，水と鉄球の温度が再び同じになるまでよく混ぜると，その温度はもとの温度から何 K 上昇するか．ただし，ビーカーの熱容量は無視し，加えられた熱量はすべて水と鉄球の加熱に使われたとする．

図　例題 3.1

【解答 3.1】

水の熱容量：　$C_{\mathrm{W}} = m_{\mathrm{W}} c_{\mathrm{W}}$
$$= 10\,\text{kg} \times 4.2\,\text{kJ/(kg·K)} = 42\,\text{kJ/K}$$

鉄球の熱容量：　$C_{\mathrm{F}} = m_{\mathrm{F}} c_{\mathrm{F}}$
$$= 0.5\,\text{kg} \times 0.46\,\text{kJ/(kg·K)} = 0.23\,\text{kJ/K}$$

混合系の熱容量：　$C_{\mathrm{m}} = C_{\mathrm{W}} + C_{\mathrm{F}} = 42.23\,\text{kJ/K}$

よって，上昇した温度 ΔT は

$$\Delta T = \frac{Q}{C_{\mathrm{m}}} = \frac{100\,\text{kJ}}{42.23\,\text{kJ/K}} = 2.37\,\text{K}$$　■

演 習 問 題

問題 3.1　鉄の比熱が 437 J/(kg·K) で温度によらず一定であるとして次の各問に答えよ．

①鉄 10 kg の温度を 30 K だけ上昇させるのに必要な熱量を求めよ．ただし，熱損失はないものとする．

②鉄 10 kg を温度 20℃ から 200℃ まで上昇させるのに必要な熱量を求めよ．ただし，全加熱量の 20% は熱損失として失われるものとする．

問題 3.2　アルミニウムの比熱が 0.90 kJ/(kg·K) で温度によらず一定であるとして，次の各問に答えよ．

①アルミニウム 10 kg を温度 30℃ から 150℃ まで上昇させるのに必要な熱量を求めよ．ただし，全加熱量の 30% は熱損失として失われるものとする．

②温度 20℃ の水 10 L のなかに，90℃ のアルミニウム 2 kg を入れたのち，よくかき混ぜ熱平衡状態に達した．かき混ぜるのに要した仕事量は 20 kJ であり，熱損失はないものとして，熱平衡状態の温度を求めよ．ただし，水の比熱は 4.2 kJ/(kg·K)，水の密度は 1000 kg/m³ でそれぞれ一定とする．

問題 3.3　標準大気圧のもとで，1 kW の電熱器で 1 L の水を 20℃ から 80℃ まで加熱するのに 10 min を要した．外部へ逃げた熱量は何%か．なお，20℃ から 80℃ までの水の平均比熱は 4.2 kJ/(kg·K) で一定とする．また，水の密度は 1000 kg/m³ で一定とする．

問題 3.4 次の各問に答えよ.

① 空気の 0 ℃ から t ℃ までの平均比熱が次表のように与えられたとき,300 ℃ から 500 ℃ までの平均比熱 $[c_{\mathrm{m}}]_{300}^{500}$ を求めよ.

t[℃]	300	400	500	600
$[c_{\mathrm{m}}]_0^t$(kJ/(kg·K))	1.017	1.030	1.038	1.051

② ①において,質量 5 kg の空気を温度 300 ℃ から 500 ℃ に上昇させるのに要する熱量を求めよ.

4 理想気体とその性質

4.1 理想気体とは

　気体が膨張したり，収縮したりすることはよく知られている．大気圧および温度が一定のもとで，空気で膨らませたゴム風船と紙風船を考えてみよう．紙風船に針で穴を開けても風船は破裂したりしぼんだりすることはない．一方，ゴム風船に針を刺すと風船は一気に破裂し，内部の空気は膨張する．この原因は内外の圧力差にある．ゴム風船内部の圧力は，大気圧およびゴム風船の弾性力と釣り合っており，大気圧よりも高い．ところが，紙風船には空気を吹き込むための小孔があり，膨らんだ後も大気とつながっているので，紙風船内部の圧力は大気圧と等しい．

　容器内の圧力は気体の温度によっても変化する．体積一定の容器に封入された気体は，温度を上昇させると気体は膨張し，その圧力は増加する．この気体の圧力上昇と膨張（熱膨張）は，熱エネルギーを機械的仕事に変換するために利用されており，熱機関において大切な働きをしている．このようなことから，エネルギー変換を学ぶうえで，気体のもつ性質，特性などを十分に理解しておくことが必要である．

　熱力学では，便宜上，気体を理想気体（ideal gas）と実在気体（real gas）とに分けて考える．理想気体とは，気体を構成する分子には質量はあるが体積がなく（質点とみなす），分子同士は衝突せず，分子間力（intermolecular force）は働かないとする理想化された気体である．

　図4.1に，分子間力の有無による理想気体と実在気体の違いを示した．

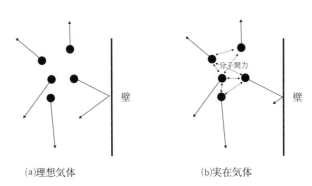

(a)理想気体　　　　　　(b)実在気体

図 4.1　分子間力の有無による理想気体と実在気体の違い

気体分子運動論によると，理想気体の圧力 p は，体積 V，分子の個数 N，分子の平均速度 $\bar{v}$，分子の質量 m を用いて次式で与えられる．

$$p = \frac{Nm\bar{v}^2}{3V}$$

これは，N 個の分子が壁に弾性衝突し，その結果として生ずる理想気体の圧力が分子の平均速度の2乗に比例することを表している．

図 4.1(a) のように，理想気体では，分子間力は無視するため気体分子は壁に衝突するまで並進運動を続け，壁に対しては完全弾性衝突を繰り返す．一方，実在気体では，図 4.1(b) のように，分子同士が分子間力で引き合っているため，理想気体に比べて気体分子の平均速度は減少し，気体の圧力は低下する．

このような理想気体は厳密には存在しないが，比較的低い圧力では，窒素，酸素，それらを主成分とする空気などは近似的に理想気体として扱うことができる．理想気体の圧力，体積および温度の間の関係は，次節に述べるように簡単な方程式で表示できる．一方，水蒸気などの実在気体に対しては，多くの複雑な式が提案されている．実在気体でも，分子間距離が大きく，分子間力が無視できる条件のもとでは，近似的に理想気体として扱うことができる．たとえば，空気中の水蒸気は理想気体と考えてよい場合がある．実在気体とその性質については第7章で取り扱う．

歴史的には，主として空気の温度，圧力，および体積の間の関係が実験的に明らかにされ，それらに基づいて理想気体が定義されている．

4.2 理想気体の状態式

理想気体は，完全ガス（perfect gas）とよばれていた時期もあった．

物質の状態は圧力，体積，温度などの状態量によって表すことができる．ここでは，理想気体の状態量の間の関係を表す状態式（状態方程式）について述べる．

4.2.1 ボイルの法則

ボイル（Robert Boyle：1627〜1691）は，温度が一定のもとでは，気体の圧力 p と体積 V の間には以下の関係が成り立つことを示した．

$$pV = 一定 \tag{4.1}$$

式 (4.1) は，等温下で気体の圧力と体積が反比例することを示す．これを**ボイルの法則**（Boyle's law）とよぶ．

図 4.2 は等温下の気体の膨張を微視的に示したものである．図中，気体はシリンダーとピストンによって閉じ込められ，シリンダー内の気体分子の動きが矢印で示されている．いま，ピストンを非常にゆっくりと外側に移動させて，温度一定のまま，状態1から状態2まで気体を膨張させたとする．温度は一定であるから気体に蓄えられているエネルギーや気体分子の平均速度は一定であるが，気体の体積は大きく（密度は小さく）なり，シリンダー内壁の表面積は増加する．そのため，単位時間，単位面積あたりに壁に衝突する気体分子の回数や個数が減少し，結果として，気体の圧力は低下する．このように，温度一定のもとでは，ボイルの法則に従って，気体の体積が増加すると気体の圧力は低下する．

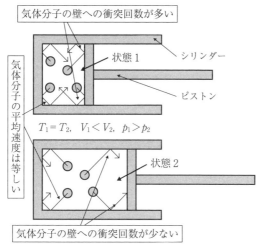

図4.2　等温下の気体の膨張（ボイルの法則）

4.2.2　シャールの法則

　ゲイ・リュサック（Gay-Lussac：1778～1850）は，シャール（Jacques Charles：1776～1823）が先に見つけていた定圧下における気体の温度と体積の関係を以下のように定式化し，シャールの法則と命名した.

$$\frac{V}{T} = 一定 \tag{4.2}$$

この式は，圧力一定のもとでは気体の体積は温度に比例することを示している.

　図4.3は等圧下の気体の膨張を微視的に示したものである. 図中, シリンダー内を滑らかに動くピストンの上におもりが載せてあり, シリンダー内の気体は, ピストンとおもりの重力によって一定の力で閉じ込められている. これより, シリンダー内の気体は一定の圧力を保持しながらその体積を増減させることができる. いま, 圧力一定のもとで, シリンダー内の

気体の熱膨張

　17世紀後半に, 圧力を一定にして温度を上げると体積が膨張することが発見された. 19世紀になってダルトンやゲイ・リュサックらによる実験の結果, 気体の体積は温度に比例することが示された. 式 (4.2) はこの関係を示している.

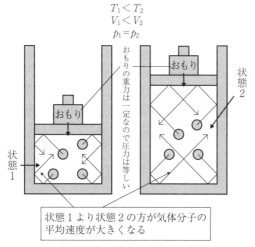

図4.3　等圧下の気体の膨張（シャールの法則）

気体を加熱して温度を上昇させると，気体分子の平均速度は大きくなり，気体の圧力は上昇しようとする．しかし，おもりを載せたピストンは滑らかに上昇するので，圧力一定のまま気体は膨張することになる．このように，圧力一定のもとでは，シャールの法則に従い，気体の温度が上昇すると気体の体積は増加する．

4.2.3　ボイル・シャールの法則と理想気体の状態式

圧力，温度が同じ条件下では，一定の体積を占める理想気体の分子数は気体の種類に関係なく同じである．これを**アボガドロの法則**（Avogadro's law）とよぶ．

ボイルの法則とシャールの法則を組み合わせると，次式が得られる．この関係を**ボイル・シャールの法則**という．

$$\frac{pV}{T} = a \quad \text{または} \quad pV = aT \quad （a は定数） \tag{4.3}$$

ここで，温度が一定の場合は aT は定数になるので，式 (4.3) はボイルの法則の式 (4.1) となる．また，圧力 p が一定の場合 a/p が定数となるので，式 (4.3) はシャールの法則の式 (4.2) と一致する．

質量 $m[\mathrm{kg}]$ の理想気体の圧力を $p[\mathrm{Pa}]$，体積を $V[\mathrm{m^3}]$，温度を $T[\mathrm{K}]$ とするとき，これらの量の間には**理想気体の状態式**（equation of state, EOS）あるいは**ゲイ・リュサック-マリオットの法則**（Gay-Lussac-Mariotte's law）とよばれる次式が成り立つ．

$$pV = mRT \tag{4.4}$$

ここに，$R[\mathrm{J/(kg \cdot K)}]$ は**気体定数**または**ガス定数**（gas constant）とよばれ，表 4.1 に示すように，気体の種類によって異なる値をとる．単位質量の気体に対しては，比体積 $v = V/m\,[\mathrm{m^3/kg}]$ を用いて

$$pv = RT \tag{4.5}$$

と表すことができる．この R と分子量 M の間には，

$$R_0 = MR \tag{4.6}$$

の関係がある．R_0 は物質の種類によらず一定の値となり，**一般ガス定数**（**一般気体定数**）（universal gas constant）とよばれる．気体 i に対する値を添え字 i で示すことにすると，式 (4.6) より，

$$MR = M_\mathrm{i}R_\mathrm{i}$$

が成り立つ．

さらに，モル数は $n = m/M$ であるから $m = nM$，これを式 (4.4) に代入し，式 (4.6) の関係より，$pV = mRT = nMRT = nR_0T$ と表されるので，次式を得る．

$$pV = nR_0T \tag{4.7}$$

ここで，n はモル数（分子のアボガドロ数個を 1 モル [mol] とした量）で

アボガドロ数 N_A
$N_\mathrm{A} = 6.02214076 \times 10^{23}\,\mathrm{mol^{-1}}$

一般ガス定数 R_0 は，ボルツマン定数 k とアボガドロ定数 N_A の積である．
$$R_0 = kN_\mathrm{A}$$
2019 年 5 月 20 日に発効した SI の再定義において，ボルツマン定数とアボガドロ定数は SI を定義する定義定数として位置づけられた．

ボルツマン定数 k
$= 1.380649 \times 10^{-23}\,\mathrm{J \cdot K^{-1}}$

アボガドロ定数 N_A
$= 6.02214076 \times 10^{23}\,\mathrm{mol^{-1}}$

一般ガス定数 R_0
$= 8.31446261815324\,\mathrm{J/(mol \cdot K)}$
$\approx 8.3145\,\mathrm{J/(mol \cdot K)}$
$\approx 8314.5\,\mathrm{J/(kmol \cdot K)}$

表4.1 気体の熱物性値等（101.3 kPa, 293 K における値）[1]

気体の種類	分子式	分子量 kg/kmol	密度 kg/m³	気体定数 kJ/(kg·K)	定積比熱 kJ/(kg·K)	定圧比熱 kJ/(kg·K)	比熱比 —
ヘリウム	He	4.003	0.1665	2.077	3.115	5.193	1.667
水素	H_2	2.016	0.08388	4.125	10.14	14.27	1.407
窒素	N_2	28.01	1.166	0.297	0.7432	1.041	1.401
酸素	O_2	32.00	1.334	0.260	0.6579	0.9190	1.397
空気	—	28.97	1.206	0.287	0.7183	1.007	1.402
一酸化炭素	CO	27.99	1.171	0.297	0.7438	1.042	1.401
二酸化炭素	CO_2	44.01	1.844	0.189	0.6516	0.8452	1.297
メタン	CH_4	16.04	0.6686	0.519	1.697	2.221	1.308
プロパン	C_3H_8	44.06	1.868	0.189	1.455	1.658	1.140
水蒸気[2]	H_2O	18.02	0.5784	0.462	1.505	2.018	1.341

1) 日本熱物性学会編『熱物性ハンドブック』, 養賢堂（2000）より引用, 算出
2) 380 K, 100 kPa における値

ある. 式 (4.7) は気体の量をモル数（またはキロモル数）で扱うときに成り立つ理想気体の状態式である.

　理想気体の状態式は, 多くの気体に対して実用上必要とされる精度で十分に成り立つと考えられる. たとえば, 空気, 燃焼ガスなどの計算では通常支障なく使用できる. しかし, 厳密な意味で成立するわけではない. 実用上, 理想気体として扱えない気体には水蒸気や種々の冷媒などがある. しかし, 分子間力が小さくなる条件, たとえば気体分子の運動エネルギーが支配的になる高温状態や分子間距離が大きくなる低圧力の状態では理想気体状態に近づき計算精度は向上する.

　表4.1 は代表的な気体の熱物性値などを示している.

【例題 4.1】

　非常に薄くて柔らかい素材でできた伸縮自在のシャボン玉のような球形の容器に空気を密封し, 気圧 101.3 kPa, 気温 15 ℃の山のふもとで容器の直径を計測したら 50 cm であった. この容器を持って山を登り, 気温 0 ℃の頂上に着き, 容器の直径を計測したら 55 cm であった. このとき山頂の気圧はいくらか. ただし, 空気は理想気体と見なし, そのガス定数を $R = 287$ J/(kg·K) とする. また, 容器内の空気の圧力と温度は周囲の気圧および気温と常に等しいとする. さらに, 山のふもとの気圧 101.3 kPa, 気温 15 ℃における空気の密度は 1.22 kg/m³ とする.

【解答 4.1】

　まず, 山のふもとで空気を密封したときの球形の容器の容積 V_1 は次式のように求められる.

$$V_1 = \frac{4\pi r_1{}^3}{3} = \frac{4\pi}{3}\left(\frac{d_1}{2}\right)^3 = \frac{\pi d_1{}^3}{6} = \frac{3.14 \times 0.50^3}{6} = 0.131 \,\text{m}^3$$

これより, 容器内の空気の質量 m は, 密度 ρ_1 と容積 V_1 から, 次式のよう

図 4.4 に示した理想気体の圧力 p, 体積 V, 温度 T の状態曲面について述べる. 温度一定では, 式 (4.4) より $pV = mRT$ = 一定であるから, p と V の関係は p-V 線図上で双曲線となる. また, 圧力一定では, $T = (p/mR)V$ より, T-V 線図上で T と V は比例関係にある. さらに, 体積一定では, $p = (mR/V)T$ より, p-T 線図上で p と T は比例関係にある.

文献 1

小口幸成,「わかる熱力学」（『冷凍』）, 2000, p. 907.

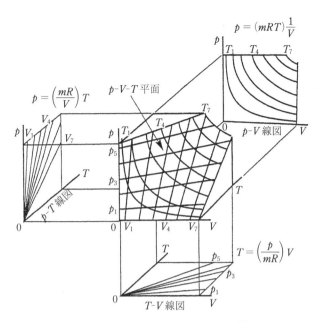

図 4.4　理想気体の p-V-T 状態曲面[文献1]

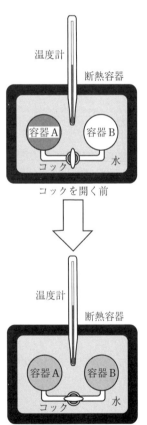

コックを開く前

↓

コックを開き, 十分な時間が経過した後

図 4.5　ジュールの実験
（温度計などを通しての熱移動はないものと仮定）

に求められる.

$$m = \rho_1 V_1 = 1.22 \times 0.131 = 0.160 \, \text{kg}$$

また, 山頂での容器の容積 V_2 は,

$$V_2 = \frac{\pi d_2^{\,3}}{6} = \frac{3.14 \times 0.55^3}{6} = 0.158 \, \text{m}^3$$

理想気体の状態式, 式 (4.4) より, 山頂の気圧 p_2 は,

$$p_2 = \frac{mRT_2}{V_2} = \frac{0.160 \times 287 \times (0 + 273.15)}{0.158} = 79.4 \times 10^3 \, \text{Pa} = 79.4 \, \text{kPa}$$

∎

4.3　理想気体の内部エネルギーとエンタルピー

4.3.1　内部エネルギー

外部から系に与えられた熱エネルギーは, 主に原子・分子の振動や運動エネルギーとして系内に蓄えられることになる. このように系に蓄えられたエネルギーのことを内部エネルギー (internal energy) という.

1800 年代はじめにゲイ・リュサックによって, それから約 40 年後にジュール (James Joule：1812～1889) によって, 次のような気体に関する実験が行われた. 図 4.5 に示すように, 断熱容器中に水を入れてその温度を測定できるように温度計を取り付ける. 水中に 2 つの容器 A と B を入れ, 中間にコックを取り付けた管で両者を連結する. 最初, 容器 A を試料気体で満たし, 容器 B は真空にしておく. 系の温度が一定の条件下でコックを開けると, 気体は容器 B に膨張する. この真空容器への膨張を**自由膨張**と

いう．十分な時間が経過すると，流れ，熱ともに平衡状態に達する．この実験を繰り返した結果，コックの開閉前後で水温に変化はなく，温度が一定の条件のもとでは，体積が変化しても理想気体状態に近い気体の内部エネルギーは不変と考えてよいことが明らかになった．すなわち，理想気体の内部エネルギーは温度のみの関数である．これは**ジュールの法則**（Jourle's law）とよばれる．

　ジュールの実験結果から，理想気体 1 kg の内部エネルギー（比内部エネルギー）u は温度 T のみの関数であり，圧力や体積（または比体積）によって変化しないことがわかる．すなわち，理想気体の比内部エネルギー u は，次式の関係がある．

$$u = u(T) \tag{4.8}$$

　図 4.6 は，等積加熱による理想気体の内部エネルギーの変化を微視的に示したものである．いま，シリンダーの外側から火炎などでシリンダー内の気体を体積一定のまま加熱すると，シリンダー固体壁の原子の熱振動が激しくなり，シリンダー内で固体壁に衝突する気体分子がピンボールのようにはじかれて加速される．その結果，気体分子の平均速度（運動エネルギー）が増加し，シリンダー内の気体の温度は高くなり，気体の内部エネルギーは増加する．

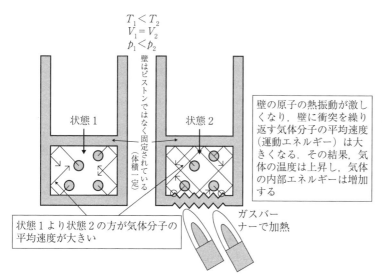

$T_1 < T_2$
$V_1 = V_2$
$p_1 < p_2$

壁はピストンではなく固定されている（体積一定）

状態 1

状態 2

壁の原子の熱振動が激しくなり，壁に衝突を繰り返す気体分子の平均速度（運動エネルギー）は大きくなる．その結果，気体の温度は上昇し，気体の内部エネルギーは増加する

状態 1 より状態 2 の方が気体分子の平均速度が大きい

ガスバーナーで加熱

図 4.6　等積加熱による理想気体の内部エネルギーの変化

4.3.2　エンタルピー

　管内の流れなどを考えると，その流体の所有するエネルギーは，物質のもつエネルギー（内部エネルギー U）と流体を移動させるエネルギーの両者である．定常流れの場合，流体を移動させるエネルギーは，流体の圧力 p と移動させた体積 V の積 pV で表される．定常流れの総エネルギーは次式で与えられる．

$$H = U + pV \qquad (4.9)$$

この H をエンタルピー（enthalpy）という．また 1 kg あたりでは

$$h = u + pV \qquad (4.10)$$

と与えられ，h を比エンタルピーという．

　理想気体の比エンタルピーは，式 (4.5) を用いると

$$h = u + pv = u(T) + RT = h(T) \qquad (4.11)$$

と表される．すなわち，理想気体のエンタルピーは，内部エネルギーと同様，温度のみの関数である．

【例題 4.2】

　ある気体が，温度 400 K，圧力 0.1 kPa，体積 5 m³，エンタルピー 2 kJ の状態 1 から圧力 20 kPa，体積 0.1 m³ の状態 2 まで圧縮された．このとき，状態 2 における気体の温度を求めよ．また，状態 1 から状態 2 に変化したときの気体のエンタルピーの変化量を求めよ．ただし，気体は理想気体とする．

【解答 4.2】

　気体の種類も分子量も質量も与えられていないので，一般ガス定数 R_0 = 8314.5 J/(kmol·K) を用いた理想気体の状態式を利用する．

　状態 1 では，$p_1 V_1 = n R_0 T_1$ が成り立つので，気体のキロモル数は次式のように求められる．

$$n = \frac{p_1 V_1}{R_0 T_1} = \frac{0.1 \times 10^3 \times 5}{8314.5 \times 400} = 0.0001503 \, \mathrm{kmol}$$

　状態 2 では，$p_2 V_2 = n R_0 T_2$ が成り立つので，状態 2 における気体の温度は

$$T_2 = \frac{p_2 V_2}{n R_0} = \frac{20 \times 10^3 \times 0.1}{0.0001503 \times 8314.5} = 1600 \, \mathrm{K}$$

と求められる．

　さて，状態 1 における気体のエンタルピーは，$H_1 = U_1 + p_1 V_1$ と表されるので，状態 1 における気体の内部エネルギーは

$$U_1 = H_1 - p_1 V_1 = 2 \times 10^3 - 0.1 \times 10^3 \times 5 = 1500 \, \mathrm{J}$$

である．理想気体の内部エネルギーは温度だけの関数であるから次式が成り立つ．

$$\frac{U_2}{U_1} = \frac{T_2}{T_1}$$

これより，状態 2 における気体の内部エネルギーは以下のように求められる．

$$U_2 = \frac{U_1 T_2}{T_1} = \frac{1500 \times 1600}{400} = 6000 \, \mathrm{J}$$

　したがって，状態 1 → 2 における気体のエンタルピーの変化量は次式のように求められる．

$$H_2 - H_1 = (U_2 + p_2 V_2) - (U_1 + p_1 V_1)$$
$$= (6000 + 20 \times 10^3 \times 0.1) - (1500 + 0.1 \times 10^3 \times 5)$$
$$= 6000 \, \text{J} = 6.00 \, \text{kJ}$$

または,

$$H_2 - H_1 = (U_2 + p_2 V_2) - (U_1 + p_1 V_1)$$
$$= (U_2 + nR_0 T_2) - (U_1 + nR_0 T_1)$$
$$= (U_2 - U_1) + nR_0 (T_2 - T_1)$$
$$= (6000 - 1500) + 0.0001503 \times 8314.5 \times (1600 - 400)$$
$$= 6000 \text{J} = 6.00 \, \text{kJ} \qquad \blacksquare$$

4.4 理想気体の比熱容量（比熱）

比熱容量（比熱）は, 単位質量の物質の温度を 1 K だけ上昇させるために必要な熱量であり, 一般的に次式で定義される.

$$c = \frac{\delta q}{dT} \tag{4.12}$$

実用上, とくに重要な意味をもつ比熱容量は, 体積が一定の条件下と圧力が一定の条件下における値である. その理由は両条件における熱の移動（加熱・放熱）が多いことによる. たとえば, 往復型エンジンを例にとると, ガソリンエンジンの加熱（燃焼）過程は体積 V 一定, またディーゼルエンジンのそれは圧力 p 一定とみなすことができる.

体積一定および圧力一定のもとにおける比熱容量は, それぞれ定積比熱（定容比熱ともいう）, 定圧比熱とよばれ, それぞれ次式で表される.

$$c_v = \frac{(\delta q)_v}{dT} \tag{4.13}$$

$$c_p = \frac{(\delta q)_p}{dT} \tag{4.14}$$

ここで, $(\delta q)_v$ および $(\delta q)_p$ の添え字 v, p は, それぞれ体積一定, 圧力一定の条件を示す.

ところで, 次章に示される熱力学の第一法則によれば, 物質 1 kg に対して次式が成り立つ.

$$\delta q = du + p dv \tag{4.15}$$
$$\delta q = dh - v dp \tag{4.16}$$

体積, 圧力が一定の条件下では, 上式のそれぞれ右辺第二項が 0 になり, $\delta q = du$, $\delta q = dh$ となる. さらに, 理想気体の比内部エネルギーおよび比エンタルピーはともに温度のみの関数であることから, 理想気体の定積比熱および定圧比熱は次式のように表される.

比熱容量（比熱）
従来, 比熱容量は単に比熱とよばれていたが, 単位質量あたりの熱容量であることから, 比熱容量とよばれるようになり, 比体積などのほかの用語との統一がはかられた.

$$c_v = \frac{(\delta q)_v}{dT} = \left(\frac{\partial u}{\partial T}\right)_v = \frac{du}{dT} \tag{4.17}$$

$$c_p = \frac{(\delta q)_p}{dT} = \left(\frac{\partial h}{\partial T}\right)_p = \frac{dh}{dT} \tag{4.18}$$

これらを積分すると,

$$u = c_v T + u_0 \tag{4.19}$$

$$h = c_p T + h_0 \tag{4.20}$$

である. ここで, u_0, h_0 は積分定数であり, $u_0 = h_0$ である.

これらの式を用いると, 理想気体に対する熱力学の第一法則の式は,

$$\delta q = c_v dT + pdv \tag{4.21}$$

$$\delta q = c_p dT - vdp \tag{4.22}$$

と表される. 両式より,

$$(c_p - c_v)dT = vdp + pdv = d(pv) = d(RT) = RdT$$

したがって,

$$c_p - c_v = R \tag{4.23}$$

また, c_p, c_v の比は比熱比とよばれる. 比熱比を κ で表すと,

$$\frac{c_p}{c_v} = \kappa \tag{4.24}$$

式 (4.23), (4.24) から,

$$c_p = \frac{\kappa R}{\kappa - 1} \tag{4.25}$$

$$c_v = \frac{R}{\kappa - 1} \tag{4.26}$$

κ の値は, ヘリウムなど単原子気体では約 1.66, 酸素, 窒素などの二原子気体では約 1.40, 三原子気体では約 1.33 をとる. 定積比熱 c_v, 定圧比熱 c_p, 比熱比 κ などの値の例は表 4.1 に示されている.

【例題 4.3】

ある気体 5 kg を 300 ℃ だけ上昇させるのに必要な熱量は, 圧力一定の場合と体積一定の場合とで 430 kJ の差があるという. この気体を理想気体と見なし, そのガス定数を求めよ. ただし, 気体の定圧比熱および定積比熱の値はそれぞれ一定とする.

【解答 4.3】

圧力一定の場合の熱量 Q_p と体積一定の場合の熱量 Q_v の差は次式のように表される.

$$Q_p - Q_v = mc_p\Delta T - mc_v\Delta T = (c_p - c_v)m\Delta T = Rm\Delta T$$

これより, ガス定数 R は次式のように求められる.

$$R = \frac{Q_p - Q_v}{m\Delta T} = \frac{430}{5 \times 300} = 0.287 \text{ kJ}/(\text{kg·K})$$

ただし, 温度差 $\Delta T = 300\,℃ = 300\,\text{K}$ である. ガス定数の値から, この気体は空気であることが推定できる. ■

【例題 4.4】

　空気の見かけの分子量は 29，その比熱比は 1.4 で一定とする．空気の定圧比熱および定積比熱をそれぞれ kJ/(kg·K) の単位で求めよ．ただし，空気は理想気体とする．

【解答 4.4】

　一般ガス定数は，$R_0 = 8.3145\,\text{J/(mol·K)} = 8314.5\,\text{J/(kmol·K)}$ であるから，空気のガス定数は次のように求められる．

$$R = \frac{R_0}{M} = \frac{8314.5}{29} = 286.7\,\text{J/(kg·K)} = 287\,\text{J/(kg·K)}$$

これより，空気の定圧比熱および定積比熱は次式のように求まる．

$$c_\mathrm{p} = \frac{\kappa R}{\kappa - 1} = \frac{1.4 \times 287}{1.4 - 1} = 1004.5\,\text{J/(kg·K)} = 1.00\,\text{kJ/(kg·K)}$$

$$c_\mathrm{v} = \frac{R}{\kappa - 1} = \frac{287}{1.4 - 1} = 717.5\,\text{J/(kg·K)} = 0.718\,\text{kJ/(kg·K)} \quad ■$$

4.5　気体の混合

　空気は最も身近な気体である．空気といっても空気という気体があるわけではなく，窒素や酸素などの混合物（混合気体）であることは誰でも知っている．しかし，空気はあたかもひとつの物質からなっているように取り扱うことができる．ここでは，複数の理想気体から成る理想気体混合物を取り扱う．

　複数の気体の混合過程において化学反応がなければ，十分な時間が経過すると，均一な混合気体になる．空気は窒素と酸素を主成分とする混合気体であり，体積比で窒素約 79%，酸素約 21% である．この空気が自然にもとの成分気体に分離することはないので，気体の混合過程は不可逆過程である（第 6 章参照）．

　気体の混合については**ダルトンの分圧の法則**（Dalton's law）が知られている．"混合気体の圧力（全圧）は各成分気体の分圧の和に等しい"と表現される．分圧とは，同一容器内にそれぞれの成分気体が独立に存在する場合に示す圧力である．

　図 4.7 に混合気体中の気体分子の挙動を示す．図中，A，B，C は 3 種類の異なる成分気体の分子を示し，それぞれがあたかも互いに独立に容器いっぱいに広がって，容器の壁に衝突している様子を示している．

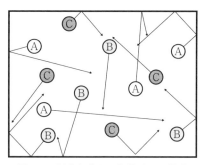

図4.7　混合気体中の気体分子の挙動

　図4.8のように，外部と断熱された容器内を n 個の小区画に仕切り，それぞれに異なる気体 $1 \sim n$ を入れる．すべての仕切りを同時に取り去ると，気体は分子拡散により混合する．この混合では体積は一定であり，外部への仕事は発生せず，また外部への熱の移動もない．

　混合後の圧力と温度が同じになるから i 番目の気体に対して $pV_i = m_i R_i T$ と書けることと，質量保存の法則から，

$$m = m_1 + m_2 + m_3 + m_4 + \cdots + m_n$$
$$= \sum_{i=1}^{n} m_i = \frac{p}{T} \sum_{i=1}^{n} \frac{V_i}{R_i} \tag{4.27}$$

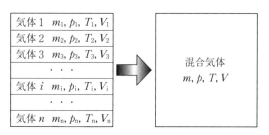

図4.8　気体の混合（体積一定）

混合後の体積 V は，

$$V = V_1 + V_2 + V_3 + V_4 + \cdots + V_n$$
$$= \sum_{i=1}^{n} V_i = \frac{T}{p} \sum_{i=1}^{n} m_i R_i \tag{4.28}$$

となる．

　混合後の圧力 p は以下のように考える．仕切りが取り去られると体積が増加するのでそれぞれの気体は膨張する．この膨張により i 番目の気体の体積が増加し，圧力 p_i が p_i' になるとする．理想気体の状態式において $m_i R_i$ は混合前後で変化しないから $p_i' V / T = p_i V_i / T_i$ である．したがって，ダルトンの法則により全圧 p は，

$$p = \sum_{i=1}^{n} p_i' = \frac{T}{V} \sum_{i=1}^{n} \frac{p_i V_i}{T_i} \tag{4.29}$$

となる．

　混合後の温度 T について考える．内部エネルギーは混合前後で保存さ

れるので $\sum_{i=1}^{n} Q_i = Q$ であり，$\sum m_i c_{vi} T_i = T \sum m_i c_{vi}$ と書けるから，

$$T = \frac{\sum m_i c_{vi} T_i}{\sum m_i c_{vi}} \tag{4.30}$$

注
$\sum_{i=1}^{n}$ を $\sum$ と省略する.

となる．混合する気体が理想気体として取り扱える場合，上記の式は理想気体の状態式を用いて変形，展開することができる．$p_i V_i = m_i R_i T_i$ より，

$$T = \frac{\sum p_i V_i c_{vi}/R_i}{\sum p_i V_i c_{vi}/R_i T_i} \tag{4.31}$$

式 (4.17) を代入して，

$$T = \frac{\sum p_i V_i/(\kappa - 1)}{\sum p_i V_i/(\kappa - 1) T_i} \tag{4.32}$$

が得られる．

4.6 混合気体の性質

空気をはじめ混合気体は多い．成分が理想気体として扱える混合気体は，化学反応が起こらなければ，実用上1つの気体として取り扱うことができる．したがって，理想気体の状態式，式 (4.3) より，

$$pV = mRT$$

が成立する．ここで，p, V, m, R, T はいずれも混合気体に対する値である．このように，混合気体をあたかも1つの気体として計算を行うためには混合気体の気体定数，比熱容量，内部エネルギーなどの値が必要になる．

各成分に対しても理想気体の状態式が成立するから，i 番目の気体と混合気体に対して，次式が成立する．

$$pV_i = m_i R_i T$$

上記の2式より $m_i R_i/V_i = mR/V$ であり，ここで質量比 $m_i/m = g_i$, 体積比 $V_i/V = r_i$ とすると，

$$g_i R_i = r_i R \tag{4.33}$$

式 (4.6) より $R_i/R = M/M_i$ であるから，代入して，

$$\frac{R_i}{R} = \frac{r_i}{g_i} = \frac{M}{M_i}$$

となり，

$$M_i r_i = g_i M$$

である．ところで，式 (4.28) より

$$V = \frac{T}{p} \sum_{i=1}^{n} m_i R_i = \frac{V}{R} \sum_{i=1}^{n} g_i R_i$$

であるから，

$$R = \sum_{i=1}^{n} g_i R_i \tag{4.34}$$

同様に，m について考えると $m = mR \sum (r_i/R_i)$ となるから，

$$R = \frac{1}{\sum (r_i/R_i)} \tag{4.35}$$

混合による化学反応はないので，気体のモル数は一定である．

$$n = \sum n_i = \sum \left(\frac{m_i}{M_i} \right) = \frac{m}{M} \tag{4.36}$$

$$M = \frac{m}{\sum (m_i/M_i)} = \frac{1}{\sum \{(m_i/m)(1/M_i)\}} = \frac{1}{\sum (g_i/M_i)} \tag{4.37}$$

　　圧力，体積が一定の条件下において，混合気体の温度を 1 K 上昇させるのに必要な熱量は，各成分の温度を 1 K 上昇させるのに要する熱量の和に等しいから，$mc_p = \sum m_i c_{pi}$ より，

$$c_p = \sum c_{pi} \left(\frac{m_i}{m} \right) = \sum g_i c_{pi} \tag{4.38}$$

同様に，

$$c_v = \sum c_{vi} \left(\frac{m_i}{m} \right) = \sum g_i c_{vi} \tag{4.39}$$

　　今考えている条件下では混合前後の内部エネルギー，エンタルピーはともに変化しないから，

$$u = \sum g_i u_i \tag{4.40}$$

$$h = \sum g_i h_i \tag{4.41}$$

である．

演 習 問 題

問題 4.1　水蒸気を含む空気は湿り空気とよばれる．その絶対湿度（＝水蒸気の質量／乾いた空気の質量）を空気，水蒸気それぞれの分圧とガス定数で表せ．

問題 4.2　容積 0.5 m^3 のボンベに医療用酸素が充填されている．内部の圧力，温度がそれぞれ 0.8 MPa，25℃のとき，酸素の質量を求めよ．酸素濃度は 100％としてよい．

問題 4.3　空気を体積比で窒素 79％，酸素 21％の混合気体として，空気の気体定数を求めよ．

問題 4.4　圧力 100 kPa，温度 150℃の空気を体積 0.01 m^3 一定のもとで加熱して 800℃にするときの加熱量を求めよ．150℃，800℃における定積比熱はそれぞれ 0.726 kJ/(kg·K)，0.825 kJ/(kg·K) とし，温度に比例するものとする．

問題 4.5　温度 150℃の空気 5 kg を圧力 101.3 kPa 一定のもとで加熱して 550℃にするとき，必要な熱量を求めよ．物性値は表 4.1 の値で近似できるものとする．

問題 4.6　容積 0.15 m^3 の二酸化炭素ガスのボンベ中に，0.13 kg の残留ガスがあることに気づかず，温度 25℃のもとで 2.2 kg のガスを追加充填した．充填後のボンベ内の圧力を求めよ．

問題 4.7　ガス定数 0.297 kJ/(kg·K) と比熱比 1.401 から窒素ガスの定圧比熱，定積比熱を求めよ．

物質の構造に関する探究 (3)

　ここにひとつの問題が発生した．ニュートン以来，光は粒子であるとされ，ラボアジェの元素表にも熱素と並んで光素が挙げられていた．しかしホイヘンスの実験により，光は波動であるとする説が受け入れられ，粒子ではなくなっていた．そこに，ウィーンはあえて粒子説を取り入れたが，波長の短い部分しか説明できなかった．一方，レーレイ卿（Rayleigh）は，光を波と仮定し，エネルギー等配分則を適用して，長い波長の部分に成り立つ関係式を提案した．この考え方では短い波長に対しては成り立たなかった．レーレイ卿は，光学，音響学，電磁気学，振動論，流体力学など多くの分野で功績を挙げたが，1895年にラムゼーとともに各種の気体の密度測定を行っているうち，空気から分離した窒素がアンモニアから分離した窒素より重いことを発見し，結局空気中の窒素の中に新元素アルゴンがあることを発見した．この功績により，1904年ノーベル物理学賞を受賞した．

　ウィーンとレーレイ卿の両方の長所をひとつにまとめたのが，プランク（Planck）であった．20世紀を間近にした1900年のクリスマスパーティーを兼ねたドイツ物理学会の講演会で，プランクはその考え方を発表した．プランクは，レーレイ卿の等配分ではなく，振動数に比例（波長は振動数の逆数で与えられるから，波長に反比例）する単位量のエネルギーを h（プランク定数，$6.62607015 \times 10^{-34}$ J·s）で表し，光のもつそれぞれの振動数に応じて h または h の整数倍のエネルギーを分配するという方法で，ウィーンとレーレイ卿の両式を1つにまとめた次式を，黒体放射の強さ J_b と波長 λ の関係式として提案し，長い波長から短い波長までを説明した．

$$J_b = \frac{C_1 \lambda^{-5}}{e^{C_2/\lambda T} - 1} \tag{A}$$

上式のように，黒体放射の強さ J_b は波長 λ と温度 T の関数で与えられ，波長によって異なる値をとることから単色放射度といわれる．温度 T において式（A）を全波長にわたって積分すると，その光のもつ黒体放射度 E_b，すなわち全放射エネルギーを次のように求めることができる．

$$E_b = \int_0^\infty J_b \, d\lambda = T^4 \int_0^\infty \frac{C_1 x^3}{e^x - 1} dx = \sigma T^4 \tag{B}$$

これが黒体放射エネルギーを表す式であり，絶対温度の4乗に比例することが導かれた．この式の表す事実を，**ステファン-ボルツマンの法則**といい，式（B）の積分で求められる σ をステファン-ボルツマン定数（5.6704×10^{-8} W/(m^2·K^4)）という．1.4.3項に述べた式（1.4）は，式（B）に放射率 ε を乗じて黒体以外の実際の物体（灰色体）に使用できるようにしたものである．

（「物質の構造に関する探究（4）」，p.95へ続く）

5 熱力学の第一法則

5.1 熱力学の第一法則の定義

5.1.1 熱力学の第一法則

「仕事」と「熱」の関係について，19世紀中葉，ジュールは図5.1に示すような実験装置を使って明らかにした．ジュールの実験では，羽根車を回転させる「仕事」により，熱を加えなくても容器中の水の温度が上昇することを確認した．この実験により，水に熱を加えても，仕事を加えても，同様に水の温度が上昇することから熱と仕事の等価性が示された．この実験をもとに**熱力学の第一法則**は以下のように表現される．

「熱は仕事と同じエネルギーのひとつの形態であり，仕事を熱に変換することも，熱を仕事に変換することも可能である．」

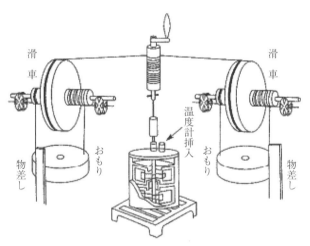

図5.1 ジュールの実験（熱と仕事の当量実験）
（出典）冷凍，vol.75, No.872, 2000, p.482

エネルギーには，熱と仕事の他にも第1章で述べたように，運動エネルギー，位置エネルギー，電気エネルギーなどさまざまな種類がある．上記は仕事と熱のみに限った表現であるが，実際には他のエネルギーも同様に扱うことができ，「エネルギーは，その形態が異なるのみで，本質的には同じであり，あるエネルギーから他のエネルギーへと変換することが可能である．また，エネルギーは消滅したり創造したりすることはできない．」

としている．このため，熱力学の第一法則は**エネルギー保存の法則**ともよばれる．

また，**第1種の永久機関**とよばれるものがある．これは，外部からエネルギーの供給を受けることなく，継続的に仕事を発生する機関のことをいう．この第1種の永久機関は熱力学の第一法則と明らかに矛盾しており，実現は不可能である．

5.1.2 物体のもつエネルギーとエネルギー保存の法則

力学において扱う力学的エネルギー保存の法則を復習する．この法則では，力学的エネルギーとして，運動エネルギー E_k と位置エネルギー E_p を扱った．まず，運動エネルギー E_k は，物体の速度を w とすると，次式で定義される．

$$E_k \equiv \frac{1}{2}mw^2 \tag{5.1}$$

また，位置エネルギー E_p は次式で定義される．

$$E_p \equiv mgz \tag{5.2}$$

ただし，z は基準面からの物体の位置する高さを，g は重力加速度を示す．

力学的エネルギー保存の法則では，「物体に重力以外の外力が加わらない限り，運動エネルギーと位置エネルギーの和は保存される」というものである．熱力学では，これらの運動エネルギーや位置エネルギーに内部エネルギーを加えてエネルギー保存の法則（熱力学の第一法則）を議論する．

内部エネルギー（internal energy）は，第4章までにも取り扱ってきたが，ここでその定義を改めて解説する．内部エネルギーは，物体が内部にもつ全エネルギーのうち，系のもつ位置エネルギーや運動エネルギー，電場や磁場による電気エネルギーを除いた物体の内部の状態によって決まるエネルギーのことをいい，U[J] で表す．また質量 1 kg あたりの内部エネルギーを比内部エネルギーとし，u[J/kg] で表す．

$$U = mu \tag{5.3}$$

内部エネルギーは現在の物体の状態のみによって決まる状態量のひとつである．

微視的に見ると，物質は無数の原子・分子などの集合体であり，個々の原子・分子が位置エネルギーや運動エネルギーをもつ．この各原子・分子がもつ運動エネルギーや位置エネルギーの総和が内部エネルギーとなる．

一般に温度が高いほど原子・分子の運動は活発になることから，温度が高くなると，内部エネルギーは大きくなる．実在気体では，温度および体積によって内部エネルギーは変化するが，理想気体では，4.3 節で述べたように，内部エネルギーは温度のみの関数となる．

エネルギー保存の法則において，系に入ってくるエネルギーを E_{in}，系

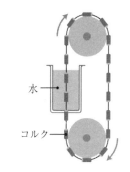

図 5.2 第1種の永久機関の例

この例では，浮き（コルクなど）を鎖状につなぎ，片側を水槽に入れる．これにより，水中では浮力により浮きが浮上し，反対側では重力により浮きが下降することにより，回転し続けることができると考えた．そのほかにも，電気や磁力を使うものなど多様な永久機関が提案されてきたが，実現したものはもちろん存在しない．
（文献：永久運動の夢，アーサー・オードヒューム著，ちくま学芸文庫，2014）
画像は https://rika-net.com/contents/cp0280/contents/cont/072072.html より．

を出ていくエネルギーを E_{out}, 系のエネルギーの変化量を ΔE とすると，次式が成り立つ．

$$\Delta E = E_{in} - E_{out} \qquad (5.4)$$

ある系のエネルギーの変化量 ΔE は，内部エネルギーの変化量 ΔU, 系の運動エネルギーの変化量 ΔE_k, 位置エネルギーの変化量 ΔE_p の和として次式で表すことができる．

$$\Delta E = \Delta U + \Delta E_k + \Delta E_p \qquad (5.5)$$

5.1.3　熱力学の第一法則の定式化

系のもつ位置エネルギーと運動エネルギーが無視できる場合を考える．このとき，式 (5.5) より，系のエネルギーの変化量は内部エネルギーの変化量となる．状態 1 から状態 2 の間に熱量 Q_{12} が加えられ，また，系が外部に仕事 W_{12} をしたとすると，その差は物体に内部エネルギーとして蓄えられる．よって，次式が成り立つ．

$$\Delta U = U_2 - U_1 = Q_{12} - W_{12} \quad \text{あるいは} \quad dU = \delta Q - \delta W \quad (5.6)$$

これが熱力学の第一法則の式となる．このとき，内部エネルギーは状態量であるため，状態 1 と 2 の差として表すことができるが，熱量および仕事量は状態量ではないため，その変化の経路に依存し，変化の前後の差として表すことができない．

【例題 5.1】

ある系に封入された 1 kmol の水素（気体）に周囲から 5 kJ の熱を加えたところ，系の外部に 2.2 kJ の仕事をした．

① 系内の水素の内部エネルギーの変化量 ΔU を求めよ．

② 水素の分子量を 2 として比内部エネルギーの変化量 Δu を求めよ．

【解答 5.1】

① 熱力学の第一法則より，加えた熱量を Q, 外部にした仕事を W とすると，

$$\Delta U = Q - W$$
$$= 5[kJ] - 2.2[kJ] = 2.8\,kJ$$

② モル質量は 2 kg/kmol である．よって水素の質量 m は

$$m = Mn = 2[kg/kmol] \times 1[kmol] = 2\,kg$$
$$\Delta u = \Delta U/m = 2.8[kJ]/2[kg] = 1.4\,kJ/kg \qquad ■$$

5.2　閉じた系の熱力学の第一法則

第 2 章において定義した閉じた系において，熱力学の第一法則を定式化する．図 5.3 に示すような，ピストン-シリンダー系を例にして，シリンダー内の気体が外部にする仕事を求めてみる．まず，シリンダー内の気体が可逆変化をするとき，ピストンの左側面にかかる圧力 p は，ピストンに

モル質量

モル質量は単位物質あたりの質量である．その質量は分子量に等しい．物質量は 1971 年の国際単位系（SI）の 7 番目の基本量に定められ，その SI 単位はモルである．

分子量は，その物質を構成する原子量の総和で与えられる．物質を構成する元素を，それぞれが持つ物理的あるいは化学的性質に沿って並べた周期表は，1869 年にメンデレーフが提案して以来，改良が加えられ今日に至っている．1961 年までは，原子量は，物理学では ^{16}O の質量を，化学では安定同位体 ^{16}O, ^{17}O, ^{18}O の同位体比の質量を原子量基準としていた．しかし，物理学や化学の別なく，1961 年に「原子量は，質量数 12 の炭素（^{12}C）の質量を 12（端数無し）としたときの相対質量とする」と決められた．その後，IUPAC（国際純正・応用化学連合）の原子量と，CIAAW（同位体存在度委員会）では新しい実測値の収集・評価を行い，2 年ごとに改訂を行っている．日本では，日本化学会原子量専門委員会が，IUPAC の評価値に則って，毎年 4 月に公表している．

かかる左向きの力 F と釣り合い，また，ピストンはその釣り合いを保ちながら，ゆっくり動くという変化を考える．この変化を**準静的変化**と呼び，気体の仕事をシリンダー内の圧力で表すために重要となる理想化された変化である．

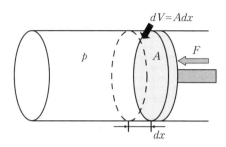

$dV = Adx$

p　A　F

dx

図 5.3 ピストン-シリンダー系

ピストンの面積を A とすると，可逆変化（準静的変化）において，外力 $F = pA$ となる．ピストンが図のように，微小な距離 dx だけ右側に移動したとき，dx に対応する体積変化を dV とすると，気体が外部にする微小仕事 δW は

$$\delta W = Fdx = pAdx, \quad dV = Adx$$
$$\therefore \quad \delta W = pdV \tag{5.7}$$

となる．δW はシリンダー内の気体が膨張するときに正となり，圧縮するときに負となる．膨張は $dV > 0$，圧縮は $dV < 0$ による．

式 (5.7) を式 (5.6) に適用すると，

$$\delta Q = dU + \delta W = dU + pdV \tag{5.8}$$

となり，閉じた系に対する熱力学の第一法則の式となる．ただし，この式は運動エネルギーや位置エネルギーの変化が無視できる開いた系（定常流れ系）でも成り立つことに注意しよう．

図 5.4 に示すように，一定量の気体の圧力 p と体積 V（または比体積 v）の関係を表した線図を p-V（p-v）線図とよぶ．いま，シリンダー内の気体が p-V 線図上の状態 1 から状態 2 まで変化したとき，途中の状態変化は曲線 1-2 として表すことができる．仕事は状態量ではないので，この間の仕事 W_{12} は式 (5.7) を状態 1 から状態 2 まで積分することにより求められ，次式で表される．

$$W_{12} = \int_1^2 pdV \tag{5.9}$$

W_{12} は p-V 線図上で，曲線 1-2 と横軸との間の面積となる．この仕事は**絶対仕事**（absolute work）とよばれる．また，この状態 1 から状態 2 の間に加えられた熱量 Q_{12} は式 (5.9) を式 (5.6) に代入して，

$$Q_{12} = \Delta U + \int_1^2 pdV \tag{5.10}$$

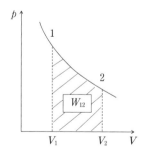

p

1

2

W_{12}

V_1　V_2　V

図 5.4 絶対仕事と p-V 線図

として求めることができる.

【例題 5.2】

　ある気体が，圧力 $p = 0.2\,\mathrm{MPa}$，体積 $V_1 = 0.2\,\mathrm{m}^3$，内部エネルギー $U_1 = 250\,\mathrm{kJ}$ の状態から圧力一定の条件で冷却されて，体積 $V_2 = 0.01\,\mathrm{m}^3$，内部エネルギー $U_2 = 8.0\,\mathrm{kJ}$ となった．このときの絶対仕事 W_{12} および熱量 Q_{12} を求めよ.

【解答 5.2】

　式 (5.9) より

$$W_{12} = \int_1^2 pdV = p\int_1^2 dV = p(V_2 - V_1)$$
$$= 0.2\times10^6\,[\mathrm{Pa}]\times(0.01 - 0.2)\,[\mathrm{m}^3]$$
$$= -38.0\,\mathrm{kJ}$$

式 (5.10) より

$$Q_{12} = \Delta U + W_{12} = U_2 - U_1 + W_{12}$$
$$= 8.0\,[\mathrm{kJ}] - 250\,[\mathrm{kJ}] - 38.0\,[\mathrm{kJ}] = -280\,\mathrm{kJ} \quad ■$$

5.3　開いた系の熱力学の第一法則

　ガスタービンやジェットエンジンの理論サイクルであるブレイトンサイクルや火力発電所等のランキンサイクルなどは「開いた系」として扱われる．「開いた系」では，系と周囲との間でエネルギーと物質の出入りがあり，「流れ系」や「流動系」とよばれることがある．この「開いた系」に熱力学の第一法則を適用する.

5.3.1　エンタルピーの定義と熱力学の第一法則

　いま，図 5.5 に示すような一様な断面積をもつ円管内を流体が流れる定常流れを考え，管内の流体が 1 の位置から 2 の位置まで移動する際のエネルギーの出入りを考える．1 から 2 の間に熱量 Q_{12} が加えられ外部に仕事 W_t をするとする．ここで，系の位置エネルギーおよび運動エネルギーの変化は無視する.

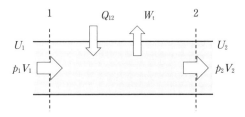

図 5.5　円管流れ

断面 1 から流入する流体がもつエネルギー E_1 は，流入する流体がもつ内部エネルギー U_1 に加えて，この流体を内部に押し込める仕事 W_1 が必要となる．ここで，W_1 は，押し込まれる流体の体積を V_1 とすると，$W_1 = p_1 V_1$ と表すことができる．よって，E_1 は次式となる．

$$E_1 = U_1 + p_1 V_1 \qquad (5.11)$$

同様に，断面 2 から流出するエネルギー E_2 は，流出する体積 V_2 の流体のもつ内部エネルギー U_2 と流体を外部へ押し出す仕事 $W_2 = p_2 V_2$ であり，

$$E_2 = U_2 + p_2 V_2 \qquad (5.12)$$

となる．定常流れ系では，系に流入するエネルギーと流出するエネルギーは等しくなることから，流入するエネルギーは E_1 と Q_{12}，流出するエネルギーは E_2 と W_t であるので，次式が成り立つ．

$$U_1 + p_1 V_1 + Q_{12} = U_2 + p_2 V_2 + W_t$$
$$Q_{12} = U_2 + p_1 V_2 - (U_1 + p_2 V_1) + W_t \qquad (5.13)$$

このように，開いた系では内部エネルギー U と圧力と体積の積 pV の和が常に出てくることから，この和を**エンタルピー**（enthalpy）と定義して用いると便利である．すなわち，エンタルピー H は次式で定義される．

$$H = U + pV \qquad (5.14)$$

エンタルピーもエネルギーの一種であり，単位は [J] である．1 kg あたりの物質がもつエンタルピーを比エンタルピー h とし，その単位は [J/kg] である．

$$h = H/m = u + pv \qquad (5.15)$$

エンタルピーは開いた系において流体がもつ全エネルギーを表している．

エンタルピーを適用すると，エンタルピーも状態量であることから，式 (5.13) は次式となる．

$$Q_{12} = H_2 - H_1 + W_t = \Delta H + W_t \qquad (5.16)$$

ここで，式 (5.14) の両辺を微分すると，

$$dH = dU + d(pV) = dU + Vdp + pdV \qquad (5.17)$$

である．この関係を式 (5.8) に代入すると，

$$\delta Q = dH - Vdp \qquad (5.18)$$

となり，この式はエンタルピーで熱力学の第一法則を表している．

状態 1 から状態 2 に変化するとき，この間に加えられる熱量 Q_{12} は，式 (5.18) を積分して，

$$Q_{12} = \Delta H - \int_1^2 Vdp \qquad (5.19)$$

と表すことができる．式 (5.19) と式 (5.16) を比較すると，

$$W_t = -\int_1^2 Vdp \qquad (5.20)$$

となる．この W_t は開いた系における仕事であり，閉じた系における絶対仕事と区別して**工業仕事**（technical work）とよばれる．工業仕事は，図

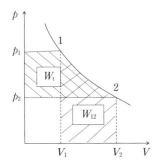

図5.6 絶対仕事と工業仕事

5.6 に示す p-V 線図上では状態変化の曲線 1-2 と縦軸 $p\,(V=0)$ との間の面積として表すことができる.

絶対仕事 W_{12} と工業仕事 W_{t} との間には,p-V 線図における面積の関係から,以下の関係があることがわかる.

$$W_{\mathrm{t}} = W_{12} + p_1 V_1 - p_2 V_2 \tag{5.21}$$

5.3.2 開いた系(定常流れ系)におけるエネルギーの保存則

前項では,位置エネルギーや運動エネルギーを無視したが,ここではこれらの系がもつ力学的エネルギーを含んだエネルギーの保存則を導出する.いま,図 5.7 のように高さ $z_1\,[\mathrm{m}]$ にある入口 1 から流体が質量流量 $\dot{m}\,[\mathrm{kg/s}]$,速度 $w_1\,[\mathrm{m/s}]$,比エンタルピー $h_1\,[\mathrm{J/kg}]$ で流入し,高さ $z_2\,[\mathrm{m}]$ の出口 2 から質量流量 $\dot{m}\,[\mathrm{kg/s}]$,速度 $w_2\,[\mathrm{m/s}]$,比エンタルピー $h_2\,[\mathrm{J/kg}]$ で流出する系を考える.このとき,入口から出口までの間に,熱 $\dot{Q}\,[\mathrm{J/s}]$ を受け取り,工業仕事 $\dot{W}_{\mathrm{t}}\,[\mathrm{J/s}]$ を外部に取り出す.このとき,定常状態のエネルギーの保存則から,系に流入するエネルギーと系から流出するエネルギーは等しくなる.

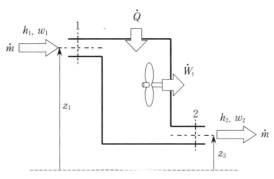

図5.7 開いた系(定常流れ系)

まず,系に流入するエネルギー $\dot{E}_{\mathrm{in}}\,[\mathrm{J/s}]$ は,入口 1 において流体がもつエネルギーと 1 から 2 の間に加えられる熱量 $\dot{Q}\,[\mathrm{J/s}]$ であるので,

$$\dot{E}_{\mathrm{in}} = \dot{m}\left(h_1 + \frac{w_1^2}{2} + gz_1\right) + \dot{Q} \tag{5.22}$$

同様に,流出するエネルギー $\dot{E}_{\mathrm{out}}\,[\mathrm{J/s}]$ は,出口 2 において流体がもつエネルギーと外部にする工業仕事 $\dot{W}_{\mathrm{t}}$ なので,

$$\dot{E}_{\mathrm{out}} = \dot{m}\left(h_2 + \frac{w_2^2}{2} + gz_2\right) + \dot{W}_{\mathrm{t}} \tag{5.23}$$

$\dot{E}_{\mathrm{in}} = \dot{E}_{\mathrm{out}}$ であるから,

$$\dot{m}\left(h_1 + \frac{w_1^2}{2} + gz\right) + \dot{Q} = \dot{m}\left(h_2 + \frac{w_2^2}{2} + gz_2\right) + \dot{W}_{\mathrm{t}} \tag{5.24}$$

$$\dot{Q} = \dot{m}\left\{(h_2 - h_1) + \frac{w_2^2 - w_1^2}{2} + g(z_2 - z_1)\right\} + \dot{W}_{\mathrm{t}} \tag{5.25}$$

開いた系を扱うとき,常に作動流体が流れる系を扱うことが多い.その場合,単位時間あたりの量として諸量を扱う.この場合,単位時間あたりの仕事である「仕事率(動力)」を用いる.$1\,\mathrm{J/s} = 1\,\mathrm{W}$ である.

となる．作動流体の単位質量あたりに対して微分形式で表すと，

$$\delta q = dh + wdw + gdz + \delta w_{\mathrm{t}} \,[\mathrm{J/kg}] \qquad (5.26)$$

となる．これらの式を定常流れ系に対する**一般エネルギー式**とよぶ．

【例題 5.3】

　質量流量 $\dot{m} = 2\,\mathrm{kg/s}$，比エンタルピー $h_1 = 3000\,\mathrm{kJ/kg}$ の蒸気がタービンに入り，タービンで膨張して，比エンタルピー $h_2 = 2000\,\mathrm{kJ/kg}$ で排出される．タービンでの熱損失，流体の位置エネルギー，および運動エネルギーは無視できるとして，得られる動力を求めよ．

【解答 5.3】

　動力 $\dot{W}_{\mathrm{t}}$ は，式 (5.24) より次のように求められる．

$$\dot{W}_{\mathrm{t}} = \dot{m}\left\{(h_1 - h_2) + \frac{w_1^2 - w_2^2}{2} + g(z_1 - z_2)\right\} + \dot{Q}$$

$$= \dot{m}(h_1 - h_2)$$

$$= 2\,[\mathrm{kg/s}] \times (3000\,[\mathrm{kJ/kg}] - 2000\,[\mathrm{kJ/kg}])$$

$$= 2000\,\mathrm{kJ/s} = 2000\,\mathrm{kW} = 2\,\mathrm{MW} \qquad\blacksquare$$

5.4 理想気体の状態変化

　第 4 章で学んだように，理想気体は理想気体の状態式（$pV = mRT$ または $pv = RT$）に従って変化する．本節では，理想気体が可逆変化である等温，等圧，等積，可逆断熱，ポリトロープの各変化について取り扱う．状態 1 から状態 2 へ変化するときの圧力，比体積，温度の関係，および単位質量あたりの理想気体が受ける熱量 q_{12} と周囲に行う絶対仕事 w_{12} を求める．

5.4.1 等温変化

　温度が一定の条件で変化する等温変化を考える．等温変化では，ボイルの法則より，

$$pv = p_1 v_1 = p_2 v_2 = 一定 \qquad (5.27)$$

が成り立つ．このとき，等温変化を p–v 線図上に示すと，図 5.8 のようになる．

　仕事 w_{12} は p–v 線図上では，網で示した面積に対応し，式 (5.9) から次式で求めることができる．

$$w_{12} = \int_1^2 pdv = \int_1^2 \frac{RT}{v}\,dv = RT\int_1^2 \frac{dv}{v}$$

$$= RT\,(\ln v_2 - \ln v_1) = RT\ln\frac{v_2}{v_1} \qquad (5.28)$$

式 (5.28) に式 (5.27) を適用すると，w_{12} は圧力を使って表すこともできる．

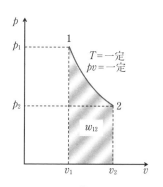

図 5.8 等温変化

$$w_{12} = RT \ln \frac{p_1}{p_2} \qquad (5.29)$$

　次に，温度変化がないため，理想気体ではジュールの法則より，等温変化では内部エネルギーの変化量はゼロとなる．よって，熱力学の第一法則の式（5.6）より，

$$q_{12} = w_{12} \qquad (5.30)$$

となり，等温変化では供給された熱量 q_{12} と周囲にする仕事 w_{12} は等しくなる．

5.4.2　等圧変化（定圧変化）

　等圧変化は，圧力が一定の条件で加熱または冷却する場合の変化であり，圧力が一定であることから

$$\frac{T}{v} = \frac{T_1}{v_1} = \frac{T_2}{v_2} = 一定 \qquad (5.31)$$

が成り立つ．

　系の仕事 w_{12} は式（5.9）から次式のように決まる．

$$w_{12} = \int_1^2 p dv = p \int_1^2 dv = p(v_2 - v_1)$$
$$= R(T_2 - T_1) \qquad (5.32)$$

次に状態 1 から状態 2 に変化するために必要な熱量 q_{12} を求める．式（5.18）より，圧力一定であることから

$$\delta q = dh - v dp = dh \qquad (5.33)$$

となる．上式を積分すると，

$$q_{12} = \int_1^2 dh = h_2 - h_1 \qquad (5.34)$$

よって，等圧変化で出入する熱量 q_{12} は比エンタルピーの変化で表すことができる．

　また，式（4.18）より

$$dh = c_p dT \qquad (5.35)$$

である．式（5.34）に式（5.35）を代入し c_p が一定であると仮定すると，

$$q_{12} = c_p \int_1^2 dT = c_p(T_2 - T_1) \qquad (5.36)$$

となる．

5.4.3　等積変化（定積変化）

　等積変化は，体積が一定の条件で加熱または冷却する場合の変化であり，体積一定の条件であることから

$$\frac{p}{T} = \frac{p_1}{T_1} = \frac{p_2}{T_2} = 一定 \qquad (5.37)$$

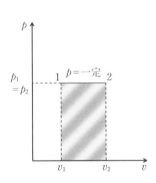

図5.9　等圧変化

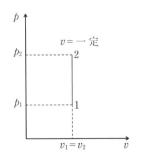

図5.10　等積変化

また，式 (5.9) において $dv = 0$ となるから，仕事 w_{12} は，

$$w_{12} = \int_1^2 pdv = 0 \tag{5.38}$$

状態 1 から状態 2 の間に加えられた熱量 q_{12} は，式 (5.8) より

$$\delta q = du + pdv = du \tag{5.39}$$

上式を積分して，

$$q_{12} = \int_1^2 du = u_2 - u_1 \tag{5.40}$$

また，式 (4.17) より

$$du = c_v dT \tag{5.41}$$

であり，式 (5.40) に代入し，c_v を一定として積分すると，

$$q_{12} = \int_1^2 du = c_v \int_1^2 dT = c_v(T_2 - T_1) \tag{5.42}$$

となる．以上より，等積変化では，加えられた熱量はすべて内部エネルギーの変化となり，外部への絶対仕事はゼロとなることがわかる．

5.4.4 可逆断熱変化

可逆断熱変化は，変化の過程において外部との熱の授受がない変化であり，多くの熱機関の理論サイクルにおいて仕事を取り出す際の重要な過程となっている．

図 5.11 に示すような状態 1 から状態 2 に変化する可逆断熱変化を考える．可逆断熱変化において，熱の出入りがないため，熱量の変化 δq は，

$$\delta q = c_v dT + pdv = 0 \tag{5.43}$$

となる．

また，理想気体の状態式 $pv = RT$ の両辺の対数をとると

$$\ln p + \ln v = \ln R + \ln T \tag{5.44}$$

となり，この式の両辺を微分すると，

$$\frac{dp}{p} + \frac{dv}{v} = \frac{dT}{T} \tag{5.45}$$

$$dT = \frac{T}{p} dp + \frac{T}{v} dv = \frac{v}{R} dp + \frac{p}{R} dv \tag{5.46}$$

式 (5.46) を式 (5.43) に代入すると，

$$c_v\left(\frac{v}{R} dp + \frac{p}{R} dv\right) + pdv = 0 \tag{5.47}$$

$$\frac{c_v}{R} vdp + \left(\frac{c_v}{R} + 1\right)pdv = 0 \tag{5.48}$$

ここで，

$$\frac{c_v}{R} + 1 = \frac{c_v + R}{R} = \frac{c_p}{R} \tag{5.49}$$

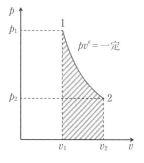

図 5.11 可逆断熱変化

であり，これを式 (5.48) に代入し整理すると，

$$\frac{c_{\mathrm{v}}}{R} v dp + \frac{c_{\mathrm{p}}}{R} p dv = 0$$

$$v dp + \frac{c_{\mathrm{p}}}{c_{\mathrm{v}}} p dv = 0$$

$$\frac{dp}{p} + \kappa \frac{dv}{v} = 0$$

$$d\left(\ln p + \kappa \ln v\right) = 0$$

$$d\left(\ln p v^{\kappa}\right) = 0$$

$$p v^{\kappa} = -\text{定} \tag{5.50}$$

となる．

　さらに，上式に理想気体の状態式 $pv = RT$ を用いて変形すると，以下の関係も導くことができる．

$$T v^{\kappa - 1} = -\text{定} \tag{5.51}$$

$$\frac{T}{p^{(\kappa - 1)/\kappa}} = -\text{定} \tag{5.52}$$

　可逆断熱変化の間には熱の授受はなく，

$$q_{12} = 0 \tag{5.53}$$

である．

　また，可逆断熱変化における外部に行う仕事 w_{12} は

$$w_{12} = \int_1^2 p dv = p_1 v_1^{\kappa} \int_1^2 \frac{dv}{v^{\kappa}} = \frac{p_1 v_1^{\kappa}}{1 - \kappa}\left(\frac{1}{v_2^{\kappa - 1}} - \frac{1}{v_1^{\kappa - 1}}\right)$$

$$= \frac{p_1 v_1}{\kappa - 1}\left\{1 - \left(\frac{v_1}{v_2}\right)^{\kappa - 1}\right\} \tag{5.54}$$

上式に理想気体の状態式等を適用すると

$$w_{12} = \frac{p_1 v_1}{\kappa - 1}\left\{1 - \left(\frac{p_2}{p_1}\right)^{\frac{\kappa - 1}{\kappa}}\right\}$$

$$= \frac{1}{\kappa - 1}(p_1 v_1 - p_2 v_2) = \frac{R}{\kappa - 1}(T_1 - T_2)$$

$$= c_{\mathrm{v}}(T_1 - T_2) = u_1 - u_2 = -(u_2 - u_1) \tag{5.55}$$

可逆断熱変化では内部エネルギーの減少分が外部に行う仕事になる．

【例題 5.4】

　圧力 $p_1 = 0.1\,\mathrm{MPa}$，温度 $T_1 = 300\,\mathrm{K}$ の質量 $m = 5\,\mathrm{kg}$ の空気を可逆断熱変化によって $p_2 = 1.5\,\mathrm{MPa}$ まで圧縮した．空気を理想体として取り扱い，比熱比 $\kappa = 1.4$，定積比熱 $c_{\mathrm{v}} = 0.72\,\mathrm{kJ/(kg \cdot K)}$ 一定として次の値を求めよ．

　(1) 圧縮後の空気の温度 T_2，(2) 空気が外部にする仕事 W_{12}

【解答 5.4】

　(1) 式 (5.52) より

$$T_2 = T_1 \left(\frac{p_2}{p_1}\right)^{\frac{\kappa-1}{\kappa}} = 300\,[\mathrm{K}] \times \left(\frac{1.5\,[\mathrm{MPa}]}{0.1\,[\mathrm{MPa}]}\right)^{\frac{1.4-1}{1.4}} = 650\,\mathrm{K}$$

(2) 式 (5.55) より

$$W_{12} = m w_{12} = m c_\mathrm{v} (T_1 - T_2)$$
$$= 5\,[\mathrm{kg}] \times 0.72\,[\mathrm{kJ/(kg \cdot K)}] \times (300\,[\mathrm{K}] - 650\,[\mathrm{K}])$$
$$= -126\,\mathrm{kJ} \qquad ■$$

5.4.5　ポリトロープ変化

理想気体の種々の状態変化をひとつの式で表した変化を**ポリトロープ変化**（polytropic change）とよび，次式で表される．

$$p v^n = 一定 \qquad (5.56)$$

ここで，n は**ポリトロープ指数**とよばれ，任意の値となる．ポリトロープ指数は，とくに，$n = 0, 1, \kappa, \infty$ のとき，それぞれ，等圧変化，等温変化，可逆断熱変化，等積変化に対応する．図 5.12 にこれらの関係を示す．式 (5.56) は，可逆断熱変化と式の形が同じであり，可逆断熱変化の場合と同様に，

$$T v^{n-1} = 一定 \qquad (5.57)$$

$$\frac{T}{p^{(n-1)/n}} = 一定 \qquad (5.58)$$

という関係が成り立つ．

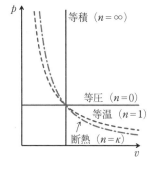

図 5.12　ポリトロープ変化

　実際の機器では，熱交換等により等圧，等温，可逆断熱，等積の4種の状態変化だけでなく，さまざまな過程が起こっているが，ポリトロープ指数を実際の過程に合わせて値を設定することにより，ポリトロープ変化として近似的に扱うことができる．また，ポリトロープ指数により理論と実際との差異についての評価を行うこともできる．

　状態1から状態2までポリトロープ変化する際の仕事 w_{12} は，可逆断熱変化の場合と同様に，以下のとおり様々な形で表すことができる．

$$w_{12} = \frac{p_1 v_1}{n-1}\left\{1 - \left(\frac{V_1}{V_2}\right)^{n-1}\right\} = \frac{p_1 v_1}{n-1}\left\{1 - \left(\frac{p_2}{p_1}\right)^{\frac{n-1}{n}}\right\}$$
$$= \frac{1}{n-1}(p_1 V_1 - p_2 V_2) = \frac{R}{n-1}(T_1 - T_2)$$
$$= \frac{c_\mathrm{v}(\kappa-1)}{n-1}(T_1 - T_2) = \frac{\kappa-1}{n-1}(u_1 - u_2) \qquad (5.59)$$

ただし，$n \neq 1$ である．

　また，ポリトロープ変化の間に加えられる熱量 q_{12} は，$\delta q = du + \delta w$ より，

$$q_{12} = c_\mathrm{v}(T_2 - T_1) + w_{12}$$
$$= c_\mathrm{v}(T_2 - T_1) + \frac{c_\mathrm{v}(\kappa-1)}{n-1}(T_1 - T_2)$$
$$= c_\mathrm{v}\frac{n-\kappa}{n-1}(T_2 - T_1) \qquad (5.60)$$

ここで,

$$c_{\mathrm{v}} \frac{n - \kappa}{n - 1} = c_{\mathrm{n}} \tag{5.61}$$

とおくと,

$$q_{12} = c_{\mathrm{n}}(T_2 - T_1) \tag{5.62}$$

と表すことができる. c_{n} をポリトロープ比熱とよぶ.

演 習 問 題

問題 5.1　ピストン-シリンダー系において,シリンダー内に 0.5 kg の気体が封入されている. 圧縮するときに,10 kJ の仕事が加えられ,その際の放熱量は 5 kJ である. この気体の内部エネルギーの増加量および比内部エネルギーの増加量を求めよ.

問題 5.2　ある容器に封入された 1 kmol の水素ガスに,周囲から 50 kJ の熱量を加えたところ,外部に 7.4 kJ の仕事をした. 水素の分子量を 2.0 として以下の問に答えよ.

　① 容器内にある水素の内部エネルギーの変化量を求めよ.

　② 水素の比内部エネルギーの変化量を求めよ.

問題 5.3　ある容器が圧力 0.5 MPa 一定の条件で膨張して,体積を 0.5 m³ から 1.0 m³ まで増加した. 気体が周囲にした絶対仕事はいくらか.

問題 5.4　圧力 $p_1 = 100$ kPa,容積 $V_1 = 0.5$ m³ の気体が定圧のもとで圧縮されて,その容積が半分となった. このとき内部エネルギーが 350 kJ 減少した. この過程で気体が外部にした仕事および気体が外部から受けた熱量はそれぞれいくらになるか.

問題 5.5　質量 5 kg の蒸気が圧力 100 kPa,体積 10 m³ のとき,その内部エネルギーは 670 kJ であった. この蒸気がもつエンタルピーと比エンタルピーを求めよ.

問題 5.6　定常的に運転されている蒸気タービンの入口における過熱蒸気の比エンタルピーは 3000 kJ/kg,出口における比エンタルピーは 2000 kJ/kg である. 流入・流出する蒸気の質量流量は 4 kg/s で一定である. 蒸気タービンが発生している動力は何 kW か. ただし,蒸気タービンにおける熱損失は 500 kW とし,位置エネルギーおよび運動エネルギーは無視する.

問題 5.7　ある定常流れ系において,質量流量 2 kg/s 一定で流体が流入および流出している. 入口における比エンタルピーは 600 kJ/kg,流速は 100 m/s である. また出口における流体の比エンタルピーは 300 kJ/kg,流速は 20 m/s である. 流体が入口から出口まで流れる間に 200 kW の仕事率で仕事をするとき,系全体から周囲への 1 秒あたりの放熱量を求めよ. ただし,入り口と出口の高さは同じとする.

問題 5.8　ある定常流れ系において,流体が入口の比エンタルピー $h_1 = 300$ kJ/kg,出口の比エンタルピー $h_2 = 100$ kJ/kg で流れている. 入口と出口が同じ高さにあり,流体の運動エネルギーは無視できるとする.

　① 流体が途中で何も仕事をしない場合,流体 1 kg あたりの熱量の変化はいくらか.

　② この系において流体の放熱量が 120 kJ/kg のとき,流体 1 kg あたりの工業仕事はいくらか.

問題 5.9　圧力 500 kPa のもとで体積 0.50 m³ を占めている理想気体 1 kg を 300 K で等温変化させたところ,体積は 1.2 m³ となった. このとき,次の値を求めよ. ただし,気体定数を 0.287 kJ/(kg·K) とする.

①変化後の圧力.

②外部にした仕事.

③外部から受けた熱量.

問題 5.10　窒素ガス 2 kg を 400 K, 1 MPa の状態 1 から定圧のもとで体積が 1/2 の状態 2 まで変化させた. 窒素は理想気体であるとし, 窒素の分子量 28, 比熱比 1.4, 一般気体定数 8314.5 J/(kmol·K) として以下の問に答えよ.

①窒素の気体定数を求めよ.

②状態 1 における体積はいくらか.

③状態 2 における温度はいくらか.

④窒素の定圧比熱を求めよ.

⑤この変化の間に窒素ガスが受ける熱量はいくらか.

問題 5.11　容器 0.2 m^3 の頑丈な容器に, 圧力 900 kPa, 温度 300 K の二酸化炭素が入っている. この容器に熱量 200 kJ を加えたとき次の値を求めよ. ただし, 加えた熱量はすべて二酸化炭素の加熱に使われたとする. また, 二酸化炭素の気体定数を 0.189 kJ/(kg·K), 定積比熱は 0.652 kJ/(kg·K) とする.

①充塡されている二酸化炭素の質量

②加熱後の二酸化炭素の温度と圧力

問題 5.12　初めの状態が圧力 $p_1 = 0.1$ MPa, 温度 $T_1 = 30\,℃$, 体積 $V_1 = 0.2$ m^3 の空気を圧力 $p_2 = 5$ MPa まで断熱圧縮したとき, 終わりの体積 V_2 と温度 T_2 を求めよ. また, この間に外部にした仕事 W_{12} を求めよ. ただし, 空気の比熱比 κ を 1.4 とする.

問題 5.13　ある理想気体 3 kg が温度 500 K において $n = 1.3$ のポリトロープ変化を行い, 体積が 2 m^3 から 6 m^3 に変化した. 気体定数を 0.3 kJ/(kg·K) として以下の問に答えよ.

①変化後の温度はいくらか.

②気体が外部にした仕事量はいくらか.

6 熱力学の第二法則

6.1 自然界に起こる変化

第5章で取り扱った熱力学の第一法則は，熱を含めたエネルギーの保存則であった．この熱力学の第一法則によって，熱はエネルギーの一形態であり，仕事を熱に変換することもまたその逆も可能であることが保証されている．しかしながら，この第一法則だけでは，熱が関与する自然界に起こる現象をその方向性までも含めて完全に記述することはできない．そのために本章で取り扱う**熱力学の第二法則**（the second law of thermodynamics）が必要となる．なぜなら，自然界にひとりでに起こる現象はすべて熱力学の第二法則に深く関係し，熱力学の第二法則に強く支配されているからである．

まず，私たちがよく知る自然界に起こる変化や現象の方向性についての具体例を以下に見てみよう．

① 熱は高温の物体から低温の物体に自然に移動するが，その逆は自然には起こらない．

② ガソリンエンジンではガソリンの燃焼熱の一部は仕事に変換されるが，その大部分は排気ガスとともに捨てられる．

③ 羽根車を液体中で回転させると摩擦によって熱が発生するが，その熱が逆に羽根車を回転させることはない．

④ 電気ヒータで物体を温めることは容易にできても，温めた物体から電気エネルギーを得ることは容易ではない．

⑤ 赤インクはコップの水にひとりでに混ざるが，一度混ざり合った赤インクと水はコップの中でひとりでに分離することはない．

⑥ 高圧の気体はひとりでに膨張するが，ひとりでに圧縮されることはない．

⑦ 高温の水に氷を溶かしてある温度の水にすることはひとりでに起こるが，このある温度の水をもとの高温の水と氷に分離することはひとりでには起こらない．

このように，自然界に起こる変化や現象には明らかに方向性があることがわかる．図6.1に自然界に起こる変化の方向性についてまとめた．熱力学の第一法則で保証されている熱と仕事との間の変換では仕事から熱への

変換は 100%可能であるが，熱から仕事への変換には制限がある．日常よく経験するように，高温物体から低温物体への熱の移動は自然に起こるが，その逆はひとりでに起こらない．環境温度より低温を作り出す冷蔵庫や冷凍装置では，電気エネルギーにより動くモータから得た動力が圧縮機において必ず消費されている．赤インクが水に混合（拡散）（mixing, diffusion）する過程でもわかるように，物質の移動においては分離から混合への方向性をもった変化は自然に起こり，ひとたび混ざり合ってしまった後は，いくら待っていてもその逆の変化は起こりそうにない．これら自然界に起こる変化には一方向にだけ起こるという不可逆な性質，**不可逆性**（irreversibility）がある．

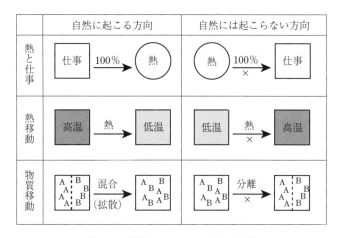

図6.1 自然界に起こる変化と方向性

さらに，自然界に起こる変化の方向はエネルギーの質を低下させる方向でもある．たとえば，図6.2に示したように，仕事はすべて有効に利用できるエネルギーである．仕事は，その一部分しか仕事に変換することができない同量の熱よりもより多くの有効に利用できるエネルギーをもっている．すなわち，仕事は熱と比べると有効に使えるエネルギーの大きなより質の高いエネルギーであるともいえる．また，自然に起こる変化はいつも秩序のある状態から無秩序の状態に向かうという不可逆な方向性をもっているということもできる．この無秩序さや不規則性の尺度を定量的に表すために用いられる熱力学状態量が6.4節で定義するエントロピーである．無秩序さ（原子・分子配置の微視的な無秩序さ）とエントロピーの関連性を図6.3に示した．ある物質の固体が溶解して液体になり，さらに蒸発して気体になったとする．物質を構成している分子の配列の無秩序さに注目すると，無秩序さの程度は，固体，液体，気体の順に大きくなる．固体では原子・分子が強く結びつき規則的に整列した結晶構造がある．液体では分子同士が密に近接して存在するが比較的自由に流動できる状態にある．さらに，気体では分子どうしが粗な空間を自由に飛び回り衝突を繰り返し

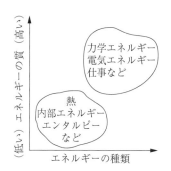

図6.2 熱力学の第二法則とエネルギーの質

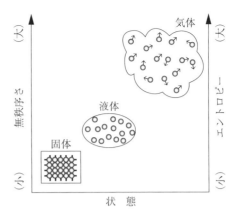

図6.3 無秩序さ（乱雑さ）とエントロピー

ている．固体，液体，気体へと分子の無秩序の程度が大きくなるにしたがい，物質のエントロピーは大きくなるという関係がある．事実，固体よりは液体の状態，液体よりは気体の状態のほうがエントロピーの値は大きい．

このように，熱力学の第二法則は，熱の本性，自然界に起こる変化の方向性（不可逆性），あるいはエネルギーの質などを論ずるための重要な法則である．

6.2　熱力学の第二法則の表現

熱力学の第二法則は，熱を力学的仕事に変換する際の限界を表すばかりでなく，自然界に起こる変化の方向性に関与する法則である．ここでは，熱力学の第二法則に関する2つの代表的な表現を示す．

6.2.1　ケルビン-プランクによる表現

"No heat engine can produce a net amount of work without leaving an effect on the surroundings while exchanging heat with a single reservoir only."

（自然界に何らの変化を残さないで一定温度の熱源からの熱をすべて仕事に継続して変換する熱機関はない．）

このケルビン-プランク（Kelvin-Planck）による熱力学の第二法則の表現は，ある高温熱源からの熱の一部のみが仕事に変換でき，残りの熱は低温熱源に捨てねばならないことを表している．熱を仕事に変換する**熱機関**（heat engine）には異なった温度の2つ熱源が必要であり，どのような熱機関も熱を100%仕事に変換することは不可能であることも述べている．すなわち，図6.4(a)に示したような熱をすべて仕事に変換するように作動する熱機関は実現不可能である．すべての実現可能な熱機関は図6.4(b)のように2つの熱源をもち，熱機関が高温熱源からの熱の一部を継続して仕事に変換するためには，必ず残りの熱を低温熱源に捨てねばならない．

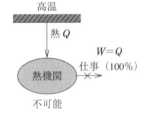

（a）熱をすべて仕事に変換する　熱機関は実現不可能

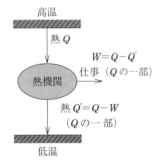

（b）熱の一部を仕事に変え，残りの熱を低温部へ捨てる熱機関は実現可能

図6.4　ケルビン-プランクによる熱力学の第二法則の表現

6.2.2 クラウジウスによる表現

"No device can transfer heat from a cooler body to a warmer body without leaving an effect on the surroundings."

（自然界に何らの変化を残さないで熱を低温の物体から高温の物体に継続して移動させる機械はない.）

クラウジウス（Clausius）による熱力学第二法則の表現は，図6.5(a) に示したように低温から高温に熱をひとりでに移動させる機械は実現不可能であることを述べている．図6.5(b) のように，低温の物体から高温の物体に熱を継続して移すためには，それを実行する機械（**ヒートポンプ**，heat pump）に必ずエネルギー（仕事）を与えねばならない.

熱の本性についてのこれら2つの表現は互いに同等であることが証明されている．これらの表現はいずれも，熱の本性に関わる熱力学第二法則が定式化され，熱力学が確立されていった過程において重要な役割を果たした.

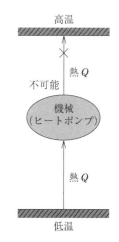

（a）仕事を消費することなく低温から高温へ熱をひとりでに移す機械は実現不可能

6.3 クラウジウスの積分

カルノー（Carnot）の可逆サイクルを考察することによって，クラウジウスは可逆サイクルおよび不可逆サイクルにおいて成り立っている熱と絶対温度にかかわる重要な関係を導いた．これは**クラウジウスの積分**（Clausius integral）とよばれ，次節で扱うエントロピーという新しい熱力学状態量の導入に決定的な役割を演じた.

8.3節で述べる可逆カルノーサイクルでは，高温熱源温度 T_a, 受熱量 Q_a, 低温熱源温度 T_b, 放熱量 Q_b のあいだに，$Q_b/Q_a = T_b/T_a$ という関係が成立している．この式は次のように変形できる.

$$\frac{Q_a}{T_a} - \frac{Q_b}{T_b} = 0 \quad （可逆サイクル） \tag{6.1}$$

これより，可逆サイクルを一回りするあいだに出入りする熱をそれぞれの絶対温度で除した値の和はゼロになっているという関係が表されていることがわかる.

一方，不可逆変化を含む不可逆サイクルの熱効率 $\eta_{不可逆}$ は可逆サイクルの熱効率 $\eta_{可逆}$ より小さいので

$$\eta_{不可逆} < \eta_{可逆} \tag{6.2}$$

$$1 - \frac{Q_b}{Q_a} < 1 - \frac{T_b}{T_a}, \quad \frac{T_b}{T_a} < \frac{Q_b}{Q_a}, \quad \frac{Q_a}{T_a} < \frac{Q_b}{T_b}$$

したがって

$$\frac{Q_a}{T_a} - \frac{Q_b}{T_b} < 0 \quad （不可逆サイクル） \tag{6.3}$$

不可逆サイクルでは上の不等式が成立する．これらの式では受熱量 Q_a を正，放熱量 Q_b を正として扱っているが，いま，Q_a および Q_b ともに受熱

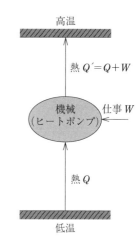

（b）仕事を消費して低温から高温へ熱を移す機械は実現可能

図 6.5 クラウジウスによる熱力学の第二法則の表現

の場合を正，放熱の場合を負として取り扱うものとする．これにより，式 (6.3) における Q_b の負号は量記号 Q_b のなかに含めて，式 (6.1) および式 (6.3) は次のように書くことができる．

$$\frac{Q_\mathrm{a}}{T_\mathrm{a}} + \frac{Q_\mathrm{b}}{T_\mathrm{b}} = 0 \quad \text{（可逆サイクル）} \tag{6.4}$$

$$\frac{Q_\mathrm{a}}{T_\mathrm{a}} + \frac{Q_\mathrm{b}}{T_\mathrm{b}} < 0 \quad \text{（不可逆サイクル）} \tag{6.5}$$

さて，図 6.6 に示すように，ある可逆サイクルを多数の微小なカルノーサイクル (1), (2), (3), … で分割する．微小カルノーサイクル (1) においては，温度 $T_\mathrm{a}^{(1)}$ で熱 $\delta Q_\mathrm{a}^{(1)}$ を受け，温度 $T_\mathrm{b}^{(1)}$ で熱 $\delta Q_\mathrm{b}^{(1)}$ を捨てる．微小カルノーサイクル (2), (3), … においても同様とすると，各微小カルノーサイクルに対して

$$\frac{\delta Q_\mathrm{a}^{(1)}}{T_\mathrm{a}^{(1)}} + \frac{\delta Q_\mathrm{b}^{(1)}}{T_\mathrm{b}^{(1)}} = 0 \qquad \text{微小カルノーサイクル (1)}$$

$$\frac{\delta Q_\mathrm{a}^{(2)}}{T_\mathrm{a}^{(2)}} + \frac{\delta Q_\mathrm{b}^{(2)}}{T_\mathrm{b}^{(2)}} = 0 \qquad \text{微小カルノーサイクル (2)}$$

$$\frac{\delta Q_\mathrm{a}^{(3)}}{T_\mathrm{a}^{(3)}} + \frac{\delta Q_\mathrm{b}^{(3)}}{T_\mathrm{b}^{(3)}} = 0 \qquad \text{微小カルノーサイクル (3)}$$

$$\vdots$$

が成立する．これらの式の両辺の総和をとると，

$$\sum_i \left(\frac{\delta Q_\mathrm{a}^{(i)}}{T_\mathrm{a}^{(i)}} + \frac{\delta Q_\mathrm{b}^{(i)}}{T_\mathrm{b}^{(i)}} \right) = 0 \tag{6.6}$$

となる．簡略化して

$$\sum \frac{\delta Q}{T} = 0 \tag{6.7}$$

と書くことができる．さらに，この考え方を拡張し，分割する微小カルノーサイクルの数を無限にすると，上式は次のように記述できる．

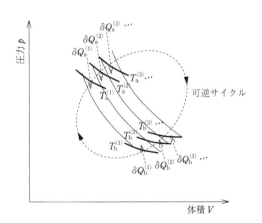

図 6.6 可逆サイクルを等温線 $T_\mathrm{a}^{(k)}$，$T_\mathrm{b}^{(k)}$ および可逆断熱線で微少なカルノーサイクルに分割する

$$\oint \frac{\delta Q}{T} = 0 \quad (\text{可逆サイクル}) \tag{6.8}$$

ただし，記号 $\oint$ は可逆サイクルに沿った閉積分を表す．この閉積分はクラウジウスの積分とよばれる．可逆サイクルにおいてはクラウジウスの積分はゼロである．

次に，不可逆サイクルについて考える．可逆サイクルで一部に不可逆変化を含む．その不可逆な部分を含む微少なカルノーサイクル (k) では，

$$\frac{\delta Q_a^{(k)}}{T_a^{(k)}} + \frac{\delta Q_b^{(k)}}{T_b^{(k)}} < 0 \tag{6.9}$$

となる．可逆サイクルの場合と同様に拡張すると，

$$\sum \frac{\delta Q}{T} < 0 \quad (\text{不可逆サイクル}) \tag{6.10}$$

すなわち，

$$\oint \frac{\delta Q}{T} < 0 \quad (\text{不可逆サイクル}) \tag{6.11}$$

と書くことができる．不可逆サイクルではクラウジウスの積分は負となる．可逆サイクルの場合と不可逆サイクルの場合をひとつにまとめると

$$\oint \frac{\delta Q}{T} \leq 0 \quad (\text{等号：可逆サイクル，不等号：不可逆サイクル})$$

$$\tag{6.12}$$

この関係式を**クラウジウスの不等式**（Clausius inequality）とよぶことがある．

【例題 6.1】

右図に示すように，1サイクルあたり $1000\,\mathrm{K}$ の高温熱源から $500\,\mathrm{kJ}$ の熱を受け，$170\,\mathrm{kJ}$ の仕事に変換し，$300\,\mathrm{K}$ の低温熱源に $330\,\mathrm{kJ}$ の熱を捨てる熱機関を実現したい．この熱機関では，$Q_a = W + Q_b$ が成立し，熱力学の第一法則の観点からは実現可能である．この熱機関は熱力学の第二法則の観点から実現可能かどうか調べよ．

【解答 6.1】

この熱機関サイクルにクラウジウスの積分を適用する．

$$\oint \frac{\delta Q}{T} = \frac{Q_a}{T_a} + \frac{Q_b}{T_b} = \frac{500}{1000} + \frac{-330}{300} = 0.50 - 1.10 = -0.6\,\mathrm{kJ/K} < 0$$

サイクルに沿ったクラウジウスの積分は負となる．このサイクルは不可逆サイクルであることがわかる．クラウジウスの不等式が成立しているのでこの熱機関は熱力学の第二法則に反することはなく，実現可能である．

次に，この熱機関の熱効率 η とカルノーサイクルとして考えた場合の熱効率 η_C とを比べてみる．

$$\eta = \frac{W}{Q_a} = \frac{Q_a - Q_b}{Q_a} = 1 - \frac{Q_b}{Q_a} = 1 - \frac{330}{500} = 0.34$$

$$\eta_\mathrm{C} = 1 - \frac{T_b}{T_a} = 1 - \frac{300}{1000} = 0.70$$

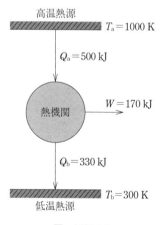

高温熱源
$T_a = 1000\,\mathrm{K}$

$Q_a = 500\,\mathrm{kJ}$

熱機関

$W = 170\,\mathrm{kJ}$

$Q_b = 330\,\mathrm{kJ}$

$T_b = 300\,\mathrm{K}$
低温熱源

図 例題 6.1

$\eta < \eta_\mathrm{C}$ である．カルノーの定理が成立し，この熱機関のサイクルは不可逆サイクルである．この熱機関は熱力学の第二法則に反せず，実現可能である．　　　　　　　　　　　　　　　　　　　　　　　　　　　■

6.4　エントロピーの定義

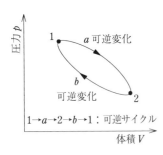

図 6.7　可逆サイクル

図 6.7 に，任意の可逆サイクルを示す．この可逆サイクルは，状態 1 から出発し，可逆変化 a を通り状態 2 に到達し，さらに可逆変化 b を通り状態 1 にもどるサイクルとする．可逆サイクルにおいてはクラウジウスの積分はゼロであるから

$$\oint \frac{\delta Q}{T} = \int_{1a}^{2} \frac{\delta Q}{T} + \int_{2b}^{1} \frac{\delta Q}{T} = \int_{1a}^{2} \frac{\delta Q}{T} - \int_{1b}^{2} \frac{\delta Q}{T} = 0 \quad (6.13)$$

となる．ここで，経路を a と b に分けた．さらに，可逆変化の経路 $2b1$ の向きを $1b2$ と逆にとると，$\int_{2b}^{1} (\delta Q/T) = -\int_{1b}^{2} (\delta Q/T)$ であることを用いた．式 (6.13) より

$$\int_{1a}^{2} \frac{\delta Q}{T} = \int_{1b}^{2} \frac{\delta Q}{T} \quad (6.14)$$

が成立する．これは，可逆変化であれば，経路が a であるか b であるかとは無関係に状態 1 および状態 2 という状態によってのみ $\int_{1}^{2} (\delta Q/T)$ の値が決まることを意味している．$\int_{1}^{2} (\delta Q/T)$ の値は可逆変化の経路に依存することなく状態によってのみ一義的に決まる状態量となっている．この新しい状態量を**エントロピー**（entropy）とよび，量記号 S で表す．エントロピー S は，温度 T，圧力 p，体積 V，内部エネルギー U，エンタルピー H などと同様に物体あるいは系の状態を表す熱力学状態量である．

可逆変化におけるエントロピーの変化 $\Delta S = S_2 - S_1$ および微少な可逆変化におけるエントロピー変化 dS は次のように定義される．

$$\Delta S = S_2 - S_1 = \int_{1}^{2} \frac{\delta Q}{T} \quad （可逆変化，積分形） \quad (6.15)$$

$$dS = \frac{\delta Q}{T} \quad （可逆変化，微分形） \quad (6.16)$$

エントロピーの単位は $[\mathrm{J/K}]$ である．温度は絶対温度 $T[\mathrm{K}]$ を用いる．エントロピー S は内部エネルギー U やエンタルピー H と同様に系全体については部分系の和として求められる相加性を有しており，一様な系の場合には物質の量に比例する示量性状態量である．ある物体あるいは系 $m[\mathrm{kg}]$ のエントロピーを $S[\mathrm{J/K}]$ で表す．単位質量あたりのエントロピーを**比エントロピー**（specific entropy）とよび，$s = S/m[\mathrm{J/(kg\cdot K)}]$ で表す．比エントロピー s は比体積などと同様に比状態量である．比エントロピー s を用いて書き表した定義は以下のとおりである．

エントロピーの記号

クラウジウスはカルノーの業績に敬意を払い，サディ・カルノー（Sadi Carnot）の名前からエントロピーの記号に「S」を選んだと言われる．参考までに，カルノーの名前はニコラス・レオナルド・サディ・カルノーである．

$$\Delta s = s_2 - s_1 = \int_1^2 \frac{\delta q}{T} \quad \text{（可逆変化, 積分形）} \tag{6.17}$$

$$ds = \frac{\delta q}{T} \quad \text{（可逆変化, 微分形）} \tag{6.18}$$

これらの定義式から, 可逆変化によって系が熱を受け取ればその系のエントロピーは増加し, 系が熱を捨てればその系のエントロピーは減少することがわかる. エントロピーおよび比エントロピーは状態量であるから, どんな可逆変化であろうとどんな不可逆変化であろうと, 状態1から状態2までの変化の経路とは無関係に, エントロピー変化 $\Delta S = S_2 - S_1$, 比エントロピー変化 $\Delta s = s_2 - s_1$ は同じである.

6.5 エントロピーと熱力学の第二法則

6.5.1 エントロピーと不可逆変化

図6.8において, 不可逆サイクル 1a2c1 は不可逆変化 a と可逆変化 c とからなっているものとする. ここで, 不可逆サイクル 1a2c1 についてはクラウジウスの積分 $\oint (\delta Q/T) < 0$ が成り立つ. 経路を不可逆変化 a と可逆変化 c に分けて表すと,

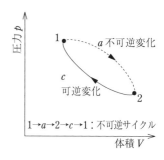

図6.8 不可逆サイクル

$$\oint \frac{\delta Q}{T} = \int_{1a}^2 \frac{\delta Q}{T} + \int_{2c}^1 \frac{\delta Q}{T} = \int_{1a}^2 \frac{\delta Q}{T} - \int_{1c}^2 \frac{\delta Q}{T} < 0 \quad (6.19)$$

ただし, 経路 c は可逆変化であるから, $\int_{2c}^1 (\delta Q/T) = -\int_{1c}^2 (\delta Q/T)$ を用いた. 上の不等式の左辺第2項を移項すると

$$\int_{\substack{1c \\ \text{可逆}}}^2 \frac{\delta Q}{T} > \int_{\substack{1a \\ \text{不可逆}}}^2 \frac{\delta Q}{T} \tag{6.20}$$

左辺は, 可逆変化 c に沿う状態1から状態2までのエントロピー変化 $S_2 - S_1$ に等しい. したがって,

$$S_2 - S_1 > \int_{1a}^2 \frac{\delta Q}{T} \quad \text{（1a2は不可逆変化）} \tag{6.21}$$

あるいは,

$$S_2 - S_1 > \int_1^2 \frac{\delta Q}{T} \quad \text{（任意の不可逆変化）} \tag{6.22}$$

と表せる. この不等式は, 現実に起こる不可逆変化に沿った $\int_1^2 (\delta Q/T)$ の値は, 理想的な可逆変化（準静的変化）として定義, 計算されるエントロピー変化より常に小さくなることを示している. この関係を微分形で表すと,

$$dS > \frac{\delta Q}{T} \quad \text{（不可逆変化）} \tag{6.23}$$

この式は自然界に起こる不可逆変化について述べている熱力学の第二法則をエントロピー S という状態量によって数学的に表したものとなってい

る.

6.5.2　エントロピー増大の原理

いま，熱の出入りのない不可逆断熱変化 $\delta Q = 0$ を考える．すると，

$$dS > \frac{\delta Q}{T} = \frac{0}{T} = 0 \quad （不可逆断熱変化） \qquad (6.24)$$

すなわち，不可逆断熱変化ではエントロピーは必ず増加する.

　一方，可逆断熱変化では，$dS = \delta Q/T = 0/T = 0$ となる．すなわち，可逆断熱変化ではエントロピー S は一定である．したがって，可逆断熱変化は**等エントロピー変化**（isentropic change）とよばれる．工学的には可逆断熱変化と不可逆断熱変化とは厳密に区別して取り扱わなければならない場合がある.

　次に周囲とまったく相互作用しない孤立した系のエントロピー変化を考える．可逆変化および不可逆変化におけるエントロピーの関係式を以下のように1つの式にまとめて表しておく.

$$dS \geq \frac{\delta Q}{T} \quad （等号：可逆変化，不等号：不可逆変化）$$

$$(6.25)$$

孤立系では周囲と熱も仕事も物体も授受しない．したがって，熱の出入りはないので，$\delta Q = 0$ である．これを上式に代入すると

$$dS \geq 0 \quad （孤立系） \qquad (6.26)$$

となる．これは，孤立系のなかで起こるさまざまな変化がすべて可逆的ならば孤立系のエントロピーは一定であること，また，孤立系のなかの変化に不可逆変化が存在するならば孤立系のエントロピーは必ず増加することを表している．自然界に起こる変化は6.8節で後述するように摩擦，伝熱，拡散，混合などの不可逆変化を必ず含むので，孤立系のエントロピーは決して減少することはない．クラウジウスは宇宙全体を孤立系とみなしてこの考えをさらにおしすすめ，「宇宙のエントロピーは極大値に向かって増大する」と表現した．これは熱力学の第二法則に関する別の表現であり，**エントロピー増大の原理**（the increase of entropy principle）とよばれる.

　ただし，このエントロピー増大の原理は熱が周囲に出ていくような部分系では成り立たない．「どんな系の場合にもエントロピーは増大する」と誤解しないように注意しよう．また，エントロピーは平衡状態のまま変化が進行すると考える可逆変化（準静的変化）において定義されていたこと，不可逆変化が起こっている途中の状態（非平衡状態）でのエントロピーは局所平衡の概念に基づいて別に定義される必要があることに注意しておこう.

6.6　温度-エントロピー線図

　エントロピーは状態量のひとつであるから，物体や系の状態変化を記述する変数となる．縦軸に絶対温度 T，横軸にエントロピー S とする状態図は**温度-エントロピー線図**（temperature-entropy diagram）または ***T-S*線図**（T-S diagram）とよばれる．図 6.9 に示したように，T-S 線図上には任意の可逆変化を表すことができる．T-S 線図では，（可逆）等温変化は水平線，可逆断熱変化は等エントロピー変化であるから垂直線で表される．

　さて，可逆変化におけるエントロピーの定義式から

$$\delta Q = TdS \quad （可逆変化） \tag{6.27}$$

である．これより，状態 1 から状態 2 まで可逆変化する際に出入りする熱量 Q_{12} は次式の積分を行うことによって求められる．

$$Q_{12} = \int_1^2 TdS \quad （可逆変化） \tag{6.28}$$

したがって，図 6.10 に示したように T-S 線図では可逆変化の経路の下の面積は，その可逆変化の際に出入りする熱量を表す．ただし，エントロピ

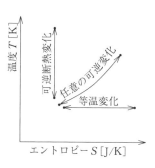

図 6.9　T-S 線図と状態変化

┌─────────────────┐
│　　**コーヒーブレイク**　　│
└─────────────────┘

微視的に見たエントロピー

　統計熱力学は物質の微視的な状態からその巨視的な状態を記述する．物質を微視的に見ると，巨視的には平衡状態にあるそれぞれの状態も分子の絶え間ない運動により非常に多くの微視的状態（分子配列）が存在する．系のエントロピー S はその系がとりうる微視的状態の総数 W に関係する．両者の関係は以下のボルツマン（Boltzmann）の式によって表される．

$$S = k\ln W$$

ただし，$k = 1.380649 \times 10^{-23}$ J/K，ボルツマン定数である．何らかの相互作用により系を構成している分子の乱雑さや不規則性が増すと，微視的状態の総数 W は増加し，系のエントロピー S は増大する．このように，エントロピーは微視的な分子レベルの乱雑さ，無秩序さ，あるいは不規則性を表すひとつの尺度である．

　ところで，純粋な物質の温度が絶対零度（$T = 0$ K）に近づくとしよう．絶対零度では物質を構成している分子の運動は完全に止まり，整列し，分子配列状態はひとつになる．言い換えると，純粋な完全結晶物質のエントロピーは絶対零度においてゼロになる．この表現は**熱力学の第三法則**（the third law of thermodynamics）あるいは**ネルンストの熱定理**（Nernst's heat theorem）として知られており，エントロピーの絶対的な基準点を与える熱力学の基本法則のひとつとなっている．

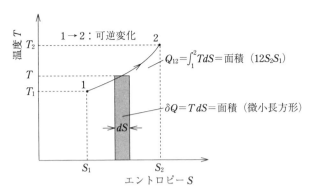

図 6.10　T-S 線図上の面積は熱量を表す

ーが増加する変化のときには δQ あるいは Q_{12} は正となり，熱が系に入ること（給熱）を表す．一方，エントロピーが減少する変化のときには δQ あるいは Q_{12} は負となり，熱が系から出ていくこと（放熱）を意味する．

　以上のように，T-S 線図上の面積が可逆変化で出入りする熱量を表すことは，可逆変化における絶対仕事，δW あるいは W_{12} が p-V 線図上の面積で表されることとよく似ている．可逆変化における絶対仕事は次のように定義されていた．

$$\delta W = pdV \qquad \text{（可逆変化）} \tag{6.29}$$

あるいは

$$W_{12} = \int_1^2 pdV \qquad \text{（可逆変化）} \tag{6.30}$$

　ところで，不可逆変化の場合には，その変化の最初と最後が平衡状態であればそれらの状態点を p-V 線図あるいは T-S 線図上に厳密にプロットすることができる．しかし，不可逆変化の途中の経路は線図上に厳密に描くことはできない．不可逆変化の経路を p-V 線図あるいは T-S 線図上に模式的に破線等で描くことがあるが，その場合，経路の下の面積は不可逆変化の際に出入りした絶対仕事や熱を厳密には表していない．

　図 6.11 は気体の膨張を例として取り上げ，可逆断熱変化と不可逆断熱変化の違いを T-S 線図上に表したものである．実線は状態 1（T_1, S_1）から状態 2（$T_2, S_2 = S_1$）までの可逆断熱膨張（$dS = 0$，すなわち $S =$ 一

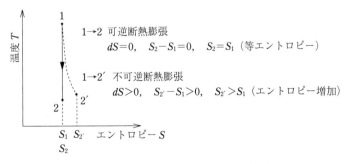

図 6.11　気体の可逆断熱膨張と不可逆断熱膨張

定）を，破線は状態 1 （T_1, S_1）から状態 2'（T_2', S_2'）までの不可逆断熱膨張（$dS > 0$，すなわち S は増加）を示す．このように不可逆断熱変化はエントロピーの増加する方向に起こる．

【例題 6.2】

右図は，温度 T_a の高温熱源からサイクルあたり熱 Q_a を受け，温度 T_b の低温熱源へサイクルあたり熱 Q_b を捨てながら働く可逆カルノーサイクルを T-S 線図上に示したものである．T-S 線図上の面積が可逆変化の際に出入りする熱量であることを使って，可逆カルノーサイクルの熱効率が，$\eta_C = 1 - (T_b/T_a)$ となることを示しなさい．

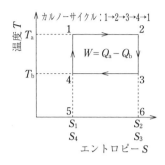

図 例題 6.2

【解答 6.2】

T-S 線図上に表されたカルノーサイクルより，可逆断熱膨張変化 2-3 および可逆断熱圧縮変化 4-1 では熱の授受はなく等エントロピー変化で $S_2 = S_3$, $S_4 = S_1$，等温膨張変化 1-2 における受熱量 Q_a ＝長方形 1-2-6-5-1 の面積，等温圧縮変化 3-4 における放熱量 Q_b ＝長方形 3-4-5-6-3 の面積である．したがって，

$$\eta_C = \frac{W}{Q_a} = \frac{Q_a - Q_b}{Q_a} = 1 - \frac{Q_b}{Q_a} = 1 - \frac{\text{長方形3-4-5-6-3の面積}}{\text{長方形1-2-6-5-1の面積}}$$

$$= 1 - \frac{T_b(S_3 - S_4)}{T_a(S_2 - S_1)} = 1 - \frac{T_b(S_2 - S_1)}{T_a(S_2 - S_1)}$$

$$= 1 - \frac{T_b}{T_a}$$

となる．サイクルあたりの仕事量 $W = Q_a - Q_b$ は T-S 線図上のサイクルの囲む長方形 1-2-3-4-1 の面積に相当する．　　　■

6.7　可逆変化におけるエントロピー変化

熱力学の第一法則の式とエントロピーの定義式を用いて可逆変化におけるエントロピーの変化を計算できる基礎式を手に入れることができる．ここでは，固体や液体，理想気体が可逆変化する場合についてエントロピーの変化を計算する．

6.7.1　固体および液体のエントロピー変化

固体および液体が可逆変化する場合の比エントロピー変化を求める．固体や液体では加熱されても比体積の変化 dv は小さく周囲にする仕事 pdv は一般に無視できることが多い．このような場合，熱力学の第一法則から固体や液体の系に加えられた単位質量あたりの熱量 δq は比内部エネルギーの増加 du で近似できる．さらに，比熱 c を用いると，$du = cdT$ である．これらを考慮して比エントロピーの変化 ds は

$$ds = \frac{\delta q}{T} = \frac{du + pdv}{T} = \frac{du}{T} = \frac{cdT}{T} \qquad (6.31)$$

となる. ここで, 比熱 $c =$ 一定として取り扱える場合, 上式を状態 1 から状態 2 まで積分して, 比エントロピーの変化 $\Delta s = s_2 - s_1$ は以下のように導かれる.

$$\Delta s = s_2 - s_1 = \int_1^2 ds = \int_1^2 \frac{cdT}{T} = c \int_{T_1}^{T_2} \frac{dT}{T} = c \left[\ln T \right]_{T_1}^{T_2}$$
$$= c \left(\ln T_2 - \ln T_1 \right) = c \ln \frac{T_2}{T_1} \qquad (6.32)$$

6.7.2 理想気体のエントロピー変化

理想気体が可逆変化する場合について, 比エントロピー変化を計算する. いま, 比エントロピーの定義式の δq に比内部エネルギーの微分 du で表した熱力学の第一法則の式を代入すると

$$ds = \frac{\delta q}{T} = \frac{du + pdv}{T} = \frac{c_v dT + pdv}{T} = c_v \frac{dT}{T} + \frac{pdv}{T}$$
$$= c_v \frac{dT}{T} + R \frac{dv}{v} \qquad (6.33)$$

となる. 一方, 比エントロピーの定義式の δq に比エンタルピーの微分 dh を用いた熱力学の第一法則の式を代入すると

$$ds = \frac{\delta q}{T} = \frac{dh - vdp}{T} = \frac{c_p dT - vdp}{T} = c_p \frac{dT}{T} - \frac{vdp}{T}$$
$$= c_p \frac{dT}{T} - R \frac{dp}{p} \qquad (6.34)$$

が得られる. さらに, 理想気体の状態式 $pv = RT$ の両辺を微分すると

$$pdv + vdp = RdT$$

である. この式の両辺を RT で除して整理すると

$$\frac{dT}{T} = \frac{pdv}{RT} + \frac{vdp}{RT} = \frac{dv}{v} + \frac{dp}{p} \qquad (6.35)$$

となる. これを式 (6.33) に代入して整理すると

$$ds = c_v \frac{dT}{T} + R \frac{dv}{v} = c_v \left(\frac{dv}{v} + \frac{dp}{p} \right) + R \frac{dv}{v} = c_v \frac{dp}{p} + (c_v + R) \frac{dv}{v}$$
$$= c_v \frac{dp}{p} + c_p \frac{dv}{v} \qquad (6.36)$$

となる. したがって, 理想気体の比エントロピー変化 ds は, 式 (6.33), (6.34) および式 (6.36) を利用して求めることができる.

これらをまとめると, 次式のとおりである.

$$ds = c_v \frac{dT}{T} + R \frac{dv}{v} = c_p \frac{dT}{T} - R \frac{dp}{p} = c_v \frac{dp}{p} + c_p \frac{dv}{v}$$
$$\qquad (6.37)$$

もし定積比熱 c_v および定圧比熱 c_p が一定であれば, 理想気体の状態変化

に伴う比エントロピーの変化は，式 (6.33)，(6.34)，(6.36)，あるいは式 (6.37) を積分することによって容易に計算することができる．いま，定圧比熱 c_p を一定として式 (6.34) を積分すると

$$s = \int \left(c_p \frac{dT}{T} - R \frac{dp}{p} \right) + s_0 = c_p \ln T - R \ln p + s_0$$

$$= c_p \ln T - R \ln p - c_p \ln T_0 + R \ln p_0$$

$$= c_p \ln \frac{T}{T_0} - R \ln \frac{p}{p_0} \tag{6.38}$$

ただし，基準状態 T_0 および p_0 における比エントロピーをゼロとして積分定数を $s_0 = -c_p \ln T_0 + R \ln p_0$ とした．これより，理想気体の比エントロピー s は，温度 T の上昇に伴い増加し，圧力 p の上昇に伴い減少することがわかる．

　以下に，代表的な状態変化における理想気体の比エントロピーの変化を計算する．

a. 等温変化

　式 (6.33) から $dT = 0$ であることを考慮して

$$ds = R \frac{dv}{v} \tag{6.39}$$

これより状態1から状態2まで積分すれば，比エントロピーの変化 $\Delta s = s_2 - s_1$ は次のように計算できる．

$$\Delta s = s_2 - s_1 = \int_1^2 ds = \int_1^2 R \frac{dv}{v} = R \int_{v_1}^{v_2} \frac{dv}{v} = R \left[\ln v \right]_{v_1}^{v_2}$$

$$= R \left(\ln v_2 - \ln v_1 \right) = R \ln \frac{v_2}{v_1} = R \ln \frac{p_1}{p_2} \tag{6.40}$$

ただし，等温変化における関係 $p_1 v_1 = p_2 v_2$，$v_2/v_1 = p_1/p_2$ を用いた．また，比エントロピーの定義式 $ds = \delta q / T$ から，$T = $ 一定なので

$$\Delta s = s_2 - s_1 = \int_1^2 \frac{\delta q}{T} = \int_1^2 \frac{du + p dv}{T} = \int_1^2 \frac{c_v dT + p dv}{T} = \frac{1}{T} \int_1^2 p dv$$

$$= \frac{w_{12}}{T} = \frac{q_{12}}{T} \tag{6.41}$$

このように，q_{12} と T から直接求めることもできる．

b. 等圧変化（定圧変化）

　式 (6.34) において $dp = 0$ とすると

$$ds = c_p \frac{dT}{T} \tag{6.42}$$

これより $c_p = $ 一定として状態1から状態2まで積分すると，比エントロピーの変化 $\Delta s = s_2 - s_1$ は次式となる．

$$\Delta s = s_2 - s_1 = \int_1^2 ds = \int_{T_1}^{T_2} c_p \frac{dT}{T} = c_p [\ln T]_{T_1}^{T_2} = c_p (\ln T_2 - \ln T_1)$$

$$= c_p \ln \frac{T_2}{T_1} = c_p \ln \frac{v_2}{v_1} \tag{6.43}$$

ただし，等圧変化の関係 $v_1/T_1 = v_2/T_2$，$T_2/T_1 = v_2/v_1$ を用いた.

c. 等積変化（定積変化）

式 (6.33) において $dv = 0$ とすると

$$ds = c_\mathrm{v} \frac{dT}{T} \tag{6.44}$$

これより $c_\mathrm{v} = $ 一定として状態 1 から状態 2 まで積分すると，比エントロピーの変化 $\Delta s = s_2 - s_1$ は次式のように導ける.

$$\Delta s = s_2 - s_1 = \int_1^2 ds = \int_{T_1}^{T_2} c_\mathrm{v} \frac{dT}{T} = c_\mathrm{v}[\ln T]_{T_1}^{T_2} = c_\mathrm{v}(\ln T_2 - \ln T_1)$$

$$= c_\mathrm{v} \ln \frac{T_2}{T_1} = c_\mathrm{v} \ln \frac{p_2}{p_1} \tag{6.45}$$

ただし，等積変化の関係 $p_1/T_1 = p_2/T_2$，$T_2/T_1 = p_2/p_1$ を用いた.

d. 可逆断熱変化

比エントロピーの定義式に断熱の条件 $\delta q = 0$ を代入すると

$$ds = \frac{\delta q}{T} = \frac{0}{T} = 0 \tag{6.46}$$

となる. すなわち，$s = $ 一定，あるいは $s_2 = s_1$ である. 可逆断熱変化では，理想気体に限らず，エントロピーは一定である. 可逆断熱変化は等エントロピー変化である.

e. ポリトロープ変化

式 (6.33) より，$c_\mathrm{v} = $ 一定として状態 1 から状態 2 まで積分する.

$$\Delta s = s_2 - s_1 = \int_{T_1}^{T_2} c_\mathrm{v} \frac{dT}{T} + \int_{v_1}^{v_2} R \frac{dv}{v} = c_\mathrm{v}[\ln T]_{T_1}^{T_2} + R[\ln v]_{v_1}^{v_2}$$

$$= c_\mathrm{v}(\ln T_2 - \ln T_1) + R(\ln v_2 - \ln v_1)$$

$$= c_\mathrm{v} \ln \frac{T_2}{T_1} + R \ln \frac{v_2}{v_1} \tag{6.47}$$

ここで，ポリトロープ変化の関係 $T_1 v_1^{n-1} = T_2 v_2^{n-1}$ より，$v_2/v_1 = (T_1/T_2)^{1/(n-1)}$ を代入すると

$$\Delta s = s_2 - s_1 = c_\mathrm{v} \ln \frac{T_2}{T_1} + R \ln \left(\frac{T_1}{T_2} \right)^{1/(n-1)} = c_\mathrm{v} \ln \frac{T_2}{T_1} - \frac{R}{n-1} \ln \frac{T_2}{T_1}$$

$$= \left(c_\mathrm{v} - \frac{R}{n-1} \right) \ln \frac{T_2}{T_1} = \left\{ c_\mathrm{v} - \frac{c_\mathrm{v}(\kappa - 1)}{n-1} \right\} \ln \frac{T_2}{T_1}$$

$$= c_\mathrm{v} \left(1 - \frac{\kappa - 1}{n-1} \right) \ln \frac{T_2}{T_1} = c_\mathrm{v} \frac{n - \kappa}{n-1} \ln \frac{T_2}{T_1} = c_\mathrm{n} \ln \frac{T_2}{T_1} \tag{6.48}$$

ただし，$R = c_\mathrm{v}(\kappa - 1)$ であり，c_n をポリトロープ比熱とよぶ. $c_\mathrm{n} = c_\mathrm{v}(n - \kappa)/(n-1)$ である. さらに，ポリトロープ変化の関係 $T_1/p_1^{(n-1)/n} = T_2/p_2^{(n-1)/n}$，$T_2/T_1 = (p_2/p_1)^{(n-1)/n}$ を上式に代入すると，

$$\Delta s = s_2 - s_1 = c_\mathrm{v} \frac{n - \kappa}{n - 1} \ln \left(\frac{p_2}{p_1} \right)^{(n-1)/n} = c_\mathrm{v} \frac{(n - \kappa)}{(n - 1)} \frac{(n - 1)}{n} \ln \frac{p_2}{p_1}$$

$$= c_\mathrm{v} \frac{n - \kappa}{n} \ln \frac{p_2}{p_1} \tag{6.49}$$

と表すこともできる.

【例題 6.3】

空気 3 kg を温度 300 K から 500 K まで加熱する. 加熱前後の空気のエントロピー変化を, ① 等圧変化の場合, ② 等積変化の場合についてそれぞれ求めよ. また, この加熱による空気の状態変化を *T-S* 線図上に示せ. ただし, 空気は理想気体とする. 空気の定圧比熱は 1.005 kJ/(kg·K), 比熱比は 1.4 でそれぞれ一定とする.

【解答 6.3】

① 等圧変化の場合

$$\Delta S = S_2 - S_1 = \int_1^2 \frac{\delta Q}{T} = \int_1^2 \frac{dH - V dp}{T} = \int_1^2 \frac{dH}{T} = \int_{T_1}^{T_2} \frac{m c_\mathrm{p} dT}{T}$$

$$= m c_\mathrm{p} \ln \frac{T_2}{T_1} = 3 \times 1.005 \times \ln \frac{500}{300} = 1.54 \,\mathrm{kJ/K}$$

② 等積変化の場合

定積比熱 $c_\mathrm{v} = c_\mathrm{p}/\kappa = 1.005/1.4 = 0.718 \,\mathrm{kJ/(kg \cdot K)}$ である.

$$\Delta S = S_2 - S_1 = \int_1^2 \frac{\delta Q}{T} = \int_1^2 \frac{dU + p dV}{T} = \int_1^2 \frac{dU}{T} = \int_{T_1}^{T_2} \frac{m c_\mathrm{v} dT}{T}$$

$$= m c_\mathrm{v} \ln \frac{T_2}{T_1} = 3 \times 0.718 \times \ln \frac{500}{300} = 1.10 \,\mathrm{kJ/K}$$

加熱によりいずれの場合も空気のエントロピーは増加する. 加熱前の状態を 1, 加熱後の状態を $2p$ (等圧変化), $2V$ (等積変化) として *T-S* 線図に示す. *T-S* 線図では状態変化を示す曲線の下の面積が加熱量を表している. また, *T-S* 線図上では等圧線 $1 \to 2p$ の傾きより等積線 $1 \to 2V$ の傾きが大きいことに注意しよう. ■

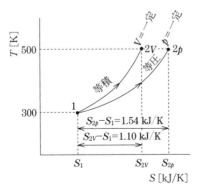

図 例題 6.3

【例題 6.4】

　圧力 600 kPa，温度 450 K の空気が，温度 300 K までポリトロープ変化（$pv^{1.25} =$ 一定）により膨張した．膨張前後の空気の比エントロピー変化を求めよ．また，この変化を T-s 線図上に示し，可逆断熱膨張による経路と比較せよ．空気は理想気体とする．空気の定積比熱は 0.718 kJ/(kg·K)，比熱比は 1.4 で一定とする．

【解答 6.4】

　$n = 1.25$，$\kappa = 1.4$ として

$$\Delta s = s_2 - s_1 = c_\mathrm{n} \ln \frac{T_2}{T_1} = c_\mathrm{v} \frac{n - \kappa}{n - 1} \ln \frac{T_2}{T_1} = 0.718 \times \frac{1.25 - 1.4}{1.25 - 1} \times \ln \frac{300}{450}$$

$$= 0.175 \, \mathrm{kJ/(kg \cdot K)}$$

空気の比エントロピーは増加する．膨張前の状態を 1，$pv^{1.25} =$ 一定にしたがうポリトロープ膨張後の状態を 2 として T-s 線図に破線で示した．同じ温度条件で $pv^{1.4} =$ 一定にしたがう可逆断熱膨張後の状態を 2s として実線で示す．可逆断熱膨張は等エントロピー変化であるから，$s_{2s} = s_1$ である．$n = 1.25$ のポリトロープ膨張では空気の比エントロピーは 0.175 kJ/(kg·K) だけ増加している．理想気体の不可逆断熱変化を比熱比 κ に近いポリトロープ指数 n を用いて近似することがある．　■

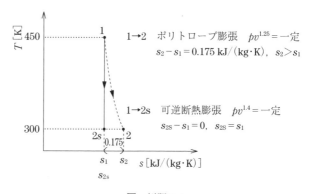

図　例題 6.4

6.8　不可逆変化におけるエントロピー増加

　6.5 節で述べたように，系が周囲と熱の授受をしない断熱系の場合，可逆変化ではエントロピー変化 $dS = 0$，不可逆変化ではエントロピー変化 $dS > 0$ であった．ここでは，代表的な不可逆変化を例に取り上げ，その際に系のエントロピーが増加することを考察する．

6.8.1　温度が異なる二物体間の伝熱

　いま，図 6.12 に示すように温度の異なる二物体が接触し，微少熱量 ΔQ

が温度 T_1 の高温物体から温度 T_2 の低温物体に移動したとする．このとき，二物体の質量が非常に大きく T_1 および T_2 は一定のままであるとしよう．系全体のエントロピー変化 ΔS は高温物体のエントロピー変化 $\Delta S_1 = -\Delta Q/T_1$ と低温物体のエントロピー変化 $\Delta S_2 = \Delta Q/T_2$ の総和として求められるので，

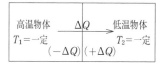

図 6.12 伝熱

$$\Delta S = \Delta S_1 + \Delta S_2 = \frac{-\Delta Q}{T_1} + \frac{\Delta Q}{T_2} = \Delta Q\left(\frac{1}{T_2} - \frac{1}{T_1}\right) = \Delta Q\,\frac{T_1 - T_2}{T_1 T_2} > 0$$

(6.50)

となる．$\Delta Q > 0$ および $T_1 > T_2$, $T_1 - T_2 > 0$ であるから，$\Delta S > 0$ である．温度差一定の物体間に不可逆な熱移動（伝熱）が起こると系全体のエントロピーは増加する．

6.8.2 摩擦による熱の発生

図 6.13 に示すように，質量の非常に大きな物体になされた仕事 $W_0 = F \cdot l\,[\mathrm{J}]$ が摩擦によってすべて熱 $Q_0\,[\mathrm{J}]$ に代わり，物体の内部に蓄えられたとする．この摩擦作用によっても物体の温度 $T\,[\mathrm{K}]$ は一定のままであるとすると，$W_0 = Q_0$ であるから物体のエントロピー変化 $\Delta S\,[\mathrm{J/K}]$ は次式のように表される．

$$\Delta S = \frac{W_0}{T} = \frac{Q_0}{T} > 0 \tag{6.51}$$

摩擦による熱の発生は不可逆変化であり，このときエントロピーは増加する．

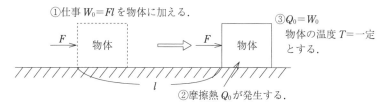

図 6.13 摩擦

6.8.3 気体の拡散による混合

気体の混合だけによるエントロピー変化に着目する．いま等温等圧のA，B 2種の理想気体が図 6.14 に示すように別々の部屋に閉じこめられており，中央のしきりが取り除かれたとすると，異種の理想気体は互いに自由膨張して混合する．混合前の気体A，Bの圧力を p，温度を T，体積を V_A および V_B とする．混合後の理想気体混合物の温度を T，圧力 p，体積 V とする．混合の過程で系は周囲と熱も仕事もやり取りをしない．混合物のA成分およびB成分の分圧を p_A および p_B とする．理想気体混合物であるからダルトンの分圧の法則 $p = p_\mathrm{A} + p_\mathrm{B}$ が成立している．

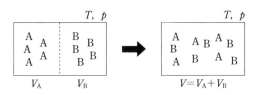

図 6.14 気体の拡散による混合

さて，気体 A の混合前後のエントロピー変化 ΔS_A は

$$\Delta S_A = \int_1^2 \frac{\delta Q}{T} = \int_1^2 \frac{dH - Vdp}{T} = \int_1^2 \frac{dH}{T} - \int_1^2 \frac{V}{T}dp$$

$$= \int_T^T \frac{m_A c_{pA} dT}{T} - \int_p^{p_A} \frac{m_A R_A dp}{p}$$

$$= m_A c_{pA} \ln\frac{T}{T} - m_A R_A \ln\frac{p_A}{p} = -m_A R_A \ln\frac{p_A}{p}$$

$$= m_A R_A \ln\frac{p}{p_A} \tag{6.52}$$

同様に気体 B の混合前後のエントロピー変化 ΔS_B は

$$\Delta S_B = m_B R_B \ln\frac{p}{p_B} \tag{6.53}$$

系全体のエントロピー変化 ΔS は，次式で計算できる．

$$\Delta S = \Delta S_A + \Delta S_B = m_A R_A \ln\frac{p}{p_A} + m_B R_B \ln\frac{p}{p_B} > 0 \tag{6.54}$$

上式において，$p > p_A$ および $p > p_B$ であるから，$\Delta S > 0$ となる．温度および圧力が同じ条件で気体 A と B が熱も仕事もやり取りすることなく，単に混合（拡散）という不可逆変化によって系全体のエントロピーは増加する．

【例題 6.5】 温度が異なる二物体間の伝熱（温度変化がある場合）

温度 $T_1 = 350\,\mathrm{K}$，比熱 $c_1 = 0.473\,\mathrm{kJ/(kg \cdot K)}$，質量 $m_1 = 2\,\mathrm{kg}$ の物体を温度 $T_2 = 300\,\mathrm{K}$，比熱 $c_2 = 4.187\,\mathrm{kJ/(kg \cdot K)}$，質量 $m_2 = 0.5\,\mathrm{kg}$ の液体に投げ入れた．すると系全体はある平衡温度 $T\,[\mathrm{K}]$ に到達した．物体および液体の比熱は一定，熱損失はないものとして，系全体のエントロピー変化を求めよ．

【解答 6.5】

$T_1 > T > T_2$ であるから，高温の物体は熱を放出し T_1 から T まで温度を下げ，低温の液体は同量の熱を受けて T_2 から T まで温度を上昇させる．系外への熱損失はなく比熱は一定とする．平衡温度 T は次式のように求められる．

$$T = \frac{m_1 c_1 T_1 + m_2 c_2 T_2}{m_1 c_1 + m_2 c_2} = \frac{2 \times 0.473 \times 350 + 0.5 \times 4.187 \times 300}{2 \times 0.473 + 0.5 \times 4.187} = 316\,\mathrm{K}$$

平衡温度に達するまで，高温物体と低温物体のそれぞれのエントロピー変化 ΔS_1，ΔS_2 は温度変化を考慮して次のように求められる．

$$\Delta S_1 = \int_1^2 \frac{\delta Q}{T} = \int_{T_1}^T \frac{m_1 c_1 dT}{T} = m_1 c_1 \ln \frac{T}{T_1} = 2 \times 0.473 \times \ln \frac{316}{350}$$
$$= -0.0967 \, \text{kJ/K}$$

$$\Delta S_2 = \int_1^2 \frac{\delta Q}{T} = \int_{T_2}^T \frac{m_2 c_2 dT}{T} = m_2 c_2 \ln \frac{T}{T_2} = 0.5 \times 4.187 \times \ln \frac{316}{300}$$
$$= 0.1088 \, \text{kJ/K}$$

したがって，系全体のエントロピー変化 ΔS は，

$$\Delta S = \Delta S_1 + \Delta S_2 = -0.0967 + 0.1088 = 0.0128 \, \text{kJ/K}$$

となる．これより，$\Delta S > 0$ である．平衡状態に達するまでの熱移動をともなう不可逆変化の結果，系全体のエントロピーが増加した．　■

【例題 6.6】　気体の自由膨張

理想気体が真空中に断熱膨張して比体積が v_1 から v_2 まで変化した．この変化が不可逆過程であることを示しなさい．理想気体の定積比熱は一定とする．

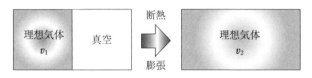

図　例題 6.6

【解答 6.6】

比エントロピーの定義式より

$$ds = \frac{\delta q}{T} = \frac{du + p dv}{T} = \frac{c_v dT}{T} + \frac{R dv}{v}$$

$c_v =$ 一定として比エントロピー変化を求めると

$$\Delta s = s_2 - s_1 = \int_1^2 ds = \int_1^2 \frac{c_v dT}{T} + \int_1^2 \frac{R dv}{v} = \int_{T_1}^{T_2} \frac{c_v dT}{T} + \int_{v_1}^{v_2} \frac{R dv}{v}$$
$$= c_v \ln \frac{T_2}{T_1} + R \ln \frac{v_2}{v_1}$$

一方，真空中への断熱膨張であるから理想気体による仕事はゼロ，熱の出入りはない．よって $\delta w = 0$ および $\delta q = 0$ である．これを熱力学の第一法則の式 $\delta q = du + \delta w$ に代入して，$0 = du + 0$ より，$du = 0$ である．さらに $du = c_v dT = 0$ であるから $dT = 0$ を得る．すなわち理想気体の真空中への断熱膨張では $T =$ 一定（$T_1 = T_2$）となる．よって $R > 0$ および $v_2 > v_1$ であるから，理想気体の比エントロピー変化は

$$\Delta s = s_2 - s_1 = c_v \ln \frac{T_1}{T_1} + R \ln \frac{v_2}{v_1} = 0 + R \ln \frac{v_2}{v_1} = R \ln \frac{v_2}{v_1} > 0$$

となる．$\Delta s = s_2 - s_1 > 0$，すなわち $s_2 > s_1$，比エントロピーは増加する．したがって，理想気体が真空中へ断熱膨張する変化は不可逆過程である．

　■

6.9　ヘルムホルツ関数とギブス関数

6.9.1　ヘルムホルツ関数およびギブス関数の定義

熱力学の第一法則に関連して内部エネルギー U やエンタルピー H，熱力学の第二法則に関連してエントロピー S など，熱力学に特徴的な状態量について学んだ．ここではさらに進んで，蒸発や凝縮などの相変化，燃料の燃焼などの化学反応を取り扱うときに役立つ新しい状態量を紹介する．新たな状態量には，内部エネルギー U に温度 T とエントロピー S の積を組み合わせた**ヘルムホルツ関数**（Helmholtz function）F [J] と，エンタルピー H に温度 T とエントロピー S の積を組み合わせた**ギブス関数**（Gibbs function）G [J] がある．それぞれ次のように定義される．単位質量あたりのヘルムホルツ関数を比ヘルムホルツ関数 f [J/kg]，単位質量あたりのギブス関数を比ギブス関数 g [J/kg] とよぶが，これはほかの示量性状態量の場合と同様である．

$$\text{ヘルムホルツ関数 } F: \quad F = U - TS \quad m\,[\text{kg}] \quad (6.55)$$
$$\text{比ヘルムホルツ関数 } f: \quad f = u - Ts \quad 1\,\text{kg あたり} \quad (6.56)$$

ただし，U は内部エネルギー [J]，u は比内部エネルギー [J/kg]，T は絶対温度 [K]，S はエントロピー [J/K]，s は比エントロピー [J/(kg·K)] である．

$$\text{ギブス関数 } G: \quad G = H - TS \quad m\,[\text{kg}] \quad (6.57)$$
$$\text{比ギブス関数 } g: \quad g = h - Ts \quad 1\,\text{kg あたり} \quad (6.58)$$

ただし，H はエンタルピー [J]，h は比エンタルピー [J/kg] である．エンタルピー H および比エンタルピー h の定義は $H = U + pV$ および $h = u + pv$ であるから，G と g はそれぞれ次のように書くこともできる．

$$G = H - TS = U + pV - TS \quad (6.59)$$
$$g = h - Ts = u + pv - Ts \quad (6.60)$$

ヘルムホルツ関数は**ヘルムホルツの自由エネルギー**（Helmholtz free energy），ギブス関数は**ギブスの自由エネルギー**（Gibbs free energy）とよばれることもある．自由エネルギー（free energy）という考え方にしたがうと，ヘルムホルツ関数 F やギブス関数 G は，

（自由エネルギー F あるいは G）

＝（熱エネルギー U あるいは H）

－（自由にならない束縛エネルギー TS）

と見ることもできる．ヘルムホルツの自由エネルギーおよびギブスの自由エネルギーは，熱力学の第一法則と第二法則を統合した状態量である．

6.9.2　等温等積変化とヘルムホルツ関数

閉じた系に対する熱力学の第一法則の式は

$$\delta Q = dU + p dV \qquad (6.61)$$

熱力学の第二法則によれば

$$dS \geq \frac{\delta Q}{T} \qquad \text{(等号：可逆変化，不等号：不可逆変化)}$$

すなわち

$$T dS \geq \delta Q \qquad (6.62)$$

式（6.61）と式（6.62）より

$$T dS \geq dU + p dV, \qquad dU - T dS \leq - p dV$$

ここで，等温，$T =$ 一定とすると

$$d(U - TS) \leq - p dV$$

したがって，$F = U - TS$ であるから

$$dF \leq - p dV = - \delta W \qquad (6.63)$$

となる．この式は，可逆変化の場合，ヘルムホルツ関数の減少分 $-dF$ が可逆変化の際に得られる絶対仕事（最大仕事）δW に等しいことを表している．さらに，等積の条件 $dV = 0$ を代入すると

$$dF \leq 0 \qquad \text{(等号：可逆変化，不等号：不可逆変化)} \qquad (6.64)$$

すなわち，等温等積のもとでは可逆変化の場合，ヘルムホルツ関数の微分 dF はゼロであり，ヘルムホルツ関数 F は一定となる．また，等温等積のもとで不可逆変化が起こる場合にはヘルムホルツ関数の微分 dF は負，すなわち，ヘルムホルツ関数 F は必ず減少する．自然界の自発的な変化はヘルムホルツ関数 F が減少する方向に起こるということができる．

6.9.3　等温等圧変化とギブス関数

開いた系の熱力学の第一法則の式は

$$\delta Q = dH - V dp \qquad (6.65)$$

ただし，運動エネルギーおよび位置エネルギーの変化は無視している．一方，熱力学の第二法則から

$$dS \geq \frac{\delta Q}{T} \qquad \text{(等号：可逆変化，不等号：不可逆変化)}$$

すなわち

$$T dS \geq \delta Q \qquad (6.66)$$

式（6.65）および式（6.66）から

$$T dS \geq dH - V dp, \qquad dH - T dS \leq V dp$$

ここで，等温，$T =$ 一定とすると

$$d(H - TS) \leq V dp$$

$G = H - TS$ であるから

$$dG \leq V dp = - \delta W_\text{t} \qquad (6.67)$$

となる．この式より，可逆変化の場合，ギブス関数の減少分 $-dG$ がちょうど可逆変化の場合の工業仕事（最大仕事）δW_t に等しくなることがわか

る．さらに，ここで定圧の条件 $dp = 0$ を代入すると，

$$dG \leq 0 \qquad (\text{等号：可逆変化，不等号：不可逆変化}) \quad (6.68)$$

すなわち，等温等圧下の可逆変化の場合にはギブス関数の微分 dG はゼロ，すなわちギブス関数 G は一定である．また，等温等圧のもとでは不可逆変化が起こる場合にはギブス関数の微分 dG は負となる．ヘルムホルツ関数の場合と同様に，不可逆変化を含む自然界に起こる変化では，ギブス関数 G は常に減少する．言い換えると，自然界の自発的な変化はギブス関数の減少する方向に起こる．これは，エントロピーという状態量を取り入れて定義されたギブス関数 G による熱力学の第二法則の別の表現に相当している．図 6.15 に，自然に起こる変化はギブス関数 G（ヘルムホルツ関数 F も同様）が減少する方向に進み，極小点で平衡状態となることを模式的に示した．

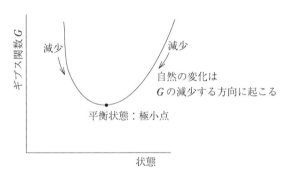

図 6.15 自然変化の進む方向と平衡

演 習 問 題

問題 6.1 ある系が状態 1 から状態 2 まで可逆断熱変化した．このとき，系のエントロピー変化に関する次の表現 (1)〜(4) のうち正しいものはどれか．
(1) エントロピー変化は正である，(2) エントロピー変化は負である，(3) エントロピー変化は温度変化に依存する，(4) エントロピー変化はゼロである

問題 6.2 温度 60℃ の水が圧力一定のまま温度 10℃ まで冷却された．この変化を可逆変化と見なし，水の比エントロピー変化を求めよ．水の定圧比熱は 4.19 kJ/(kg·K) で一定とする．

問題 6.3 質量 8 kg の気体に温度 100℃ で一定のまま可逆的に 200 kJ の熱が加えられた．気体の比エントロピー変化を求めよ．

問題 6.4 温度 303 K，圧力 101 kPa，質量 5 kg の空気を一定圧力のもとで 1 MJ だけ加熱した．加熱後の空気のエントロピー変化を求めよ．ただし，空気を理想気体とする．また，空気の定圧比熱は 1.005 kJ/(kg·K) で一定とする．

問題 6.5 温度 400 K，質量 6 kg の空気を体積一定のもとで加熱したら，空気のエントロピーが 4 kJ/K だけ増加した．加熱後の空気の温度はいくらか．ただし，空気を理想気体とする．また，空気の定積比熱は 0.718 kJ/(kg·K) で一定とする．

問題 6.6　温度 600 K，質量 2 kg の空気が $TV^{n-1} = $ 一定（$n = 1.25$）のポリトロープ変化し，変化後の体積がもとの体積の 2 倍になるまで膨張した．空気のエントロピー変化を求めよ．ただし，空気は理想気体とする．また，空気の定積比熱は 0.718 kJ/(kg·K)，比熱比は 1.4 でそれぞれ一定とする．

問題 6.7　定圧比熱 1.0389 kJ/(kg·K)，定積比熱 0.7421 kJ/(kg·K) で一定のある理想気体が，0.4 MPa，311 K の初状態から 0.20 MPa，277 K の終状態まで可逆的に変化した．理想気体の比エントロピー変化を求めよ．理想気体のガス定数は 0.2968 kJ/(kg·K) とする．

問題 6.8　温度 800 ℃，質量 2 kg の金属片を温度 20 ℃，質量 200 kg の水に浸して急冷したら，ある温度で熱平衡に到達した．水の蒸発も熱損失もないものとして，金属片および水からなる系全体のエントロピー変化を求めよ．ただし，金属片の比熱は 0.5 kJ/(kg·K)，水の比熱は 4.19 kJ/(kg·K) でそれぞれ一定とする．

問題 6.9　温度 25 ℃で一定の室内から壁を通して温度 10 ℃で一定の外気に 2000 W の熱が逃げている．室内と外気からなる系全体のエントロピー変化を求めよ．

問題 6.10　以下のAおよびBはそれぞれ温度一定の高温熱源から低温熱源への伝熱過程を示す．伝熱過程AおよびBの不可逆性の大小について考察しなさい．

A：1000 K の高温熱源から 300 K の低温熱源へ毎秒 100 kJ の熱が移動している

B：500 K の高温熱源から 300 K の低温熱源へ毎秒 100 kJ の熱が移動している

問題 6.11　純物質が蒸発あるいは凝縮するとき温度および圧力は一定に保たれる．このような等温・等圧下の可逆変化では比ギブス関数 g の変化（微分）dg はゼロであることを示しなさい．

7 実在気体とその性質

　理想気体は，すべての温度，圧力および比体積の範囲で，気体状態で存在すると仮定している．しかし，実際の物質は，温度，圧力および比体積によって，**固体**（solid），**液体**（liquid），**気体**（gas, vapor）の三態のいずれかで存在する．このような実際の物質の気相域をここでは理想気体と区別して**実在気体**（real gas）とよぶ．**蒸気**（vapor）とよばれる気体はすべて実在気体である．水から水蒸気が立ち上るときなど，水蒸気と低温の空気に触れて液化した水の水滴を含めて蒸気とよばれることが多い．本章はおもに実在気体の性質および気体と液体が共存する気液飽和状態の性質について解説する．

7.1　理想気体と実在気体

　大きさも分子間力ももたない完全弾性球体の理想気体と実在気体はずいぶん異なる．実在気体は，大きさをもち，分子間力があり，完全弾性体ではなく，球でもない．しかしながら，十分低い圧力状態，あるいは高温状態において十分大きなエネルギーをもって空間を飛び回っている場合には実在気体も理想気体に近い振る舞いをする．

　実在気体の性質は，理想気体の性質からなめらかに連続しているので，理想気体の状態式（状態方程式）を変化した分だけ補正することで実在流体の性質を表現することができる．それが以下の**ビリアル状態式**（virial equation of state）である．

$$\frac{pv}{RT} = z = 1 + B\rho + C\rho^2 + \cdots \tag{7.1}$$

ここで，p は圧力，v は比体積，R は気体定数，T は温度，z は**圧縮係数**（compressibility），ρ は密度である．また，B を**第2ビリアル係数**（second virial coefficient），C を**第3ビリアル係数**（third virial coefficient）とよぶ．

　式（7.1）は，圧縮係数 z が1であるときに理想気体の状態式となる．右辺第2項目以降で理想気体の式を補正することにより実在気体を表現している．第2項目は2分子間に働く力を補正し，第3項目は3分子間に働く力を補正している．これらの分子間相互作用として働く力を表現する分子間ポテンシャルモデルから理論的にビリアル係数を導くこともできる．式（7.1）からわかるように，実在気体も密度がゼロに近づくと理想気体の挙

動に近づく．この状態を理想気体状態とよぶ．実際には第3項までを熱力学性質の実測データに相関することで，実用的には実在気体を表現することができる．

実在気体は液体や固体の状態に変化する**相変化**（phase change）があり，液体や固体の状態と気体の状態が共存する**飽和状態**（saturation state）を扱う必要が生じる．したがって，理想気体と比べて実在気体の扱いはかなり複雑になる．

さらに実際の流体は空気や海水のようにほとんどの場合に**混合物**（mixture）で存在する．純物質は，同じ種類の分子のみで構成された物質であるが，これに対して，混合物は異なった種類の分子で構成される．2種類の分子で構成される混合物を2成分系混合物，3種類の分子で構成される混合物を3成分系混合物，それらを総称して多成分系混合物とよぶ．一般に地球上にある物質は多成分系混合物で構成されることが多い．このように実在気体では物質の違いも問題になる．多成分系混合物の性質を求めるためには，その自由エネルギーが各成分および各相の物質すべてで等しい値をもつなど複雑な高次元問題を解く必要があるが，本書では基礎的な事項のみを紹介する．

7.2 物質の状態変化

実在気体を，密閉した容器に入れて温度を下げるとともに，圧力を上げていくと，図7.1のように気体と液体に相が分かれる状態が出現する．

実在気体が，液体や固体になる境界を図7.2に示した．(a)は水の場合を，(b)は水以外の一般的な場合を示す．気体が液体に相変化することは**凝縮**（condensation），液体が気体に相変化することは**蒸発**（evaporation）とよばれる．その境界は**飽和蒸気圧力曲線**（saturation curve, vapor-pressure curve）であり，その高温側の端が気相と液相の境がなくなる**臨界点**（critical point）となっている．臨界点の温度よりも高温あるいは臨界点の圧力よりも高圧の気体は密度が連続的に大きくなっていつのまにか液体となるが，臨界点より低温あるいは低圧の場合は気体が液体に，あるいは液体が気体に相変化して，図7.1のような**気液平衡状態**（vapor-liquid-equilibrium, VLE）となる．すなわち，図7.1は図7.2の飽和蒸気圧力曲線上の液体と気体の様子である．このときの気体は**飽和蒸気**（saturated vapor）とよばれ，液体を**飽和液体**（saturated liquid）とよばれる．

液体が固体に相変化することを**凝固**（freezing）あるいは固体が液体に相変化することを**融解**（melting）とよぶ．これらも同じ1本の飽和曲線で表すことができる．この融解（凝固）曲線は，三重点（triple point）で飽和蒸気圧力曲線と交わっている．水の場合の図7.2(a)ではこの融解曲線が高圧になるほど低温側に傾いているが，水以外の場合の図7.2(b)では，

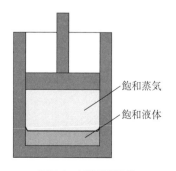

飽和蒸気
飽和液体

図7.1 気液平衡状態

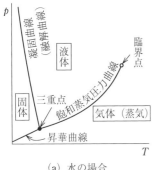

（a）水の場合

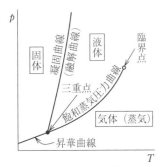

（b）水以外の場合

図 7.2　純物質の三態（気体・液体・固体）の境界線

　2019 年 5 月の国際単位系 SI における 4 つの基本単位 kg（キログラム），A（アンペア），mol（モル），K（ケルビン）の定義変更により，K はボルツマン定数 k を単位 J/K で表したときに，その値が厳密に 1.380649×10^{-23} となるように定義され，水の三重点は厳密に $0.01℃ = 273.16$ K ではなくなった．一方で，セシウム温度 $t[℃]$ と熱力学温度 $T[K]$ の関係は，これまでと同じ $T = t + 273.15$ である．

高温側に傾く．スケート靴で氷を踏むと踏まれた氷は圧力が高くなるために水に相変化する．したがって，氷上は滑りやすくなると理解することができる．

　さて，たとえば図 7.1 においてさらに温度を下げると，液体が凝固して一部が固体に相変化する．このとき，容器内には気体と液体と固体が同時に存在することになる．この状態が**三重点**である．この三重点では，わずかな温度変化が生じようとすると三態間相互に相変化が起こることから，非常に安定な温度場をつくることができる．

　固体が気体に相変化することを**昇華**（sublimation）とよぶ．昇華曲線は，飽和蒸気圧力曲線と融解曲線に三重点で交わっている．実在気体は，低温であっても圧力がゼロ（密度がゼロ）のときに理想気体状態となることからこの昇華曲線は図 7.2 の範囲を超えた左側の低温へと続いている．

7.3　理想気体・純物質・混合物の熱力学状態曲面

　上述の気体（気相），液体（液相），固体（固相）の三態（三相）の性質は，温度軸，圧力軸，比体積軸（比体積とは，1 kg あたりの体積のことである）を用いて表現すると，図 7.3 に示すような気体と液体からなる実在流体の 3 次元曲面と固体の 3 次元曲面の組合せで表現することができる．これらの曲面を**熱力学状態曲面**（thermodynamic surface）とよんでいる．比較のために理想気体の **p-V-T 状態曲面**（p-V-T surface）とその投影図を図 7.4 に示した．

　図 7.3 中の L と G は，それぞれ液体と気体を表し，S が固体を表している．L＋G で表現した領域は，その周囲の境界線上の飽和液体と飽和蒸気がある割合で共存している図 7.1 のような状態である．同様に S＋G および S＋L の二相共存領域が存在する．

　図 7.2 は，この熱力学状態曲面を圧力と温度の平面に投影した p-T 線図である．この他に，p-V 線図および T-V 線図を描くことができる．

　図 7.3 の投影図として示した p-T 線図は，図 7.2(b) に示した水以外の一般的な純物質の p-T 線図と同じものである．図 7.3 の L＋G の領域が p-T 線図では飽和蒸気圧力曲線として 1 本の曲線で表されている．純物質の場合，蒸発または凝縮は一定温度および一定圧力を維持しながら相変化する現象である．

　以上では，p-V-T 状態曲面を例として述べたが，比熱，音速，エンタルピー，エントロピーなどすべての熱力学性質は純物質であれば同じように 3 次元状態曲面で表現できる．

　さて，混合物になると，たとえば物質 A と物質 B のある割合（組成）ごとに状態曲面が存在し，その組成は連続して変化するので成分の数だけ次元（独立変数の数）が増える．一例として，2 成分系混合物の気液平衡状

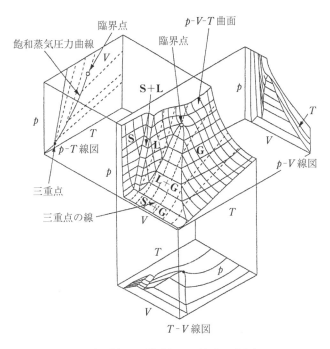

S（固体）, L（液体）, G（気体, 蒸気）

図7.3　一般的な純物質の p-V-T 状態曲面

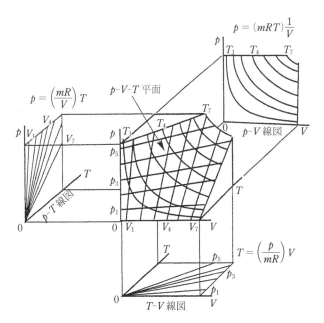

図7.4　理想気体の p-V-T 状態曲面（図 4.4 と同じ）

態について簡単に紹介する．混合物は，蒸発しやすい成分と蒸発しにくい
成分が異なる割合で蒸発することから，気液平衡状態を記述するためには
気相と液相の組成変化を含むかなり複雑な計算が必要となる．

　図 7.5(a) は，純物質の 1 本の飽和蒸気圧力曲線である．これに対して
2 成分系混合物ではあるひとつの組成の気体および液体について，気液平

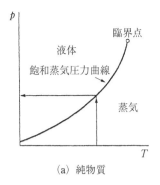

（a）純物質

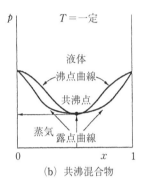

（b）共沸混合物

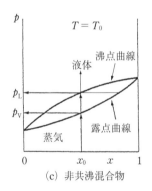

（c）非共沸混合物

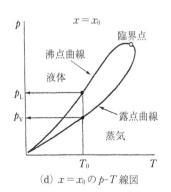

（d）$x = x_0$のp-T線図

図7.5　純物質と2成分系混合物
の気液平衡

衡を描くためには図7.5(d) のように液体が沸騰を始める沸点曲線と気体が凝縮を始める露点曲線に分ける必要が生じる．この2つの曲線に挟まれた領域では，成分物質の飽和蒸気と飽和液体の組成が逐次変化する．図7.5(d) の沸点曲線と露点曲線を温度T_0の断面で見た図の一例を図7.5(c) に描いた．ある温度T_0において，組成x_0の2成分系混合物の気体に圧力を加えていくと圧力がp_Vになったところで，気体の一部が液化して圧力がp_Vの沸点曲線上に示される組成の液滴（飽和液体）が生じる．その飽和液体はその後沸点曲線上の組成で圧力がp_Lになるまで変化する．同時に飽和蒸気は露点曲線上に組成変化しながら2相状態（気液平衡）が終結する圧力p_Lで消滅する．この圧力p_Lで混合物は最終的にすべて組成x_0の液体になり相変化が終了する．

　さて，2成分系混合物であっても物質の組合せにより，気液平衡状態が図7.5(b) のようになることがある．組成xが0と1ではない場所で，沸点曲線と露点曲線が接する場合は特殊である．この接した点の組成では，蒸気と液体が同じ組成で相変化することになり純物質と同じ扱いをすることができる．このような組成を共沸組成とよび，このような組成をもつ混合物を**共沸混合物**（azeotropic mixture）とよんでいる．そのほかの一般的な混合物は**非共沸混合物**（zeotropic あるいは nonazeotropic mixture）とよばれる．

7.4　相変化・飽和状態・相律

　物質の相がいくつか共存して平衡状態にあるとき，自由に選択できる示強性状態量の数，すなわち**自由度**（degree of freedom）はギブス（Gibbs）の**相律**（phase rule）によって決定される．示強性状態量は，温度，圧力，化学ポテンシャル，表面張力，組成，音速などである．自由度をF，相の数をP，混合物を構成する成分物質の数をCとすると，これらの間に次式が成り立つ．

$$F = C - P + 2 \tag{7.2}$$

　純物質では自由度を問題にするほど複雑な現象は少ないが，たとえば2成分あるいは3成分の多成分系混合冷媒を使用したエアコンのなかで，凝縮器，蒸発器など気液平衡が生じているような場合に，この相律を考えて自由に選択できる示強性状態量の数，すなわち自由度を知ることは状態を規定するために役立つ．

　式（7.2）による例を以下に紹介する．

（1）純物質の固相・液相・気相のどれか1つの相が単独に存在する場合
　$C = 1$（純物質，単一成分），$P = 1$（固相，液相，気相のうちのどれか1つ）を式（7.2）に代入すると，次式のように$F = 2$である．

コーヒーブレイク

物質の構造に関する探究 (4)

　ウィーン（Wien）は，1896 年に国立物理工学研究所を辞し，アーヘン大学，ギーセン大学を経て，ビュルツブルグ大学とミュンヘン大学の総長を務めた．陰極線，陽極線，X 線などの性質，理論物理学の方法論などに業績を上げ，物理学の発展に大きな貢献をした．1911 年，前述した熱放射に関するいろいろな発見の功績により，ノーベル物理学賞を受賞した．

　プランク（Plank）は，ミュンヘン大学に入学後，夏学期にベルリン大学に遊学し，ヘルムホルツ（Helmholtz），キルヒホッフ（Kirchhoff）の講義を聴講し，クラウジウス（Clausius）の論文を読む機会があり，その論文に触発されて熱力学の第二法則に関する理論問題を研究した．その後，量子論の研究を行い，1913 年からはベルリン大学学長を務めるなど多くの要職を歴任し，ドイツ科学界の興隆の中心的役割を果たした．1918 年ノーベル物理学賞を受賞している．

　また，ボルツマン（Boltzmann）は，気体分子運動論を完成させ，統計力学の基礎を確立した．1906 年アドリア海で自殺したが，鬱病であったこと以外に原因は明らかにされていない．ウィーン市にある墓石の胸像には「$S = k \log_e W$」のボルツマンの原理のエントロピー式が彫まれている．この式は，統計力学から導かれた熱力学第二法則の式であり，S はエントロピー，k は一般ガス定数をアボガドロ数（$6.02214076 \times 10^{23}$ mol^{-1}）で除した値でボルツマン定数（1.380649×10^{-23} J/K），W はとりうる状態の場合の数で，孤立系が内部エネルギー U をもったまま熱平衡状態にあるとき，この系のエネルギーの値が U 以下であるようなミクロ状態の数を表している．W が大きければ大きいほど S は大きく，安定な状態である．

　その後，アインシュタイン（Einstein，1921 年ノーベル物理学賞を受賞）の光量子，長岡半太郎らの原子模型，ラザフォード（Rutherford，1908 年ノーベル化学賞を受賞）の原子核の発見，ボーア（Bohr，1922 年ノーベル物理学賞を受賞）の電子仮説，シュレーディンガー（Schrödinger，1933 年ノーベル物理学賞を受賞）方程式，ハイゼンベルグ（Heisenberg，1932 年ノーベル物理学賞を受賞）の不確定性原理，その後の電子および原子核に関する多くの研究によって，量子力学は確立されていく．

　この物質探求の経緯に関心のある読者は関連図書を参照してほしい．重要な項目を挙げると，原子核の周りに電子が円運動または楕円運動をしていること，電子のもつエネルギー量の大きさによって運動する軌道が違うこと，原子核にもっとも近い軌道は楕円ではなく円であること，電子がエネルギーを獲得すると外の軌道へ移動し，エネルギーを放出すると内側の軌道に移動しこのとき光を発すること，電子の軌道移動は所有するエネルギーがプランク定数の整数倍になったときに生じ連続的ではないこと，この軌道をエネルギー準位で表すことなどがある．そして，湯川秀樹（1949 年ノーベル物理学賞を受賞）の中間子論，朝永振一郎（1965 年ノーベル物理学賞を受賞）のくりこみ理論なども大きな貢献をしている．メンデレーエフ（Менделеев）による周期律（周期表）は，原子の理解を深め，化学反応を説明するのに役立ち，さらに自然界にない新しい放射性元素を探し出すことにも役立った．

　アトム（atom，原子）という言葉は，古代ギリシャの哲学者デモクリトス（Demokritos）が物質はすべてアトムという不変の要素から成り立っているという仮説を立て，（a ＝ 不）＋（tom ＝ 分割）（分割不可能なもの）という意味で導入された．しかし，電子，原子核が解明されてくると，湯川秀樹による中間子論以来多くの中間子が発見され，これらを素粒子とよぶようになり，これらが基本粒子と考えられるようになった．しかし，現在では

これらの基本粒子はさらに分割され，クオークとレプトンが基本粒子とされている．レプトンは，軽い粒子という意味のギリシャ語から作られたが，電子，ニュートリノ，ミューオンなどがレプトン族の基本粒子であり，軽い粒子である．重い粒子は，ギリシャ語からバリオンとよばれ，陽子と中性子がこれに属する．バリオンは3個のクオークから成り立ち，バリオンとレプトンの中間にメソン（中間子）があり，中間子は2個のクオークから成り立っている．クオークが集まってバリオン（陽子と中性子）となり，バリオンが集まって原子核となり，原子核と電子（レプトン）が集まって原子となり，原子が集まって分子となり，分子が集まって物質ができている．

原子の大きさは，10^{-10} m 程度で，原子核の大きさは 10^{-15} m 程度である．10^{-10} m を 1 Å（発見者オングストレーム（Ångström）の名前からオングストロームスターと読む）という．オングストレームが太陽スペクトル線を測定したとき，この単位で波長を表したのが始まりである．1 Å $= 1.00001495(90) \times 10^{-10}$ m $= (1.00001495 \pm 0.00000090) \times 10^{-10}$ m である．

$$F = C - P + 2 = 1 - 1 + 2 = 2$$

すなわち，温度と圧力のように，2つの示強性状態量を決めて，はじめて状態が定まることを意味している．たとえば，圧力だけが決まっても，温度が変われば状態は変化するから，温度と圧力を同時に決めなければ状態点を確定することができない．

(2) 純物質の固相・液相・気相のうち任意の2相が相平衡状態で共存する場合

$C = 1$（純物質），$P = 2$（2相共存の場合）を式 (7.2) に代入すると，次式のように $F = 1$ である．

$$F = C - P + 2 = 1 - 2 + 2 = 1$$

すなわち，温度か圧力の一方を決めれば，状態を確定することができる．温度を決めれば，そのときの飽和蒸気圧力が物質の性質から決定され，飽和液体と飽和蒸気の気液共存状態が決定される．

(3) 純物質の固相・液相・気相の3相が共存する場合

$C = 1$（純物質），$P = 3$（3相共存で，三重点の状態という）を式 (7.2) に代入して，

$$F = C - P + 2 = 1 - 3 + 2 = 0$$

3相が同時に共存するときは，自由度が0であるから，支配できる（自由に選べる）示強性状態量は皆無であり，温度や圧力を選んで3相共存状態を作ることはできず，3相共存状態（三重点の状態）は物質の性質として一義的に決定されていることになる．

7.5 飽和状態と乾き度

たとえばあるボンベ内に純物質が液体で入っている場合を考えよう．液体が熱膨張するときには大きな力が発生するので，ガスボンベ内がすべて

液体で満たされることはとても危険である．そこで，ガスボンベ上部は必ず蒸気が存在するように，蒸気と液の2相状態で充填される．この状態の自由度は1であるので，ボンベ内部はその温度の飽和蒸気圧力となっている．基本的に，ボンベ内の物質は液を体積で半分充填すれば，ほぼ常に飽和状態にある．

さて，ボンベ内部にある純物質の2相状態の平均比体積 v は，純物質全体の質量を1kgとするとき，蒸気の質量が x[kg]，液の質量が $(1-x)$ [kg] であるとすると次式で与えられる．

$$v = (1-x)v' + xv'' = v' + x(v'' - v') \qquad (7.3)$$

ここで，v'' は飽和蒸気の比体積，v' は飽和液体の比体積である．

たとえば蒸気タービンの最終段で温度が下がり，飽和状態に入って蒸気が液滴を含む状態になる．このような蒸気は，飽和液体と飽和蒸気の混合物になっていると考えられ，**湿り蒸気**とよばれる．このような湿り蒸気の比内部エネルギー u，比エンタルピー h，比エントロピー s などの状態量は式（7.3）と同様に次のように求めることができる．

$$u = (1-x)u' + xu'' = u' + x(u'' - u') \qquad (7.4)$$

$$h = (1-x)h' + xh'' = h' + x(h'' - h') \qquad (7.5)$$

$$s = (1-x)s' + xs'' = s' + x(s'' - s') \qquad (7.6)$$

一般化して表現するならば，湿り蒸気の任意の状態量 ψ は，飽和液体の状態量 ψ' と飽和蒸気の状態量 ψ'' から質量比によって表される．飽和液体の質量を m'，飽和蒸気の質量を m'' とすると，飽和蒸気の質量比 $x = m''/(m'+m'')$ を**乾き度**（dryness）または**クオリティ**（quality）といい，湿り蒸気の状態量 ψ は次式によって表される．

$$\psi = (1-x)\psi' + x\psi'' = \psi' + x(\psi'' - \psi') \qquad (7.7)$$

湿り蒸気の状態量 ψ は，比体積，比内部エネルギー，比エンタルピー，比エントロピーなどの状態量に相当する．

7.6 クラペイロンの式

純物質の気体（蒸気），液体，固体の三態について，圧力–温度線図（p–T 線図）上に領域などとして示すと図7.2のとおりである．水と水以外の一般的な物質とでは，凝固曲線（融解曲線）の傾きが異なっている．この凝固曲線の傾きの違いは，物質の重要な熱力学性質の違いを表している．

クラペイロンは，液体と蒸気の共存状態について次式を導いた．

$$r = h'' - h' = T(v'' - v')\frac{dp_{\mathrm{s}}}{dT} \qquad (7.8)$$

ここで，r は**蒸発潜熱**（凝縮潜熱），h''，v'' はそれぞれ飽和蒸気の比エンタルピー，比体積であり，h'，v' はそれぞれ飽和液体の比エンタルピー，比体積であり，p_{s} は飽和蒸気圧力である．式（7.8）はクラペイロンの式と

よばれる.

固体と液体の共存状態についても式 (7.8) と同様, クラペイロンの式が成り立ち, 次式のとおりである.

$$r = h' - h^+ = T\,(v' - v^+)\frac{dp_s}{dT} \tag{7.9}$$

ただし, r は**凝固熱** (融解熱), h^+, v^+ はそれぞれ凝固固体の比エンタルピー, 比体積であり, h', v' はそれぞれ融解液体の比エンタルピー, 比体積であり, p_s は凝固圧力 (融解圧力) である.

図 7.2(a) の水では, $(dp_s/dT) < 0$ である. 式 (7.9) において, 融解の場合を考えると, 融解には加熱する必要があるから $r > 0$, よって $h' > h^+$, $v' < v^+$ となる. すなわち, 融解状態における氷の比体積 v^+ は水の比体積 v' より大きいことがわかる. このことは日常経験するところであるが, 容器に閉じ込めた状態 (定積変化) で冷却し氷ができ始めると, 氷の体積が水のときより大きくなるので容器の中に残っている水が圧縮され, 圧力が急激に増加する. 容器の破裂, パッキンの破損などにつながるので, 注意を要する.

一方, 図 7.2(b) の一般の物質では, $(dp_s/dT) > 0$ であるから, $h' > h^+$, $v' > v^+$ となる. すなわち, 融解によって固体が液体になると体積は増加することがわかる.

7.7　ファン・デル・ワールスの状態式

分子は電子の負電荷と原子核の正電荷の釣合いで電気的には, 正負の釣合いがとれている. しかし, 分子の外周は負電荷で囲まれているから, 分子と分子が接近すると, 分子間に負電荷と負電荷のクーロン力が働き, 斥力が生じる. 分子どうしが離れていれば, このクーロン力は弱まり分子と分子の間に働いている引力が強くなる. このような斥力と引力の作用による分子間力, あるいは分子間ポテンシャルは, 同じ分子間に働く純物質と異種分子間に働く場合も考慮する必要がある混合物とでは扱いが異なる. また, 純物質についても, 分子の大きさ, 形, 重心の位置などにより物質ごとに異なっている.

気体状態にある分子については, 分子の運動量変化は圧力に関係し, ポテンシャル (位置エネルギー) は体積に関係し, 運動エネルギーは温度に関係することが知られている. したがって, 分子が運動しているという事実から, 圧力, 体積, 温度の間にその運動を支配する関係が存在することになり, 圧力 p, 体積 V, 温度 T の間の関係, すなわち p-V-T 関係 (p-V-T 性質) がそれを表している.

実在気体と液体を含めた実在流体の p-V-T 曲面は物質ごとに異なっている. p-V-T 曲面を表す式を熱力学状態式 (熱力学状態方程式), あるい

は単に状態式という．状態式は，ヘルムホルツ関数（自由エネルギー）F を比体積 v（またはモル体積 V，密度 ρ）と温度 T の関数として表したもの，ギブス関数 G を圧力 p と温度 T で表したもの，圧力 p を比体積 v（またはモル体積 V，密度 ρ）と温度 T で表したもの，比体積 v（またはモル体積 V，密度 ρ）を圧力 p と温度 T で表したものなどがある．一般的に実在流体の状態式は熱力学状態量の実測結果に基づいて，物質ごとにその実測値をよく再現できるように作成されている．

　一方で，実在流体の状態式は経験式であるが，その状態式を構成している自由エネルギーや温度，密度といった熱力学状態量だけではなく，比熱や音速，比エンタルピーや比エントロピーなどのすべての熱力学状態量を正確に表現できていなければ，状態式としての完全な役割を果たしていないということになる．各種の熱力学状態量は，7.8 節に紹介する熱力学関係式によってお互いに関係づけられている．すなわち，状態式を熱力学状態量の実測値に基づいて作成する場合に，その状態式に使用されている変数（熱力学状態量）以外の熱力学状態量を正確に再現して，さらに臨界点や飽和状態の条件など実在流体が備えるべきすべての条件を満たすように作成されなければならない．

　実在流体の挙動を 1 つの状態式の形にはじめて表現したのは，ファン・デル・ワールス（van der Waals）であった．1873 年に学位論文「気体と液体の連続性について」と題して作成した状態式は，きわめて簡便な関数形で液体域から蒸気域までの実在流体の熱力学挙動（熱力学状態曲面）を，定性的な意味で正確に表現している．

　ファン・デル・ワールスの状態式は次の関数形で表現される．

$$\left(p + \frac{a}{V^2}\right)(V - b) = RT \tag{7.10}$$

上式を理想気体の状態式と比較すると，圧力 p と体積 V を補正した式になっていることがわかる．

　圧力 p を圧力計で測定した値とする．この圧力は，分子が容器の器壁に衝突して作用する単位面積あたりの力である．この器壁面の分子は壁面から離れた容器内部の分子より，分子が器壁に衝突する際に，壁と反対側にあるほかの分子によって後方に引かれる分，内部の分子が受ける圧力よりも小さいはずである．

　分子が器壁に衝突する際に，ほかの分子によって後方に引かれる力の強さは，後方にある分子数に比例して増加し，同時に分子間の距離に逆比例して減少する．分子数は，モル体積 $V\,[\mathrm{m^3/mol}]$ に逆比例するから，$1/V$ に比例する．また，分子間の距離は，体積が大きくなれば離れ，分子間の距離が小さくなれば衝突回数は増加し圧力が増加するから，結局圧力への効果は $1/V$ に比例する．

　すなわち，この両者の作用が圧力の修正項と考えられ $1/V^2$ に比例した

補正を圧力項に行った．すなわち，器壁から離れた内部における圧力は $p + (a/V^2)$ となる．

　また，体積は分子が自由に運動する有効体積と考えると，分子自身の体積分 b を差し引く必要があり，状態式には V のかわりに $(V - b)$ を使用する．

　こうして理想気体の状態式を補正した式が，式（7.10）である．式（7.10）を圧力 p について書き直すと次式のようになる．

$$p = \frac{RT}{V - b} - \frac{a}{V^2} \tag{7.11}$$

式（7.11）は実在流体の熱力学状態量を定量的に正確に再現するものではないが，分子間力を定性的に表現することに成功している．すなわち，右辺第 1 項は体積の補正から斥力項として働き，右辺第 2 項は前述のとおり引力項として働く．この斥力項と引力項をより実在流体の実測値を再現するように修正した式がその後研究され，クラウジウスの状態式，ベルテロートの状態式，レドリッヒ-ウォン状態式（R-K 状態式），ソアベ-レドリッヒ-ウォン状態式（S-R-K 状態式），ペン-ロビンソン状態式（P-R 状態式），カーナハン-スターリン-デサンティス状態式（C-S-D 状態式）などいろいろな状態式が報告されている．

　式（7.11）を，V について整理すると次式が得られる．

$$V^3 - \left(\frac{RT}{p} + b\right)V^2 + \frac{a}{p}V - \frac{ab}{p} = 0 \tag{7.12}$$

上式は，次に示す図 7.6 の pV 線図上で 3 次式として表され，等圧の条件で等温線上に C 点以上の高圧では 1 実数解（1 実根），C 点より低圧では a，c，e 点の 3 実数解（3 実根）が得られる．C 点以上の高圧では，1 実数解は気体から液体に蒸発や凝縮することなく連続して熱力学状態量が変化する超臨界域の流体を表現し，3 実数解の範囲ではひとつの解が飽和蒸気の，もうひとつの解が飽和液体の熱力学状態量を表すことで臨界点以下の流体の挙動を表現している．このように体積の 3 次式によって，気体と液体の連続的な状態曲面を表現することができる．このような状態式を **3 次状態式**（cubic equation of state）とよんでいる．

　式（7.12）に純物質の臨界点の条件を適用すると，次のように定数係数のみの状態式が得られる．

$$\left(p_r + \frac{3}{V_r{}^2}\right)\left(V_r - \frac{1}{3}\right) = \frac{8}{3} T_r \tag{7.13}$$

ただし，換算圧力（対臨界圧力）$p_r = p/p_c$，換算温度（対臨界温度）$T_r = T/T_c$，換算体積（対臨界体積）$V_r = V/V_c$ であり，また臨界点の条件とは，式（7.12）が臨界点において，以下の関係を満たすことである．

$$p_c = p(V_c, T_c), \quad \left(\frac{\partial p}{\partial V}\right)_{T = T_c} = 0, \quad \left(\frac{\partial^2 p}{\partial V^2}\right)_{T = T_c} = 0 \tag{7.14}$$

式（7.13）には物質特有の値である分子量が含まれていないことから，いかなる物質も臨界状態量で除した換算状態量で整理すると，異なる実在流体が同じ状態式で表されることになる．ここで，換算状態量は単位をもたない無次元量である．このように臨界状態量で除すことにより，物質に依存しない状態式が成立して，各物質の状態量が表現できることを，**対応状態の法則**（law of corresponding state），あるいは，**対応状態原理**（principle of corresponding state）とよぶ．物性値が不明な場合に推算するときのひとつの手がかりになる重要な法則である．

図7.6は，式（7.13）を p_r-V_r 線図として示している．同図において，点Cは臨界点（$p_r = 1$, $V_r = 1$, $T_r = 1$）を表している．破線で示されているのが，飽和限界線である．飽和限界線に囲まれた内側が，湿り蒸気域である．この湿り蒸気域において，$T_r = 0.9$ の換算等温線が示している斜線部分は，マックスウエルの等面積則を図示したものである．すなわち，

コーヒーブレイク

ファン・デル・ワールスの状態式

　ファン・デル・ワールスは，ライデン大学に学び，クラウジウスの分子運動論に触発された．二酸化炭素の p-V-T 関係を実験的に研究し臨界温度を発見していたアンドルーズ（Andrews）の実験結果を使用して，分子論的に説明することを試みた結果，物質の気体と液体の状態に本質的な違いがないという考えに達し，1873年に前述の学位論文をまとめ，実在流体の状態方程式を示した．当時はすでに分子運動論がよく知られていたが，集団的な分子効果を示すという点で先駆的な研究であった．1877年にアムステルダム大学が設立されると，物理学の教授となった．状態方程式に関する対応状態の法則によってデュワー（Duwar, 魔法びん（デュワーびん）の発明者）の水素液化やカメリン・オンネス（Karmerlingh Onnes）のヘリウム液化に影響を与えるなど，低温物理学が開かれるきっかけともなった．1910年には，液体および気体の物理学的状態に関する研究に対して，ノーベル物理学賞が与えられた．

　一方，カメリン・オンネスは，ファン・デル・ワールスの状態式研究およびローレンツ電子論の実験的検証を目的として低温における研究を行った．1894年ライデン大学の附属低温研究所としてカメリン・オンネス研究所を創設し，多量の液体空気（1904年），液体水素（1906年）を作り，1908年はじめてヘリウムの液化に成功した．ヘリウムはそれまで液化されていない唯一の物質であったが，ヘリウムの液化によってすべての物質に飽和現象があり，臨界点の存在することが実験的に証明されることになった．さらに，液体ヘリウムを用いて極低温における物性研究を行い，1911年に超伝導現象を発見した．低温物理学を開拓したこれらの業績によって1913年ノーベル物理学賞を受賞した．

　さらに，カメリン・オンネスは，1909年にエンタルピー（$H = U + pV$）を「温まる」という意味のギリシャ語 enthalpein にちなんで命名し，この状態量を定義した．

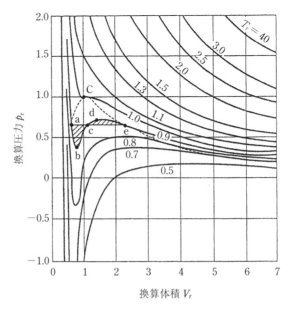

図7.6 ファン・デル・ワールスの換算状態式

面積 abca と面積 cdec を等しくする直線 ace に沿って，蒸発または凝縮の状態変化が起こっていることを示している．式 (7.13) は曲線 abcde を描くが，状態は直線 ace と変化するのである．

　この飽和におけるマックスウエルの等面積則は，純物質の蒸発・凝縮変化が等温・等圧 $(dT = 0,\ dp = 0)$ で行われることから，温度と圧力を独立変数とするギブス関数 $G = H - TS$ を用いて $G' = G''$ という関係から誘導される．ただし，G' は飽和液体の，G'' は飽和蒸気のギブス関数である．

▌7.8　熱力学の一般関係式

　熱力学状態量の種類は多く，それらの間の関係式も多い．ここでは，それらのなかで代表的な関係式を紹介する．

　まず，エネルギー関数として，内部エネルギー U，エンタルピー H，ヘルムホルツ関数（ヘルムホルツの自由エネルギー）F，ギブス関数（ギブスの自由エネルギー）G の4つの微分関係式を求める．

$$H = U + pV, \quad 微分して \quad dH = dU + pdV + Vdp$$

$$\therefore \ \delta Q = TdS = dU + pdV = dH - Vdp$$

すなわち

$$\therefore \ dU = TdS - pdV, \quad \therefore \ dH = TdS + Vdp \quad (7.15)$$

$$F = U - TS, \quad 微分して \quad dF = dU - TdS - SdT$$

$$\therefore \ dF = -SdT - pdV \quad\quad\quad\quad\quad\quad (7.16)$$

$$G = H - TS, \quad 微分して \quad dG = dH - TdS - SdT$$

$$\therefore \quad dG = -SdT + Vdp \tag{7.17}$$

式 (7.15)〜(7.17) より次の4式が得られる.

$$T = \left(\frac{\partial U}{\partial S}\right)_V = \left(\frac{\partial H}{\partial S}\right)_p \tag{7.18}$$

$$p = -\left(\frac{\partial U}{\partial V}\right)_S = -\left(\frac{\partial F}{\partial V}\right)_T \tag{7.19}$$

$$V = \left(\frac{\partial H}{\partial p}\right)_S = \left(\frac{\partial G}{\partial p}\right)_T \tag{7.20}$$

$$S = -\left(\frac{\partial F}{\partial T}\right)_V = -\left(\frac{\partial G}{\partial T}\right)_p \tag{7.21}$$

また, **マックスウエルの熱力学関係式** (Maxwell thermodynamics relations) は, 次のとおりである.

$$\left(\frac{\partial V}{\partial S}\right)_p = \frac{\partial^2 H}{\partial p \partial S} = \left(\frac{\partial T}{\partial p}\right)_S, \quad \left(\frac{\partial S}{\partial p}\right)_T = \frac{\partial^2 G}{\partial p \partial T} = -\left(\frac{\partial V}{\partial T}\right)_p,$$

$$\left(\frac{\partial p}{\partial T}\right)_V = \frac{\partial^2 F}{\partial V \partial T} = \left(\frac{\partial S}{\partial V}\right)_T, \quad \left(\frac{\partial T}{\partial V}\right)_S = \frac{\partial^2 U}{\partial S \partial V} = -\left(\frac{\partial p}{\partial S}\right)_V$$

$$\tag{7.22}$$

以上の熱力学関係式から, ジュール-トムソン係数や音速などの熱力学性質が下記のように関係づけられる.

ジュール-トムソン係数 μ (Jule-Thomson coefficient) は次式によって定義される.

$$\mu = \left(\frac{\partial T}{\partial p}\right)_H = \frac{1}{c_p}\left[T\left(\frac{\partial V}{\partial T}\right)_p - V\right] \tag{7.23}$$

音速 w (speed of sound) は次式によって定義される.

$$w = \sqrt{\left(\frac{\partial p}{\partial \rho}\right)_S} = \sqrt{\frac{c_p}{c_V}\left(\frac{\partial p}{\partial \rho}\right)_T} \tag{7.24}$$

状態式がヘルムホルツ関数 $F = F(V, T)$ で表されたとする. 独立変数は V と T であるから, そのほかの状態量は次のように求めることができる.

圧力:
$$p = -\left(\frac{\partial F}{\partial V}\right)_T \tag{7.25}$$

エントロピー:
$$S = -\left(\frac{\partial F}{\partial T}\right)_V \tag{7.26}$$

内部エネルギー:
$$U = F - T\left(\frac{\partial F}{\partial T}\right)_V \tag{7.27}$$

エンタルピー:
$$H = F - T\left(\frac{\partial F}{\partial T}\right)_V - V\left(\frac{\partial F}{\partial V}\right)_T \tag{7.28}$$

7.9 熱力学状態式（熱力学状態方程式）

ファン・デル・ワールスの状態式は，流体の熱力学状態量を定性的に正確に表現しているけれども，実際に使える定量的な信頼性をもってはいない．また，ファン・デル・ワールスの状態式は圧力を温度と体積で，気体と液体の全流体域を表現しているが，自由エネルギーをはじめエンタルピーやエントロピーなどの熱力学状態量を計算するためには積分操作が必要になる．したがって積分定数を決定しなければならない．そこで，一般には微分操作のみですべての熱力学状態量を誘導することができ，そして，全流体域をひとつの関数形で表現できる換算ヘルムホルツ関数を換算温度と換算密度で表した状態式が使われている．

この換算ヘルムホルツ関数として高精度で実用的な状態式を世界で最初に完成させたのは 1969 年のキーナン（Keenan）らの水および水蒸気の状態式であろう．以下に一例として水および水蒸気に関する国際状態式を紹介する．水および水蒸気に関する熱物性値は，蒸気タービンの設計・製作および運転に必要な情報であり，1929 年にロンドンで第 1 回国際蒸気表会議が開催されて以来，現在でも**国際水・蒸気性質協会**（IAPWS，International Association for the Properties of Water and Steam）がその国際標準を決めている．1995 年の**一般並びに科学計算用国際状態式**（IAPWS-95）は，係数が 50 以上の複雑な関数形をもつ換算ヘルムホルツ関数を表す状態式である．この状態式は実用に際して計算時間がかかりすぎるという理由から，IAPWS-95 を再現する状態式を限られた領域ごとに作成し，それらを組み合わせた **IAPWS 実用国際状態式**（IAPWS-IF 97，IF 97）の開発が行われ，工業上の水および水蒸気の国際標準となった．IF 97 に基づいて各国から蒸気表が出版され，日本では，日本機械学会から 1999 蒸気表が出版されている．

7.10 蒸気表（物性値表）と状態図

実在気体の熱力学状態量を状態式から計算するにはプログラミングが必要であるが，多くの物質について既に蒸気表や流体熱物性値表として計算結果がまとめられている．最近では，インターネット上で熱物性計算ソフトウェアが公開されていることから，それらを用いることもできる．たとえば，米国商務省の標準・技術研究所（NIST，National Institute of Standard and Technology）が提供するホームページを利用すれば，純物質の最新かつもっとも信頼できる熱力学状態量を容易に計算することができる．URL は次のとおりである．

http://webbook.nist.gov/chemistry/fluid/

米国商務省の熱物性計算ソフトウェアは国際標準あるいはそれに近い最新の値を常に提供している.

重要な熱物性値を求めるときは常に最も信頼できる状態量を使おうと心掛けることが重要である. また, ソフトウェアを利用する場合も, 誰の状態式で計算しているのかなど原典を併せて引用するように心掛けたい.

以下に巻末に収録した水および水蒸気の熱力学状態量表, 冷媒 R 410 A の飽和表と圧力-エンタルピー線図（p-h 線図）, そして, 二酸化炭素の飽和表および圧力-エンタルピー線図（p-h 線図）を紹介する.

7.10.1 水および水蒸気の熱力学状態量

水および水蒸気に関しては, 前節で紹介した日本機械学会 1999 蒸気表の飽和表（温度基準）および（圧力基準）, そして圧縮水および過熱蒸気表の抄録を巻末に付表 1 〜 3 として収録した. これらの熱力学状態量は IAPWS 実用国際状態式（IAPWS-IF 97, IF 97）を用いて計算したものである. 電力業界をはじめ世界の火力発電・原子力発電の設計・製作そして運用における国際標準である.

気液飽和状態は三重点温度 0.01 ℃ から臨界温度 373.946 ℃ までである. 飽和水, 飽和水蒸気, 圧縮水および過熱水蒸気の比体積, 比エンタルピー, 比エントロピーが 800 ℃, 100 MPa 以下の範囲に与えられている.

7.10.2 作動流体 R 410 A の飽和表（温度基準）と p-h 線図

冷蔵庫や冷凍機, そして空調機などで働く作動流体のことを冷媒とよんでいる. 塩素原子を含むフロンが成層圏オゾン層を破壊することが知られる前は冷媒といえばフロン（フルオロカーボンの日本語）であった. 冷蔵庫, 冷凍機, 空調機の作動原理は共通であり, ヒートポンプサイクルである. エアコンは暖房にも使われ, また, 給湯用のヒートポンプも一般的になってきたことから最近では冷媒よりは作動流体とよぶことがふさわしい.

R 410 A は, 成層圏オゾン層を破壊することがないように塩素原子を含まないフロン類の 2 成分系混合物である. すなわち, 質量分率で 50% ずつのジフルオロメタン R 32 とペンタフルオロエタン R 125 の混合流体である. エアコンの多くはこの R 410 A を作動流体として使用していた. 最近は, 地球温暖化への影響やエネルギー効率に配慮して, R 32 が作動流体として最も多く使われてきている. R 32 の熱力学状態量に関しては, 前述の米国商務省の熱物性計算ソフトウェアで計算することができる. オゾン層の破壊が知られる前は R 22 という純物質を用いていたが, R 410 A は 2 成分系混合物でありながら共沸混合物に近い, すなわち純物質に近い熱力学挙動を示すことから扱いやすい作動流体である.

巻末の付表 4 に R 410 A の飽和表（温度基準）を収録した. この飽和表では, R 410 A が 2 成分系混合物であるため, 各温度における飽和液体お

よび飽和蒸気の密度，比エンタルピー，比エントロピーのほかに各成分の組成 ξ が与えられている．ひとつの温度でも乾き度 q が異なると飽和蒸気圧力が変化するので飽和蒸気圧力が 6 個ずつ示されている．正確には，乾き度がゼロであるときは沸点であり，沸点曲線上の飽和液体の熱力学状態量と凝縮曲線上の飽和蒸気の熱力学状態量が示されている．また，乾き度が 1 であるときは露点である．

巻末の付図 1 に R 410 A の p-h 線図を掲載した．R 410 A は純物質に近い挙動を示すことから，純物質とほぼ同じ p-h 線図となっているが，厳密には飽和状態の等温線は圧力一定ではない．

7.10.3　二酸化炭素の飽和表と p-h 線図

二酸化炭素の固体はドライアイスである．保冷剤として使われることが多く固体から気体に相変化する昇華現象を見たことがあると思う．そして，地球温暖化に影響を及ぼす温暖化ガスとして，その大気中への排出が環境問題として取り上げられる．最近では，ヒートポンプの作動流体としても利用されている．特に給湯用ヒートポンプの作動流体として多く用いられている．巻末の付表 5，6 に二酸化炭素の温度基準および圧力基準の飽和表，付図 2 として二酸化炭素の p-h 線図を収録した．そして，熱利用に欠かせないヒートポンプサイクルを十分理解できるように，給湯用ヒートポンプの特性を付図 2 の二酸化炭素の p-h 線図により実在流体の熱力学状態量を用いることで解く例題を以下に収録する．

【例題 7.1】

自然冷媒二酸化炭素を用いた給湯器「エコキュート」は地球環境にやさしい自然冷媒（R 744 すなわち CO_2）を採用したヒートポンプで，90 ℃ 程度の高温沸上げが可能な高効率な給湯機である．

ここでは，初期モデルの一例を紹介する．1.21 kW の電力を消費して，4.5 kW（1 秒間に 4.5 kJ）の加熱能力で 65 ℃ のお湯を沸かすことができる．

効率＝出力エネルギー量（加熱能力）／入力エネルギー量（電力消費量）として計算すると 372% の効率ということになる．このように，冷蔵庫や空調機などヒートポンプサイクルを用いている機器は，効率が 100% 以上となり不自然なので，成績係数（Coefficient of Performance，略してCOP）を用いて，たとえば COP が 3.72 のヒートポンプであると表現しており，このエコキュートでは COP＝3.72 となる．

貯湯槽の容量は 370 L で，定格加熱能力は，外気温度 16 ℃，給水温度 17 ℃ のときに出湯温度 65 ℃ としている．

〈エコキュート(遷移臨界ヒートポンプサイクル)の構成要素〉
① 圧縮機：　電力を消費しながら作動流体を圧縮（断熱過程と仮定）．
② ガスクーラ：　一般のヒートポンプサイクルでは，凝縮器にあたる

部分. 一般のヒートポンプサイクルでは気液飽和状態で蒸気が潜熱を放出して液体になるが，遷移臨界ヒートポンプサイクルでは，気液臨界温度より高温の気体が熱を放出しながら配管内で（流れていくうちにいつのまにか液体になっているという）連続的にすべての気体が液体になる. すなわち潜熱放出ではなく顕熱放出になる. この作動流体から放出する熱でお湯を沸かし，顕熱放出であるので，等圧過程であっても作動流体の温度が大きく変化する.

③ 膨張弁： 高圧の液体を低圧の蒸発器に吹き出す. 作動流体は蒸発器に入ってから蒸発すると仮定（等エンタルピー過程とする）.

④ 蒸発器： 蒸発器内の圧力を飽和蒸気圧力として，その圧力に対応する飽和温度で液体の作動流体が周囲から熱を奪いながら蒸発（等圧等温過程）.

以下の問題 1) 〜12) に答えよ.

1) 二酸化炭素の p-h 線図（巻末の付図 2）にこの給湯器の理論サイクル（理論遷移臨界サイクル）を描け.

（a）大気との熱交換では，二酸化炭素の温度が大気温度より 10 ℃ 低いと仮定する.

（b）水との熱交換では，水温が常に二酸化炭素温度より 5 ℃ 低いことにする.

（c）二酸化炭素の圧縮機入口温度と蒸発器出口温度との差（過熱度）は 15 ℃ とする.

2) ここで圧縮仕事（圧縮機を回すために必要な消費電力）を図から読みとれ.

3) 加熱能力は何 kJ/kg か.

4) 2) と 3) の答えから理論 COP を求めよ.

5) カタログの COP と 4) の答えが異なる原因がすべて圧縮機にあるとして，実際の圧縮機に対応する過程を p-h 線図に破線（直線）で示せ.

6) 上記 5) の解を参考にして圧縮機の効率（システム効率）を求めよ.

7) 二酸化炭素の温度-エントロピー線図（T-s 線図）上に理論サイクルを描け. 必要な数値も記入せよ. そして，水の温度上昇のイメージを二酸化炭素の T-s 線図上に示せ. また，水の流れの方向も示せ.

8) 環境負荷を求めてみる. 都市ガスを用いて 100 % の効率で 370 L のお湯を沸かすと，どれぐらいの二酸化炭素（炭素換算量 kg-C で示せ）が出るであろうか？ 都市ガスの発熱量 10000 kcal/m³，炭素排出係数 0.5655 kg-C/m³ として計算せよ（1 kcal = 4.186 kJ，水の定圧比熱は 4.186 kJ/(kg·K) とする）.

9) 電力を利用するエコキュートの二酸化炭素排出量を求めて，8) の答えと比較せよ. 電力の炭素排出係数は 0.089 kg-C/kWh として計算せよ.

10) なぜガスでお湯を沸かす場合とエコキュートでお湯を沸かす場合と

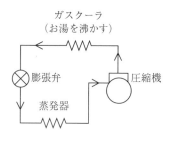

ガスクーラ
（お湯を沸かす）

膨張弁　　圧縮機

蒸発器

図 例題 7.1

で，二酸化炭素排出量に差が生じるか説明せよ．

11）住宅のエネルギー消費のうち，一次エネルギー換算で給湯が 33.8%，空調が 29.9% という 1999 年の統計がある．ヒートポンプの重要性について以上の解答から説明せよ．

12）電力需要端効率は約 35% といわれる．9)の炭素排出係数はこれを考慮した値である．ヒートポンプを用いるか，コージェネレーションでお湯を沸かすべきかが重要な課題と考えられるが，コージェネレーションとは何かを説明して，この課題について考えよ．

【解答 7.1】

1）p–h 線図上に理論サイクル（理論遷移臨界ヒートポンプサイクル）を下記の手順で描く．

①外気温度 16℃ の大気から熱を奪うために，条件（a）により蒸発器の二酸化炭素は 6℃ の飽和状態になる．6℃ の飽和蒸気圧力は 4.072 MPa である．図からは読めないので約 4 MPa が正解となる．蒸発器の線を薄く引いてみよう（まだ，始点は定まらない）．

②蒸発器を出た後，条件（c）により過熱度 15℃ の過熱気体となって圧縮機に入る．したがって，6℃ + 15℃ = 21℃，圧力は変わらず 4.072 MPa で圧縮機に入る．蒸発器の等圧線を 21℃ まで延ばす．

③圧縮機では，理想的には断熱圧縮（エントロピー一定で圧縮）される．21℃，4.072 MPa のエントロピー値は，約 1.9 kJ/(kg·K) である．ガスクーラでは，65℃ のお湯を沸かすために二酸化炭素の温度は 5℃ 高い 70℃ と仮定する．70℃ とエントロピー 1.9 kJ/(kg·K) の交点は約 7.6 MPa となる．等エントロピー線に沿って，圧縮機の線を 7.6 MPa まで引いてみよう．

④約 7.6 MPa の等圧線を，給水温度より 5℃ 高い 22℃ の温度まで引く．これがガスクーラの等圧線である．

⑤膨張弁は，等エンタルピー膨張と仮定する．したがって，ガスクーラの左端から真下に蒸発器まで線を引く．これが膨張弁の理論線である．

以上で，p–h 線図上にエコキュートのサイクル（理論遷移臨界ヒートポンプサイクル）が描けた．遷移臨界ヒートポンプサイクルとは，ガスクーラが臨界圧力よりも高圧で，圧縮機を出た後の過熱気体が相変化することなく，顕熱を放出しながら徐々に温度を下げて液体状態まで連続的に変化するサイクルのことである．

2）ここで圧縮機仕事を p–h 線図から読みとる．圧縮機の仕事は，圧縮機の入口と出口のエンタルピー差で与えられ約 27 kJ/kg である．

3）加熱能力が何 kJ/kg かを求める．二酸化炭素の圧縮機出口からガスクーラ出口のエンタルピー差として約 226 kJ/kg となる．

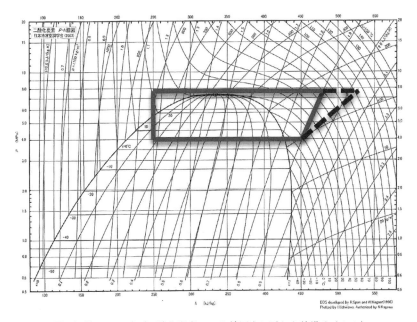

図 解答7.1の5）（二酸化炭素の p-h 線図上に示した給湯サイクル）

4）2）と3）の答えから理論 COP を求める．27 kJ/kg の仕事で，226 kJ/kg の加熱ができるので，成績係数 COP は 226/27 = 8.3 となる．

5）カタログの COP と4）の答えが異なる理由が圧縮機にあるとして，実際の圧縮機に対応する直線を p-h 線図に描く．実際のサイクルではさまざまな損失があり，特に圧縮機が断熱圧縮過程であるという仮定は実際ではありえない．圧縮機はかなり熱くなっている，すなわち外部への熱損失があるはずである．そこで，COP が3.72となる原因がすべて圧縮機にあると仮定すると，(226 + x)/(27 + x) = 3.72 で表現される x だけ圧縮機において大きな動力を消費していることになる．x = 46 kJ/kg となる．この分のエンタルピーを加えた線を p-h 線図に描く（上図）．

6）圧縮機効率を考える．理論 COP は8.3であるから，3.72/8.3 = 0.45，約45%となる．

7）温度・エントロピー線図上に理論サイクルを描く．そして，水の温度上昇に関しては横軸を無視して入口と出口の温度を直線で結び描いた（次ページの図．理想的には，常に作動流体と同じ温度差で温度上昇する伝熱形態である）．

8）環境負荷を求めてみる．都市ガスの発熱量 10000 kcal/m³，炭素排出係数 0.5655 kg-C/m³ として計算する（1 kcal = 4.186 kJ）．

$$\frac{0.5655\,\text{kg–C/m}^3}{10000\,\text{kcal/m}^3 \times 4.186\,\text{kJ/kcal}} = 0.0135\,\text{g–C/kJ}$$

$$(65 - 17)\text{K} \times 4.186\,\text{kJ/(kg·K)} \times 370\,\text{kg} = 74.3\,\text{MJ}$$

$$74.3\,\text{MJ} \times 0.0135\,\text{g–C/kJ} = 1.0\,\text{kg–C}$$

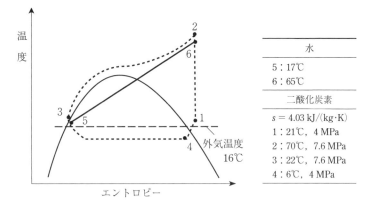

図　解答 7.1 の 7)（二酸化炭素の *T-s* 線図上に示した給湯サイクル）

よって 1.0 kg-C となる.

9) 200 V 電源を利用するエコキュートの二酸化炭素排出量を求め, 8) の答えと比較する.

$$COP = 3.72, \qquad 1\,kWh = 3600\,kJ$$

$$(0.089\,kg\text{-}C/kWh)/(3.72 \times 3600\,kJ/kWh) = 0.0066\,g\text{-}C/kJ$$

よって 0.49 kg-C となる.

10) なぜガスで 100% の効率でお湯を沸かす場合と, 電力でお湯を沸かす場合とで二酸化炭素排出量に差が生じるのか考える.

　熱エネルギーは温度に依存して有効エネルギーが決まる. 同じ熱量であっても, 高温であれば有効エネルギーは大きく, 低温であれば有効エネルギーは小さい. 給湯温度 65℃ の有効エネルギーはかなり小さい. 一方, 電気は 100% 有効エネルギーとして考えてよく, この例題の場合は電気の 3.72 倍の熱量を生産することが可能である. したがって, 電気を発生するための一次エネルギー資源消費量とガスの量を比較すると電気の方が少ない資源消費量なので二酸化炭素排出量に差が生じる.

11) ヒートポンプは, 少ないエネルギー消費で大気など低温の環境から熱を吸収し, 高温の大きな熱量を作ることができる. そこで住宅のエネルギー消費の 60% 以上を占める給湯および空調に直接ガスを燃やすより, 電力でヒートポンプを用いることで大きな省エネルギーが実現できる.

12) 電力需要端効率は約 35% といわれている. 9) で用いた炭素排出係数はこれを考慮した値である. ヒートポンプを用いるか, コージェネレーションでお湯を沸かすべきかが重要な課題と考えられる.

　電気を生産するときには必ず環境に熱を捨てている. 本来, 電気で熱を作るのは電気の有効な使用法ではない. 発電時に環境に捨てていた熱も利用（供給）すること, それがコージェネレーションである. コージェネレーションはエネルギー有効利用の重要な手段になる. 一方, 実際の熱と電力需要が量と時間と場所の問題からコージェネレーションを適切に使えない場合が存在する. したがって, 蓄熱設備も加えて実際には使用条件と設

備費や運転時の費用などについて十分な計算シミュレーションを行い，適
切なコージェネレーションシステムを導入することが大切である．　■

演 習 問 題

問題 7.1　アンモニアと水からなる 2 成分系混合物の液相と気相が共存する状態にある．この状態を記述するのに自由に選択できる示強性状態量の数（自由度）はいくらか．

問題 7.2　容積 6.00 m³ の容器に 50 ℃（323.15 K）の湿り水蒸気が 3.50 kg 入っている．巻末付表 1「水および水蒸気の飽和表（温度基準）」を用いて，湿り水蒸気の比体積，乾き度，エンタルピー，比エントロピーを求めよ．

問題 7.3　200 ℃（473.15 K），乾き度 0.800 の湿り水蒸気 1.00 kg を温度・圧力一定のまま蒸発させて飽和水蒸気とするのに必要な熱量を，巻末付表 1 を用いて求めよ．

問題 7.4　400 ℃，2.00 MPa の過熱水蒸気の比エンタルピー $h_1 = 3248.23$ kJ/kg，比エントロピー $s_1 = 7.1290$ kJ/(kg·K) である．この過熱水蒸気が蒸気タービンで圧力 0.101325 MPa（飽和温度 99.974 ℃，373.124 K）まで可逆断熱膨張して湿り水蒸気となった．巻末付表 1 を用いて，湿り水蒸気の比エンタルピー h_2 および蒸気タービンで発生する仕事量 w_t を求めよ．

問題 7.5　クラペイロンの式を利用して 90 ℃（363.15 K）および 180 ℃（453.15 K）における水の飽和蒸気圧力の温度に対する変化率（飽和蒸気圧力の温度勾配）を，巻末付表 1 を用いてそれぞれ求めよ．

8 各種サイクルとその性能

8.1 サイクル

　物体が状態変化を連続して行い，再びもとの状態にもどるとき，この変化の過程を**サイクル**（cycle）という．サイクルとは，荷車の車輪を語源とし，状態変化をしたのち最初の状態にもどるとともに，繰り返し同じ状態変化をすることによって，継続して動力（単位時間あたりの仕事量）を取り出すことができる状態変化の連続したものをいう．サイクルによって熱量を仕事量に変換するとき，圧力変化や体積変化を利用するが，そのためには物体として流体（気体または液体）が使われる．この流体を**作動流体**（working fluid）とよぶ．いま図 8.1 の p–v 線図の上で，状態が $1 \to 3 \to 2 \to 4 \to 1$ と変化したものとする（状態 1，2 は，それぞれ最小比体積，最大比体積の状態とする）．この過程を $1 \to 3 \to 2$ と $2 \to 4 \to 1$ に分け，状態変化 $1 \to 3 \to 2$ の p の変化を v の関数として $p = f_1(v)$，$1 \to 4 \to 2$ の p の変化を v の関数として $p = f_2(v)$ で表すものとする．

　熱力学の第一法則 $\delta q = du + pdv$（式 (5.8) に相当）を用いて，単位質量あたりで考える．過程 $1 \to 3 \to 2$ に沿って作動流体が状態変化を行ったとき，熱力学の第一法則のエネルギー関係式を積分すると，

$$q_a = \int_1^2 du + \int_{1(3)}^2 pdv$$
$$= u_2 - u_1 + \int_1^2 f_1(v)\,dv \tag{8.1}$$

同様に過程 $1 \to 4 \to 2$ に沿って積分すると，

$$q_b = \int_1^2 du + \int_{1(4)}^2 pdv$$
$$= u_2 - u_1 + \int_1^2 f_2(v)\,dv \tag{8.2}$$

したがって，

$$q_a - q_b = \left\{ u_2 - u_1 + \int_1^2 f_1(v)\,dv \right\} - \left\{ u_2 - u_1 + \int_1^2 f_2(v)\,dv \right\}$$
$$= \int_1^2 f_1(v)\,dv - \int_1^2 f_2(v)\,dv = w \tag{8.3}$$

すなわち，状態変化がサイクルの出発点に戻るとき，内部エネルギーは相

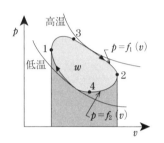

図 8.1　サイクル p–v 線図

　式 (8.3) の作動流体の単位質量あたりに対しては，小文字で量記号を表し
$$w = q_a - q_b$$
質量 m あたりに対しては，大文字で量記号を表し
$$W = Q_a - Q_b$$
などと表す．

　過程 $1 \to 3 \to 2$ に沿って作動流体が状態変化を行うとき，体積が増加する方向なので $dv > 0$ であるから，微小仕事 $pdv > 0$（$\because$ 常に $p > 0$）である．よって，周囲に仕事を発生する．

　過程 $2 \to 4 \to 1$ に沿って作動流体が状態変化を行うとき，体積は減少する方向なので $dv < 0$ であるから，微小仕事 $pdv < 0$（$\because$ 常に $p > 0$）である．よって，周囲から仕事を受けることになる．

　周囲に発生する仕事と，周囲から受ける仕事の差が，周囲に対してサイクルが発生する仕事である．

殺されて，供給熱量 q_a と放出熱量 q_b の差 $q_\mathrm{a} - q_\mathrm{b}$ は，仕事量 w に等しくなり，$w = \int_1^2 f_1(v)\,dv - \int_1^2 f_2(v)\,dv$ は $p\text{-}v$ 線図上の状態変化によって囲まれた面積で表されることになる．なお，このサイクルは高温，低温の 2 つの温度場の間で作動している．

このサイクルは $p\text{-}v$ 線図上で時計まわり方向の変化となっているが，これは熱の移動から仕事 w を発生する**熱機関**（heat engine）のサイクルである（図 8.2 では総熱量，仕事量として Q，W を使用している）．

このサイクルを反時計まわり方向の変化とすれば，仕事を与えて熱を移動する**ヒートポンプ**（heat pump）や**冷凍装置**（refrigerator）のサイクルとなる（図 8.2(b)）．ヒートポンプや冷凍装置のサイクルでは，低温側で作動流体の温度は低温側熱源よりさらに低くするので，低温側熱源より熱量 q_b を受け取り，高温側では作動流体の温度を高温側熱源より高くして高温側熱源に熱量 q_a を与えることができる．

これらの熱機関およびヒートポンプ・冷凍装置のサイクルの性能評価は次のように表される．

① 熱機関では，供給された熱量 q_a に対する仕事量 w の比率で表し，これを**熱効率**（thermal efficiency）η という．

$$\eta = \frac{w}{q_\mathrm{a}} = \frac{q_\mathrm{a} - q_\mathrm{b}}{q_\mathrm{a}}, \qquad \eta = \frac{W}{Q_\mathrm{a}} = \frac{Q_\mathrm{a} - Q_\mathrm{b}}{Q_\mathrm{a}} \tag{8.4}$$

② ヒートポンプや冷凍装置では，高温側か低温側の注目する熱量によって性能評価が異なる．ヒートポンプでは，供給した仕事量 w に対する高温側に移動する熱量 q_a の比率で表し，これを**成績係数**（coefficient of performance，COP）という．冷凍装置では COP の定義が異なり，供給した仕事量 w に対する低温側から汲み上げた熱量 q_b の比率で表す（右のコラム参照）．

サイクルでの状態変化の仕方には数多くの組合せが考えられるが，実際の効率的な機関として実現させるための制約もあり，この章で詳述するようないくつかのサイクルが知られている．

サイクルの名称は，

① 考案者の名称にちなむサイクル名（オットーサイクルなど）

② サイクルの状態変化の特徴からつけられたサイクル名（等積サイクルなど）

③ それぞれの実用機関の呼び名（ガソリン機関など）

による．

サイクルを構成するとき，高温熱源と低温熱源が必要であるが，熱機関では低温熱源として，無尽蔵に存在すると考えられる大気や海水を用い，高温熱源は燃料の燃焼の熱により与えられるのが通常である．とくに作動流体を空気として，これに直接，燃料を加えて燃焼させたのち，外気に作動流体を放出熱 q_b とともに排気して，再び，外気としての空気を作動流

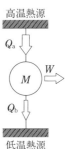

(a) 熱機関

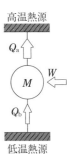

(b) ヒートポンプ（冷凍装置）

図 8.2 熱機関とヒートポンプ（冷凍装置）

COP

ヒートポンプの $(COP)_\mathrm{h}$ は供給した仕事量 w に対する高温側に移動する熱量 q_a の比率で，

$$(COP)_\mathrm{h} = \frac{q_\mathrm{a}}{w} = \frac{q_\mathrm{a}}{q_\mathrm{a} - q_\mathrm{b}}$$

$$(COP)_\mathrm{h} = \frac{Q_\mathrm{a}}{W} = \frac{Q_\mathrm{a}}{Q_\mathrm{a} - Q_\mathrm{b}}$$

冷凍装置の $(COP)_\mathrm{r}$ は供給した仕事量 w に対する低温側から汲み上げた熱量 q_b の比率である．

$$(COP)_\mathrm{r} = \frac{q_\mathrm{b}}{w} = \frac{q_\mathrm{b}}{q_\mathrm{a} - q_\mathrm{b}}$$

$$(COP)_\mathrm{r} = \frac{Q_\mathrm{b}}{W} = \frac{Q_\mathrm{b}}{Q_\mathrm{a} - Q_\mathrm{b}}$$

体として吸気し，そのサイクルを繰り返す場合には，このような熱機関を**内燃機関**（internal combustion engine）とよぶ．内燃機関とは，熱機関の内部で燃料を燃焼させる熱機関ということである．

8.2　ガスサイクルと蒸気サイクル

　熱機関では，仕事は圧力・体積の変化や流体の運動エネルギーで取り出されるが，このため，圧縮性の流体，すなわち，気体状態の作動流体が用いられる．

　ガスサイクル（gas cycle）では，サイクルでの作動流体の変化がすべてガスの状態で行われるが，**蒸気サイクル**（vapor cycle）では，作動流体は液体と気体の2つの相の間を変化してサイクルを行う．

　一般に気体は，低温では液体や蒸気の状態になるが，圧力（臨界圧力）によって，空気では132.5 K，二酸化炭素CO_2では304.2 K，アンモニアでは405.6 K 以下では，液体や蒸気の状態になることがある．

　熱機関を作動させるのに都合のよい温度，圧力，比体積が存在するが，サイクルの作動流体の状態が，気体のみか，2相状態を使用するかにより，ガスサイクルか蒸気サイクルかに分けられる．

　ガスサイクルの作動流体としては，酸素O_2，窒素N_2，水素H_2，空気，燃焼ガス（NO_2，SO_2，CO，CO_2など）などがあるが，これらの気体の状態変化は，① 理想気体の状態式$pv = RT$に従うとともに，② 比熱c_p，c_vを一定と仮定して，解析する．

　このうち，②の比熱は温度により変化するが，サイクルを吟味するときは，簡素化のため一定として扱い，必要に応じて作動する温度領域での平均比熱を使うこともある．

　ガスサイクルでは，サイクルを表現するのに，ピストン-シリンダで構成される体積型（密閉型）の機関では，p-v線図，T-s線図が用いられ，ガスタービンなどの開放型の熱機関ではp-v線図，h-s線図などが用いられる．

　これに対して，蒸気サイクルは，理想気体の状態式および比熱一定を適用できないため，状態量の変化は実験値に基づいた各物体の蒸気表（熱物性値表）を利用して算出する．

　代表的な水および水蒸気の状態量の値（熱物性値）は，1929 年以来国際的に統一した蒸気表にしたがうことになっているが，日本機械学会の蒸気表やモリエ線図（h-s線図）は最新の国際標準のものである．また，冷凍サイクルなどに使用される冷媒の熱物性値は，ISO（国際標準機構）によって統一の方向で検討されている．冷媒の熱物性値およびp-h線図などについては日本冷凍空調学会などで最新情報が入手できる．

　次にガスサイクルと蒸気サイクルにおける熱の供給の仕組みを考える．

「ガス」と「蒸気」の区別

　ガス：　気体状態であるが，温度を下げたり，圧力を高めたりしても液化しない状態にある場合，ガスとよび理想気体であると仮定して解析することができる．

　蒸気：　気体状態ではあるが，温度を下げたり，圧力を高めたりすると液化する状態にある場合，蒸気とよび理想気体の状態式は使用できない．

ガスサイクル

　ガスサイクル（理論サイクル）では
理想気体の状態式$pv = RT$が適用される．
比熱と比熱比$c_p, c_v, c_p/c_v = \kappa$が一定とする．
熱力学の第一法則
$$\delta q = du + pdv$$
$$\delta q = dh - vdp$$
熱力学の第二法則からのエントロピーの式
$$ds = \frac{\delta q}{T}$$
などが用いられる．断熱変化では$pv^\kappa =$一定が成り立つ．これらにより，理想気体の状態変化（等圧・等積・等温・断熱変化）および熱量q，仕事量wを表すことができる．

注意

　本章では，単位質量あたりの作動流体を考えたとき，v, u, h, q, sと小文字で表し，質量をmとしたとき，これらの値を，V, U, H, Q, Sなどと大文字で示す．

　ガスサイクル機関では，**外燃機関**（external combustion engine）と内燃機関がある．図8.3のように，周囲から熱を供給する機関を外燃機関という．この外部加熱方式は，加熱のための熱交換器が大きくなることや，熱の授与が時間的に緩慢なため，負荷の変化に追従しにくい欠点があるが，燃料として太陽熱・廃熱をはじめ多種の燃料・熱源を使用できる．他方，ガソリン機関のように作動流体そのものに燃料を投入する場合には，燃焼のために酸素を含む空気を用い，仕事を終えた後の燃焼ガスを周囲に排気する内燃機関方式となる．内燃機関の燃料は，すすなどが熱機関内に溜まると熱効率が悪くなるので，高級な燃料のみが使用される．

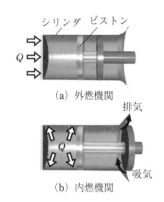

(a) 外燃機関

(b) 内燃機関

図8.3 外燃機関と内燃機関

　蒸気サイクル機関は，一般に外燃機関である．周囲からの加熱としてボイラで過熱蒸気を作り，膨張機であるタービンや往復シリンダにその蒸気を導き，ここで仕事をさせる．したがって，加熱部とは蒸気の通路で結ばれており，圧力損失を無視すれば加熱部とタービン・往復シリンダ入口間は等圧である．また，作動流体は仕事を終えた後，冷却することによりもとの液体状態にもどるため，普通はクローズドサイクルとして用いられる（蒸気機関車などはオープンサイクルである）．

　実際の熱機関では機関を構成する材料の制約があるため，種々の熱機関は，図8.4に示される温度，圧力の範囲で使用されている．中空の線で示す外燃機関に比べると，太い実線で示す内燃機関方式の**往復式ピストン機関**（reciprocating piston engine）は間欠的にしか高温とならないので最高温度を高くすることができる．

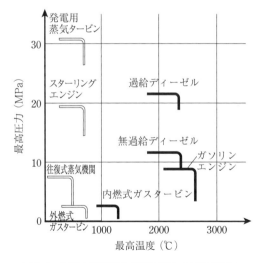

図8.4 実際の熱機関の最高温度および最高圧力

8.3 ガスサイクルとその性能

　熱機関のガスサイクルとして，オットーサイクル，ディーゼルサイクル，サバテサイクル，ブレイトンサイクルなどが実用化されている．実際の熱機関では，燃焼による作動流体のモル数の変化などの不可逆変化，機関の運動部分の摩擦や流動時の渦の発生による損失，壁を通しての熱損失等による不可逆変化がある．理論サイクルとしては，これらの損失のない理想的な熱機関を考えて，その熱効率を理論熱効率 η_{th} とする．このように，各種サイクルを理論サイクルとして取り扱うと，実際の熱機関の諸特性を論じるのに有用である．

　機関効率 η_g，機械効率 η_m などは，実際の熱機関の設計や製作に依存する．熱力学の範囲では，主として，理論サイクルとその効率について扱う．

　実際の機関で得られる仕事（正味の仕事 W_e）と供給した燃料のもつ化学エネルギーとの比較を正味熱効率 η_e といい，機関効率を η_g，機械効率を η_m とすると，

$$\eta_e = \eta_{th} \eta_g \eta_m$$

で表される．機関効率 η_g は，実際の熱機関で作動流体の行うサイクルあたりの仕事 W_g と理論サイクルの仕事 W との比（$\eta_g = W_g/W$）である．また，η_m は機械の摩擦などで失う損失などを考慮したものである．

　ピストン-シリンダで構成される体積型の熱機関では，シリンダ内の圧力の計測ができるので，得られた圧力 p と体積 V の挙動を指圧線図といい，p-V 線図の面積として W_g が求められる．したがって，$\eta_g = W_g/W$ となり，線図係数ともよばれる．また，この指圧線図から求めた効率を図示熱効率という．

　また，ピストン-シリンダの仕事をクランク機構で取り出すとき，ピストンの動く距離は最大体積 V_1 から最小体積 V_2 までであるので，図8.5のように，p-V 線図の仕事相当面積を圧力一定として置き換えたものが**平均有効圧**（mean effective pressure）p_m で，

$$p_m = \frac{W}{V_1 - V_2} \tag{8.5}$$

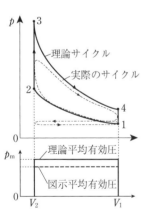

図8.5　理論平均有効圧と図示平均有効圧

で表され，与えられた熱機関が発生できる仕事の大きさの目安となる．発生する**動力**（power）は，単位質量の作動流体の 1 サイクルあたりの仕事に，時間あたりの作動流体の質量流量を乗じて得られる．

　燃料消費率（fuel consumption）は，時間あたりの供給燃料流量を発生動力で除したものである．

　供給熱量 Q は，理論サイクルを考えるとその値に制限がないが，実用熱機関を考慮すると，材料の耐熱強度のほかに，空気を作動流体とする内燃機関では，燃焼反応に対応する空気量と燃料の質量比率が制限される．（酸素が過不足ない状態の空気）/（燃料の質量比率）を**理論空燃比**（stoichiometric air-fuel ratio）とよび，これに対する空気の倍率を**空気過剰率**

(excess air ratio) とよぶ.

ピストン–シリンダからなる往復式の熱機関サイクルでは,ガスの交換をするとき,最大体積付近で,圧力差で行うものを 2-ストロークサイクルとよび,ガス交換を行程一往復かけて行うものを 4-ストロークサイクルとよぶが,理論サイクルとしては同じ状態変化となる.

8.3.1 カルノーサイクル

いま,ピストンとシリンダで構成された熱機関を考え,作動流体は理想気体とする.熱の授受は外燃機関を想定して,周囲の高熱源(温度一定 T_a)から熱 Q_a を加熱され,同じく周囲の低熱源(温度一定 T_b)に熱 Q_b を放熱する.膨張過程は,等温膨張と可逆断熱膨張の 2 つの状態変化とし,圧縮過程は,等温圧縮と可逆断熱圧縮の 2 つの状態変化を行い,始めの状態に戻るものとしたサイクルが,**カルノーサイクル**(Carnot cycle)である.

各状態量の変化を図 8.6 のように 1,2,3,4 で示すと,作動流体の質量を m として,サイクルへの熱の出入りは次のようになる.

$T_1 = T_2 = T_a$, $T_3 = T_4 = T_b$ を用いて,

1 → 2:等温膨張   熱力学の第一法則 $\delta Q = dU + pdV$ で等温であるから,$dU = mc_v dT = 0$ として,外部から受ける熱量 Q_a は

$$Q_a = \int_1^2 pdV = mRT_a \int_{V_1}^{V_2} \frac{dV}{V} = mRT_a \ln \frac{V_2}{V_1} \tag{8.6}$$

3 → 4:等温圧縮   外部に捨てる熱量 Q_b は

$$Q_b = -mRT_b \int_{V_3}^{V_4} \frac{dV}{V} = -mRT_b \ln \frac{V_4}{V_3} = mRT_b \ln \frac{V_3}{V_4} \tag{8.7}$$

可逆断熱変化 2 → 3,4 → 1 では,熱の出入りがないので,V_1,V_2,V_3,V_4 の関係は $T_a V_2{}^{\kappa-1} = T_b V_3{}^{\kappa-1}$,$T_b V_4{}^{\kappa-1} = T_a V_1{}^{\kappa-1}$ であるから

$$\frac{T_a}{T_b} = \left(\frac{V_3}{V_2}\right)^{\kappa-1} = \left(\frac{V_4}{V_1}\right)^{\kappa-1}, \qquad \therefore \frac{V_2}{V_1} = \frac{V_3}{V_4} \tag{8.8}$$

これらより熱効率は,$W = Q_a - Q_b$ であることから,次式のように導かれる.

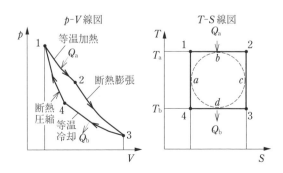

図 8.6 カルノーサイクル

内燃機関の供給熱量

燃料が酸素の過不足なく,燃焼できる空気の質量と燃料の質量比を理論空燃比というが,石油などの炭化水素系の燃料では,14〜15 程度である.

燃料の発熱量は,低発熱量を用いるが,石油などでは,44 MJ/kg 程度.燃料が燃焼すると,燃焼ガスとして,モル数が増加するが,厳密な計算をするとき以外は,この増加分は無視してよい.

なお,ガソリンエンジンは,理論混合比付近で運転されるが,ガスタービンなどは,高温部が連続して高温にさらされるので,理論混合比より,はるかに少ない燃料供給(空燃比が大)で運転するのが普通である.

燃料の発熱量には,高発熱量と低発熱量がある.燃焼によって生成された水蒸気が,水蒸気のままであれば蒸発潜熱を保持しているので発熱量として現れる熱量は少なくなるので低発熱量といい,水蒸気が水になっている場合は蒸発潜熱分も発熱に加わるので高発熱量という.

$$\eta_{\mathrm{th}} = \frac{W}{Q_{\mathrm{a}}} = 1 - \frac{Q_{\mathrm{b}}}{Q_{\mathrm{a}}} = 1 - \frac{mRT_{\mathrm{b}}\ln\left(V_3/V_4\right)}{mRT_{\mathrm{a}}\ln\left(V_2/V_1\right)}$$

$$= 1 - \frac{T_{\mathrm{b}}}{T_{\mathrm{a}}} \tag{8.9}$$

カルノーサイクルの熱効率は，高温熱源および低温熱源の絶対温度のみで表される．

　サイクルを図 8.6 の T-S 線図で表したとき，変化 1, 2, 3, 4 をカルノーサイクル，曲線 a, b, c, d を他のサイクルを表したものとすると，最高温度 T_{a}，最低温度 T_{b} の温度差で作動するサイクルのなかではカルノーサイクルの熱効率が最大となることがわかる．この等温での加熱と冷却の熱の出入りを式 (8.6)，(8.7) のように体積変化に応じて正確に行うことは，実際の高速の熱機関では困難であるため，カルノーサイクルは理論上の理想サイクルと考えられる．

【例題 8.1】

　理想気体を作動流体としたカルノーサイクルで，高温熱源 $T_{\mathrm{a}} = 1000\,\mathrm{K}$，低温熱源 $T_{\mathrm{b}} = 300\,\mathrm{K}$ とする．高温熱源から，作動流体質量 1 kg あたり，$Q_{\mathrm{a}} = 250\,\mathrm{kJ}$ の熱量が供給される．気体のガス定数 $R = 0.287\,\mathrm{kJ/(kg \cdot K)}$，比熱比 $\kappa = 1.40$ としたとき，

①供給熱量から変換できる仕事量はいくらか．

②このサイクルの最低圧力を 0.1 MPa としたとき，最高圧力はいくらか．

【解答 8.1】

①式 (8.9) より，

$$\eta_{\mathrm{th}} = \frac{W}{Q_{\mathrm{a}}} = 1 - \frac{T_{\mathrm{b}}}{T_{\mathrm{a}}} = 1 - \frac{300}{1000} = 0.70$$

$$W = \eta_{\mathrm{th}}Q_{\mathrm{a}} = 0.70 \times 250 = 175\,\mathrm{kJ}$$

②カルノーサイクルの状態変化を p と T で表すと，図 8.6 の記号を用いて，

$$\frac{p_1}{p_4} = \frac{p_2}{p_3}$$

状態 2 → 3 の変化は断熱変化であるから，

$$p_2 = p_3\left(\frac{T_{\mathrm{a}}}{T_{\mathrm{b}}}\right)^{\kappa/(\kappa-1)} = 0.1 \times \left(\frac{1000}{300}\right)^{1.40/(1.40-1)} = 6.76\,\mathrm{MPa}$$

$$\frac{Q_{\mathrm{a}}}{m} = RT_{\mathrm{a}}\ln\frac{p_1}{p_2}, \quad \ln\frac{p_1}{p_2} = \frac{Q_{\mathrm{a}}}{mRT_{\mathrm{a}}} = \frac{250}{0.287 \times 1000} = 0.871$$

$$\frac{p_1}{p_2} = e^{0.871} = 2.389, \quad p_1 = 2.389\,p_2 = 2.389 \times 6.76 = 16.15\,\mathrm{MPa}$$

なお，例題 8.2 のオットーサイクルや例題 8.3 のサバテサイクルと比較すると，ほぼ同様な圧力の範囲でサイクルを作動させたとき，発生する仕事量は，カルノーサイクルがきわめて少ない．■

8.3.2　オットーサイクル

オットーサイクル（Otto cycle）は，図 8.7 のように，可逆断熱圧縮—等積加熱—可逆断熱膨張—等積冷却の各変化を組み合わせたサイクルで，ガソリン機関やガス機関の理論サイクルであり，**等積サイクル**（constant volume cycle）ともよばれている．このサイクルは，最大および最小の体積の状態で，熱の供給と放出が行われるが，実際のエンジンでは，ピストン-クランク機構（p. 123 参照）の動きに対応しており，下死点（BDC, bottom dead center）で作動流体を燃料とともにシリンダ内に満たしたのち，圧縮し，上死点（TDC, top dead center）で燃焼させる．

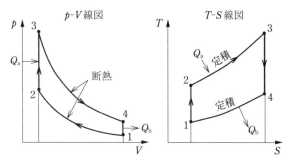

図 8.7　オットーサイクル

この後，作動流体は可逆断熱膨張してピストンを押し，p-V 線図で示した仕事を行う．状態 4 では，体積はこれ以上，膨張できないため，仮想の密閉系として等積冷却変化して状態 1 にもどるものとする．実際のエンジンでは，状態 4 で作動流体は大気に放出され（捨てられ），ガス交換を行う．

オットーサイクルで作動流体の質量 m，定積比熱 c_v とすると，

$$供給熱量：\quad Q_a = mc_v(T_3 - T_2)$$
$$放熱量：\quad Q_b = mc_v(T_4 - T_1)$$

であるので，理論熱効率 η_{th} は $W = Q_a - Q_b$ より

$$\eta_{th} = \frac{W}{Q_a} = \frac{Q_a - Q_b}{Q_a} = 1 - \frac{Q_b}{Q_a} = 1 - \frac{T_4 - T_1}{T_3 - T_2} \qquad (8.10)$$

比体積 v（m³/kg）の代わりに，体積 V（m³）を用いると，ピストン機関のように，決まった行程体積をもつサイクルの状態を表すのに都合がよい．

オットーサイクルにおいて，V_1 は最大体積，V_2 は**すきま体積**（clearance volume），$V_1 - V_2$ は**行程体積**（stroke volume）である．**圧縮比**（compression ratio）$\varepsilon = V_1/V_2$ とし，可逆断熱変化 1 → 2 および 3 → 4 に対して T を V で表すと，式（8.10）の η_{th} はさらに次式のように導かれる．

オットーサイクル①

　オットーサイクルでは定積で熱が供給・放出されることが特徴である．ガソリン機関では，空気と燃料を供給し，圧縮後，点火プラグでの電気エネルギーで着火させると火炎核ができ，燃焼が始まる．このときまでに，燃料は気化し可燃混合気となっているので，火炎核が成長し，火炎面を作り，火炎伝播で燃焼が進む．この燃焼を**予混合燃焼**（premixed combustion）とよぶ．

　火炎面の伝播速度は，乱流火炎面となり，機関の回転数が高くなると乱れも増加するので，クランク角度に対しては，ほぼ一定の期間内に燃焼が完了する．

　なお，火炎が未到達の混合気はエンドガス（end gas）とよぶが，火炎の到達以前にこのエンドガスが自己着火する現象がノッキングであり，これが発生すると燃焼室内で高周波の振動が起きて，叩音が発生するばかりか，ピストンなどの構造物への熱の移動が急増する．このため，ガソリン機関では，圧縮比は 12 程度に制限される．

オットーサイクル②

　理論サイクルをオットーサイクルとするものとしてガソリン機関が第一に挙げられるが，予混合燃焼で，等積燃焼とみなされるものには，

　液体燃料：エタノール，メタノールなど

　気体燃料：水素，メタン（天然ガス），プロパンなど

それぞれを燃料とするものも含まれる．1876 年，オットーが実用化したエンジンは，石炭ガスを燃料とした．

　ガソリンを燃料とするのは，1883 年のダイムラー（Daimler）のエンジンが最初である．

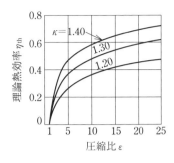

図 8.8 オットーサイクルの理論
熱効率

圧縮比について

　圧縮比は熱効率に大きな影響を及ぼす. 機構的設計諸元にて決定される容積比であるが, 実サイクルでの実圧縮比は他の制御要素が関係する. そもそも体積効率あるいは充填効率という容積にどれだけ作動流体が入るかという要素もあるが, それ以外に吸気と排気を制御するバルブタイミングが実圧縮比を決めている. 市販される自動車用レシプロエンジンにはほとんど可変バルブタイミング機構が備えられていて, 作動流体を運転条件に最適化されるようにできている. このため実圧縮比は機構的に決定される圧縮比と変えることが可能となり制御対象として最適化される. 高熱効率を狙うサイクルにアトキンソンサイクル, あるいはミラーサイクルがあり, これらは圧縮比より膨張比を大きくとることで熱効率を向上させるが, 機構的にこれらのサイクルを実現している例は少なく, 多くの自動車用エンジンなどはバルブタイミング制御によってこれらのサイクルを擬似的に作り上げている.

$$\frac{T_1}{T_2} = \left(\frac{V_2}{V_1}\right)^{\kappa-1} = \left(\frac{1}{\varepsilon}\right)^{\kappa-1}, \qquad \frac{T_4}{T_3} = \left(\frac{V_3}{V_4}\right)^{\kappa-1} = \left(\frac{V_2}{V_1}\right)^{\kappa-1} = \left(\frac{1}{\varepsilon}\right)^{\kappa-1}$$

$$\therefore \ \frac{T_4}{T_3} = \frac{T_1}{T_2} = \frac{T_4 - T_1}{T_3 - T_2} = \left(\frac{1}{\varepsilon}\right)^{\kappa-1}$$

$$\therefore \ T_4 - T_1 = \left(\frac{1}{\varepsilon}\right)^{\kappa-1}(T_3 - T_2)$$

$$\eta_{\text{th}} = 1 - \frac{T_4 - T_1}{T_3 - T_2} = 1 - \frac{(T_3 - T_2)}{(T_3 - T_2)}\left(\frac{1}{\varepsilon}\right)^{\kappa-1} = 1 - \frac{1}{\varepsilon^{\kappa-1}} \quad (8.11)$$

すなわち, 理論熱効率は圧縮比 ε と比熱比 k にのみ依存する. 図 8.8 は, 理論熱効率と圧縮比の関係を示す.

　平均有効圧 p_{m} は, **圧力比** (pressure ratio) $\xi = p_3/p_2$ として,

$$\frac{T_3}{T_2} = \frac{T_4}{T_1} = \frac{p_3}{p_2} = \frac{p_4}{p_1} = \xi, \qquad T_3 = T_4\varepsilon^{\kappa-1}, \qquad T_2 = T_1\varepsilon^{\kappa-1}$$

$$p_{\text{m}} = \frac{W}{V_1 - V_2} = \frac{Q_{\text{a}} - Q_{\text{b}}}{V_1 - V_2} = \frac{mc_{\text{v}}(T_3 - T_2 - T_4 + T_1)}{V_1\{1 - (1/\varepsilon)\}}$$

$$= p_1\frac{\varepsilon(\xi-1)(\varepsilon^{\kappa-1}-1)}{(\varepsilon-1)(\kappa-1)} \quad (8.12)$$

p_{m} は, 圧力比 ξ, 圧縮比 ε, および圧縮はじめの圧力 p_1 により決定される. ここで, ξ は供給熱量の大きさに依存している.

【例題 8.2】

　理想気体として, 空気を作動流体とするオットーサイクルで, 最大容積 $480\,\text{cm}^3$, 最小容積 $60\,\text{cm}^3$ とする. 圧縮はじめの温度 300 K, 圧力 0.09 MPa とし, 供給熱量を空気 1 kg につき, 2500 kJ としたとき, 理論熱効率 η_{th}, 平均有効圧 p_{m} を求めよ. なお, 空気のガス定数 $R = 0.287\,\text{kJ/}$ (kg·K), 比熱比 $\kappa = 1.40$ とする.

【解答 8.2】

　図 8.7 の記号を用いる. 圧縮比 $\varepsilon = V_1/V_2 = 480/60 = 8.0$ なので,

$$\eta_{\text{th}} = 1 - (1/\varepsilon^{\kappa-1}) = 1 - (1/8.0^{1.40-1}) = 0.565$$

次に, 供給熱量から, 圧力比 ξ を求める.

$$\frac{Q_{\text{a}}}{m} = c_{\text{v}}(T_3 - T_2) = c_{\text{v}}T_2(\xi - 1) = c_{\text{v}}T_1\varepsilon^{\kappa-1}(\xi - 1), \qquad c_{\text{v}} = \frac{R}{\kappa - 1}$$

であるから,

$$\xi - 1 = \frac{Q_{\text{a}}}{m}\frac{\kappa - 1}{RT_1\varepsilon^{\kappa-1}} = 2500 \times \frac{1.40 - 1}{0.287 \times 300 \times 8.0^{1.40-1}} = 5.055$$

となり圧力比 $\xi = 6.055$ となるので式 (8.12) より,

$$p_{\text{m}} = 0.09 \times \frac{8.0 \times (6.055 - 1) \times (8.0^{1.40-1} - 1)}{(8.0 - 1) \times (1.40 - 1)} = 1.69\,\text{MPa} \quad \blacksquare$$

8.3.3 ディーゼルサイクル

ディーゼル機関では, 作動流体としての空気をシリンダに吸い込み, 断熱圧縮すると空気は高温になる. ここで, 上死点付近で燃料を噴霧状に吹

き込むと空気温度が燃料の自己着火温度より高いため，燃料は気化しなが
ら，順次，自己着火しつつ燃焼を行う．この燃焼を**拡散燃焼**（diffusion
combustion）とよぶ．このように，燃料の噴射の進行とともに燃焼が進む
が，燃料の噴射量を適切に設定すれば，等圧に近い燃焼が得られる．この
ように等圧加熱と可逆断熱変化を組み合わせたサイクルを**ディーゼルサイ
クル**（Diesel cycle）または**等圧サイクル**（constant pressure cycle）とよ
ぶ（図8.9）．

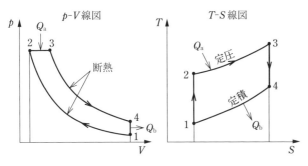

図8.9 ディーゼルサイクル

ディーゼルサイクルの理論熱効率 η_{th}，および平均有効圧 p_{m} については
次のとおりである．作動流体の質量を m として

$$Q_{\text{a}} = mc_{\text{p}}(T_3 - T_2), \qquad Q_{\text{b}} = mc_{\text{v}}(T_4 - T_1), \qquad \frac{c_{\text{p}}}{c_{\text{v}}} = \kappa$$

理論熱効率

$$\eta_{\text{th}} = 1 - \frac{Q_{\text{b}}}{Q_{\text{a}}} = 1 - \frac{(T_4 - T_1)}{\kappa(T_3 - T_2)}$$

$1 \rightarrow 2$：可逆断熱圧縮

$$T_1 V_1^{\kappa-1} = T_2 V_2^{\kappa-1} \qquad \therefore T_2 = T_1 \varepsilon^{\kappa-1}$$

$2 \rightarrow 3$：等圧燃焼

$$\frac{T_2}{V_2} = \frac{T_3}{V_3} \qquad \therefore T_3 = T_2\left(\frac{V_3}{V_2}\right) = T_1 \varepsilon^{\kappa-1} \rho \qquad (8.13)$$

ここで，$\rho = V_3/V_2$ を**噴射締切比**（injection cut off ratio）といい，燃料
噴射の終了時のシリンダ体積 V_3 とすきま体積 V_2 の比を示す．

$3 \rightarrow 4$：可逆断熱膨張

$$T_3 V_3^{\kappa-1} = T_4 V_4^{\kappa-1}$$

$$\therefore T_4 = T_3\left(\frac{V_3}{V_2}\right)^{\kappa-1}\left(\frac{V_2}{V_4}\right)^{\kappa-1} = T_1 \varepsilon^{\kappa-1} \rho \frac{\rho^{\kappa-1}}{\varepsilon^{\kappa-1}} = T_1 \rho^{\kappa}$$

以上より，理論熱効率 η_{th} は，

$$\eta_{\text{th}} = 1 - \frac{(T_4 - T_1)}{\kappa(T_3 - T_2)} = 1 - \frac{T_1(\rho^{\kappa} - 1)}{\kappa T_1 \varepsilon^{\kappa-1}(\rho - 1)}$$

$$\therefore \eta_{\text{th}} = 1 - \frac{1}{\varepsilon^{\kappa-1}} \frac{(\rho^{\kappa} - 1)}{\kappa(\rho - 1)} \qquad (8.14)$$

平均有効圧は，

空燃比について

空気と燃料の比率を表現するのに，おもに３つの値が使われる．空燃比，空気過剰率，そして当量比．後ろの２者にはそれぞれ量記号 λ，ϕ が使われるのが一般的．空燃比は単純に空気を分子とし燃料を分母とする質量比で表される．空気過剰率は理論空燃比を基準（＝ 1.0）とし余剰空気がどれくらいであるかを示す．たとえば $\lambda = 2.0$ とは同じ燃料に対して理論空燃比の倍の空気量となる．当量比は空気過剰率の逆数で表される．なぜか業界によっておもに使われる表現が異なるのが興味深い．ガソリンはおもに理論空燃比でしか運転されなかったことが考えられるが，先述したように，燃料と制御される空燃比や着火方式の組合せが多岐にわたってきているため，この慣習もあまり明確ではなくなってきている．

ディーゼルサイクルとサバテサイクル

理論サイクルをディーゼルとするものにもちろんディーゼルエンジンが挙げられるが，常用機関回転数によりそのサイクルは大きく異なるのが実状である．発電所や大きな船のエンジンなど機関回転数が低い（数百rpm）ディーゼルエンジンは比較的に理論的ディーゼルサイクルと同じく等圧受熱サイクルを実現している．しかし，トラック，バス，乗用車用など回転数が高い（数千 rpm）ものは，受熱過程に拡散燃焼のみならず予混合的燃焼もあり，等容過程での受熱も含まれる．したがって，ディーゼルサイクルというよりサバテサイクルが理論サイクルとなる．

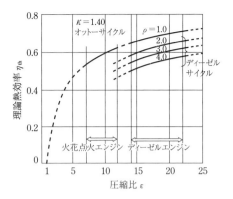

図 8.10　ディーゼルサイクルの理論熱効率

$$p_{\mathrm{m}} = \frac{W}{V_1 - V_2} = \frac{Q_{\mathrm{a}} - Q_{\mathrm{b}}}{V_1 - \frac{1}{\varepsilon}V_1} = p_1 \frac{\varepsilon^{\kappa}\kappa(\rho-1) - \varepsilon(\rho^{\kappa}-1)}{(\kappa-1)(\varepsilon-1)}$$

$$(8.15)$$

となる．図 8.10 にディーゼルサイクルの理論熱効率を示す．

8.3.4　サバテサイクル

ディーゼルサイクルでは熱の供給は等圧として，体積がすきま体積 V_2 から拡大するに応じて供給されるものとしたが，供給熱の一部を等積加熱としたものが図 8.11 に示す**サバテサイクル**（Sabathe cycle）であり，**複合燃焼サイクル**（dual combustion cycle）ともよばれ，高速ディーゼル機関の理論サイクルとされる．燃料の噴射を圧縮過程終わりの手前から開始すると，ここでは，ピストンの動きが緩慢であるため，定積加熱をした後，定圧加熱に移行する．

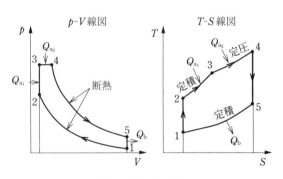

図 8.11　サバテサイクル

サバテサイクルでは，ディーゼルサイクルと同様，高圧の圧縮空気中に燃料が噴射されるが，エンドガスには燃料を含まないのでノッキングは起きないが，実際の機関では着火遅れの後，最初の噴射燃料が一挙に燃焼するため，時間あたりの圧力上昇率が大きく，ディーゼルノックとよばれる異音を発生することがある．また，シリンダ内の圧力が高くなるため，機

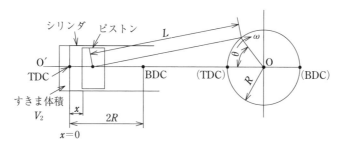

図A ピストン-クランク機構

p-V 線図の面積と，ピストン機構の仕事との関係を論ずる．シリンダ体積 V の変化はクランクの回転角 θ により次式で表される．

$$V = V_2 + \frac{V_0}{2}\left[(1 - \cos\theta) + \frac{1}{4\lambda}(1 - \cos 2\theta)\right] \tag{A}$$

ただし，すきま体積 V_2，行程体積 $V_0 = V_1 - V_2$，クランク半径 R，コンロッド長さ L，$\lambda = L/R$ として，$1/\lambda^3$ の項は無視している．

上死点（TDC）からのピストン変位を x，ピストンにかかる力を F，クランク上でのトルクを T，角速度を ω とし，慣性力は考慮せずガス圧力のみで考えると，ピストンのなす時間あたりの仕事 $T\omega$ は，

$$F\frac{dx}{dt} = F\frac{dx}{d\theta}\frac{d\theta}{dt} = F\frac{dx}{d\theta}\omega = F\frac{Rd\theta}{d\theta}\omega = T\omega$$

より

$$Fdx = Td\theta$$

ピストン面積を A_0 とすると，

$$Fdx = pA_0 dx = pdV$$
$$= p\frac{V_0}{2}\left[\sin\theta + \frac{\sin 2\theta}{2\lambda}\right]d\theta = Td\theta \tag{B}$$

すなわち，クランク機構により，p-V 線図での $p(\theta)$ の値は，式 (B) の〔 〕の変換を受けて，トルクとして表されることがわかる．図B にこの例を示すが，T-θ 軸上で表される ■ 部分が，T（トルク）に変換された仕事を示している．

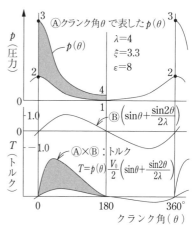

図B オットーサイクルの p-V 線図

燃費，エンジンと自動車

　燃費という言葉は専門家と一般の方で異なる使われ方がされる．一般の方は自動車の走行燃費（km/L）などを思い浮かべ，エンジン技術者は熱効率的燃費（g/kWh）を思い浮かべる．大いに関係する2つの燃費であるが，その換算は容易ではない．自動車の走行燃費はエンジン熱効率が支配的と思われるが，そうでもなく，どちらかというと走らせ方（速度推移など）が支配的だ．また，シンプルなエンジン車でもトランスミッションによってエンジン運転条件が広く使われ，ハイブリッド車においては，回生エネルギー量やモーター駆動／エンジン駆動などの比率が常に変化し，それらの総合的結果でしか表現できない．一方，エンジン単体性能としての燃費は至ってシンプルで，ある運転点での正味熱効率そのものを示している．単位が%でなくg/Jでもなくg/kWhなのは，分子は燃料消費率だからわかるが分母にkWhと電力業界でよく使われるエネルギー量の単位が使われるのはなぜだろうか．

関の強度的な制約を受けることになる．

　以下に，サバテサイクルの理論熱効率 η_{th}，平均有効圧 p_{m} を示す．

$$Q_{\text{a}} = Q_{\text{a}_1} + Q_{\text{a}_2} = mc_{\text{v}}(T_3 - T_2) + mc_{\text{p}}(T_4 - T_3)$$

$$Q_{\text{b}} = mc_{\text{v}}(T_5 - T_1)$$

理論熱効率

$$\eta_{\text{th}} = 1 - \frac{Q_{\text{b}}}{Q_{\text{a}}} = 1 - \frac{(T_5 - T_1)}{(T_3 - T_2) + \kappa(T_4 - T_3)}$$

$1 \rightarrow 2$：可逆断熱圧縮

$$T_1 V_1^{\kappa-1} = T_2 V_2^{\kappa-1} \qquad \therefore T_2 = T_1 \varepsilon^{\kappa-1}$$

$2 \rightarrow 3$：等積燃焼

$$\frac{T_2}{p_2} = \frac{T_3}{p_3} \qquad \therefore T_3 = T_2\left(\frac{p_3}{p_2}\right) = T_1 \varepsilon^{\kappa-1}\xi$$

$3 \rightarrow 4$：等圧燃焼

$$\frac{T_3}{V_3} = \frac{T_4}{V_4} \qquad \therefore T_4 = T_3\left(\frac{V_4}{V_3}\right) = T_1 \varepsilon^{\kappa-1}\xi\rho$$

$4 \rightarrow 5$：可逆断熱膨張

$$T_4 V_4^{\kappa-1} = T_5 V_5^{\kappa-1}$$

$$\therefore T_5 = T_4\left(\frac{V_4}{V_5}\right)^{\kappa-1} = T_4\left(\frac{V_4}{V_3}\right)^{\kappa-1}\left(\frac{V_3}{V_5}\right)^{\kappa-1}$$

$$= T_1 \varepsilon^{\kappa-1}\xi\rho\frac{\rho^{\kappa-1}}{\varepsilon^{\kappa-1}} = T_1 \xi\rho^\kappa$$

$$\eta_{\text{th}} = 1 - \frac{(T_5 - T_1)}{(T_3 - T_2) + \kappa(T_4 - T_3)}$$

$$= 1 - \frac{T_1(\xi\rho^\kappa - 1)}{T_1 \varepsilon^{\kappa-1}(\xi - 1) + \kappa T_1 \varepsilon^{\kappa-1}\xi(\rho - 1)}$$

$$= 1 - \frac{1}{\varepsilon^{\kappa-1}}\frac{(\xi\rho^\kappa - 1)}{(\xi - 1) + \kappa\xi(\rho - 1)} \tag{8.16}$$

平均有効圧：

$$p_{\text{m}} = \frac{W}{V_1 - V_2} = \frac{Q_{\text{a}} - Q_{\text{b}}}{V_1 - V_2} = p_1 \frac{\varepsilon^\kappa[\xi - 1 + \kappa\xi(\rho - 1)] - \varepsilon(\rho^\kappa\xi - 1)}{(\kappa - 1)(\varepsilon - 1)}$$

$$\tag{8.17}$$

ここで示すように，サバテサイクルの理論熱効率 η_{th}，平均有効圧 p_{m} は，オットーサイクルとディーゼルサイクルの両方を表現している．噴射締切比 $\rho = 1$ とすればオットーサイクルに，圧力比 $\xi = 1$ とすればディーゼルサイクルになる．

【例題 8.3】

　理想気体として，空気を作動流体とするサバテサイクルで，圧縮比を16とする．圧縮はじめの温度 300 K，圧力 0.09 MPa とし，供給熱量を空気1 kg につき，2000 kJ とし，等積加熱に 400 kJ，等圧加熱に 1600 kJ の熱量とする．平均有効圧 p_{m} を求めよ．なお，空気のガス定数 $R = 0.287$ kJ/

$(kg\cdot K)$, 比熱比 $\kappa = 1.40$ とする.

【解答 8.3】

図 8.11 の記号を用いる.

$$\text{圧縮比：}\quad \varepsilon = \frac{V_1}{V_2} = 16$$

$$T_2 = T_1 \varepsilon^{\kappa-1} = 300 \times 16^{1.40-1} = 909\ \text{K}$$

$$p_2 = p_1 \varepsilon^{\kappa} = 0.09 \times 16^{1.40} = 4.37\ \text{MPa}$$

$2 \to 3$：等積変化

$$\frac{Q_{a1}}{m} = c_v(T_3 - T_2) = c_v T_2(\xi - 1) = \frac{R}{\kappa-1} T_2(\xi - 1)$$

$$\xi - 1 = \frac{Q_{a1}}{m}\frac{\kappa-1}{R T_2} = 400 \times \frac{1.40-1}{0.287 \times 909} = 0.613 \qquad \therefore \xi = 1.613$$

$$p_3 = \xi p_2 = 1.613 \times 4.37 = 7.05\ \text{MPa}$$

$$T_3 = \xi T_2 = 1.613 \times 909 = 1466\ \text{K}$$

$3 \to 4$：等圧変化

$$\frac{Q_{a2}}{m} = c_p(T_4 - T_3) = c_p T_3\left(\frac{T_4}{T_3} - 1\right) = \frac{\kappa}{\kappa-1} R T_3(\rho - 1)$$

$$\rho - 1 = \frac{Q_{a2}}{m}\frac{\kappa-1}{\kappa}\frac{1}{R T_3} = 1600 \times \frac{1.40-1}{1.40}\frac{1}{0.287 \times 1466} = 1.087$$

$$\therefore \rho = 2.087$$

以上より, p_1, κ, ε, ξ, ρ の各値を式 (8.17) に代入すると

$$p_m = p_1 \frac{\varepsilon^{\kappa}[\xi - 1 + \kappa\xi(\rho-1)] - \varepsilon(\rho^{\kappa}\xi - 1)}{(\kappa-1)(\varepsilon-1)}$$

$$= 0.09 \times \frac{16^{1.40} \times [1.613 - 1 + 1.40 \times 1.613 \times (2.087-1)] - 16 \times (2.087^{1.40} \times 1.613 - 1)}{(1.40-1) \times (16-1)}$$

$$= 1.39\ \text{MPa}$$

なお, 理論熱効率 η_{th} は, 式 (8.16) を用いて, $\eta_{th} = 0.622$ となる.

■

8.3.5 ブレイトンサイクル

ブレイトンサイクル (Brayton cycle) は, **ガスタービン** (gas turbine) の理論サイクルであり, 図 8.12 にサイクルを, 図 8.13 にガスタービンの構成を示す.

$1 \to 2$：可逆断熱圧縮　　吸入空気を圧縮機で可逆断熱圧縮し, 高圧として燃焼室に送る.

$2 \to 3$：等圧加熱　　燃焼室に燃料噴射弁を設けて, 燃料を連続的に噴射, 燃焼させ, 定圧のまま, 加熱する (供給熱量 Q_a). これにより, 圧縮された空気は, 燃焼エネルギーを得て, 体積を増加しつつ, 燃焼熱による温度上昇を行う.

$3 \to 4$：可逆断熱膨張　　タービンでの可逆断熱膨張により仕事を得る.

外燃式ガスタービンとクローズドサイクル

現在, ガスタービンはオープンサイクルの内燃機関方式が普通であるが, 定置用の発電動力として, クローズドサイクルの外燃式ガスタービンも使われた.

エリクソンサイクルの項で示すように, 圧縮機側で中間冷却するとともに, タービン側でも再熱し, さらに再生を組み合わせたもので, このように近似的なエリクソンサイクルとすることで, ボイラやタービンの温度が700℃程度で熱効率の改善を目的としたものである.

このような外燃式のクローズドサイクルガスタービンは, 巨大なボイラが必要で, また, 複雑な構成となるので, タービンの許容温度が高くなった現在では, 内燃式のオープンサイクルのガスタービンが一般的になっている.

┌──────────────────┐
│　**コーヒーブレイク**　│
└──────────────────┘

タービンの機能

　速度型とよぶタービン仕事を発生するメカニズムについて触れよう（図 C）．タービンはノズルと動翼で構成され，断熱膨張を両方で行うもの（反動タービン）とノズルのみで行うもの（衝動タービン）とあるが，後者を例に示そう．

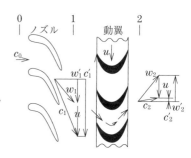

図C　タービンの速度三角形

　ノズルの入口，出口，動翼出口の状態を，それぞれ 0, 1, 2 の記号で表し，それぞれの比エンタルピー，絶対速度，相対速度を $h_0, c_0, h_1, c_1, w_1, h_2, c_2, w_2$ で示す．

　動翼の速度を u とし，c_1, c_2, w_1, w_2 の円周方向の成分を c_1', c_2', w_1', w_2' とすれば，図示のように速度三角形で関係が示される．

　なお，軸方向の速度を仮定すれば，c_1 の方向が決まる．

①ノズルでのエンタルピーの変化を ΔH とすると，作動流体 $m\,[\mathrm{kg}]$ について，

$$\Delta H = H_1 - H_0 = m\left(\frac{c_1^2}{2} - \frac{c_0^2}{2}\right) \tag{C}$$

②動翼での運動量の変化は力積に等しいので，$F\cdot\Delta t = m(c_1' + c_2')$．動翼はこの力 F を受けて，時間 Δt あたり距離 Δx 進むとすれば，動翼の速度 $u = \Delta x/\Delta t$，仕事 W_{12} は，

$$W_{12} = F\cdot\Delta x = \frac{m\,(c_1' + c_2')}{\Delta t}\cdot u\Delta t = mu\,(c_1' + c_2')$$

図より，$c_1' = w_1' + u,\ c_2' = w_2' - u$ であるから，

$$W_{12} = mu(w_1' + w_2') \tag{D}$$

これを変形すると，

$$\begin{aligned}
W_{12} &= mu\,(w_1' + w_2') = mu\,w_1'\left(1 + \frac{w_2'}{w_1'}\right) \\
&= mu\,(c_1' - u)\left(1 + \frac{w_2'}{w_1'}\right) \\
&= -m\left(1 + \frac{w_2'}{w_1'}\right)\left\{\left(u - \frac{c_1'}{2}\right)^2 - \frac{c_1'^2}{4}\right\}
\end{aligned} \tag{E}$$

③この仕事は，$u = c_1'/2$ のとき最大値をとり

$$W_{12} = m\left(1 + \frac{w_2'}{w_1'}\right)\frac{c_1'^2}{4} \tag{F}$$

$w_1' = w_2'$ のとき，つまり動翼内で速度は変わらず，方向のみが変化したとき

$$W_{12} = m\,\frac{c_1'^2}{2}, \qquad c_2' = 0$$

このとき，動翼を出たあとの流体の流れは軸方向の速度成分だけになり，ノズルで得た円周方向速度のエネルギーをタービン仕事として，取り出すことができる．

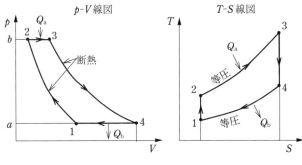

図 8.12　ブレインサイクル

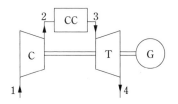

図 8.13　ガスタービンの構成
C：圧縮機，CC：燃焼器，T：タービン，G：負荷.

4 → 1：等圧冷却　　仕事を終えた作動流体が，再び，定圧で冷却されて，体積，温度を減じ，はじめの状態に戻るものとする（放熱量 Q_b）．ただし，オープンサイクルのガスタービンでは，（Q_b をもった）排気ガスとして，外気に排気される．

このサイクルは圧縮機，タービンに対して作動流体の出入りがあるので，流れ系として工業仕事を考えると図 8.12 のように，圧縮仕事は $a, 1, 2, b$ の面積であり，膨張仕事は $a, 4, 3, b$ の面積で示される．作動流体の質量を m として，

$$Q_a = mc_p(T_3 - T_2), \qquad Q_b = mc_p(T_4 - T_1)$$

可逆断熱変化 1 → 2 および 3 → 4 の状態変化を p, T で表せば，圧力比を $\xi = p_2/p_1 = p_3/p_4$ として

$$\frac{T_2}{T_1} = \left(\frac{p_2}{p_1}\right)^{(\kappa-1)/\kappa} = \xi^{(\kappa-1)/\kappa}, \qquad \frac{T_3}{T_4} = \left(\frac{p_3}{p_4}\right)^{(\kappa-1)/\kappa} = \xi^{(\kappa-1)/\kappa}$$

$$(8.18)$$

このサイクルの熱効率は次のように表される．

理論熱効率：

$$\eta_{th} = 1 - \frac{Q_b}{Q_a} = 1 - \frac{(T_4 - T_1)}{(T_3 - T_2)} = 1 - \frac{T_1}{T_2} = 1 - \frac{T_4}{T_3} = 1 - \left(\frac{1}{\xi}\right)^{(\kappa-1)/\kappa}$$

$$(8.19)$$

これより，理論熱効率は圧力比 ξ により決まり，圧力比が大きいほど理論熱効率は大きくなること，温度には依存しないことがわかる（図 8.17）．

a.　ジェットエンジン

ジェットエンジン（jet engine）ではタービンでの仕事を圧縮機の仕事と等しくして，残りのエネルギーをノズルにより，噴流として推進仕事に変える．エンジンに取り入れられる空気の速度がかなり大きな速度エネルギーをもつのでこれをディフューザで可逆断熱圧縮して圧力に変換する．ガスタービンの構成，p-V 線図，T-S 線図を示す（図 8.14, 8.15）．

図 8.14 で 2〜5 の間の軸流方向の速度は小さいので省略し，空気取入口とジェット噴流の速度をそれぞれ w_1, w_6 とすると，流量 m あたり，

1 → 2：流入空気の運動エネルギー

ジェットエンジンの推力と推進効率

作動流体の質量を m とすると，運動量の変化が作用する力であるから，推進力は

$$F = m(w_6 - w_1)$$

これに，速度をかけると，推進仕事は，

$$Fw_1 = mw_1(w_6 - w_1)$$

この最大値は，$w_6 = 2w_1$ のときとなる．エンジンの発生エネルギーは，式（8.21）で表せるが推進仕事との比

$$\frac{Fw_1}{W} = \frac{2w_1}{w_6 + w_1}$$

を推進効率（η_p）とする．

ジェットエンジンでは，推進仕事は，飛行速度（w_1）に関係し，推進仕事が最大となるとき（$w_6 = 2w_1$），推進効率は，$\eta_p = 0.67$ になる．

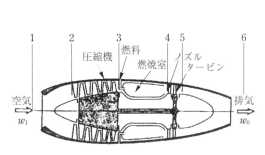

図8.14 ジェットエンジンの構成

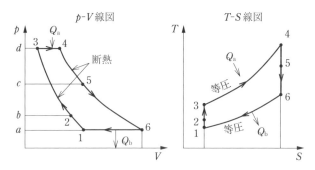

図8.15 ジェットエンジンのサイクル

$$m\frac{w_1^2}{2} = H_2 - H_1 = mc_\mathrm{p}(T_2 - T_1)$$

2 → 3：圧縮機の断熱圧縮

$$H_3 - H_2 = mc_\mathrm{p}(T_3 - T_2)$$

3 → 4：供給熱量

$$Q_\mathrm{a} = H_4 - H_3 = mc_\mathrm{p}(T_4 - T_3)$$

4 → 5：タービンの発生仕事

$$H_4 - H_5 = mc_\mathrm{p}(T_4 - T_5) = mc_\mathrm{p}(T_3 - T_2)$$

5 → 6：ノズルでの運動エネルギー

$$m\frac{w_6^2}{2} = H_5 - H_6 = mc_\mathrm{p}(T_5 - T_6)$$

理論熱効率は，圧力比

$$\xi = \frac{p_3}{p_1} = \left(\frac{T_3}{T_1}\right)^{\kappa/(\kappa-1)} = \left(\frac{T_4}{T_6}\right)^{\kappa/(\kappa-1)}$$

を用いると単純ブレイトンサイクルと同様に

$$\eta_\mathrm{th} = 1 - \frac{T_6 - T_1}{T_4 - T_3} = 1 - \left(\frac{1}{\xi}\right)^{(\kappa-1)/\kappa} \tag{8.20}$$

で，内部効率（internal efficiency）ともよばれる.

　エンジンの作り出した噴流のエネルギーは，

$$W = m\left(\frac{(w_6)^2}{2} - \frac{(w_1)^2}{2}\right) \tag{8.21}$$

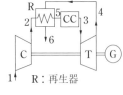

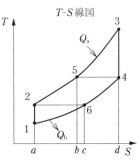

図8.16 再生ブレイトンサイ
　　　　クル

で表される. ジェットエンジンでは，この噴流のエネルギーから，推進仕事を行うが，推進仕事は，W ×推進効率（**外部効率**，external efficiency）で表され，通常，W がすべて推進仕事に変換されることはない.

b. 再生ブレイトンサイクル

　単純ブレイトンサイクルにおいては可逆断熱膨張後（タービン後）の温度 T_4 は，通常，可逆断熱圧縮後（圧縮機後）の温度 T_2 より高い. このとき，排気の熱を再生器で回収して，供給熱の一部とすれば，供給熱量を少なくすることができ，熱効率の改善ができる. このようなサイクルを再生ブレイトンサイクルといい，図8.16に示す.

いま，等圧変化 $2 \to 3$，および $4 \to 1$ の状態変化に対して，状態 5，6 を考え，$T_4 = T_5$，$T_2 = T_6$ とすれば，出入りする熱量は，

$$Q_{\mathrm{a}} = mc_{\mathrm{p}}(T_3 - T_5), \qquad Q_{\mathrm{b}} = mc_{\mathrm{p}}(T_6 - T_1)$$

ブレイトンサイクルと同様，圧力比を ξ として，

$$\frac{T_2}{T_1} = \frac{T_3}{T_4}, \qquad \frac{T_2 - T_1}{T_1} = \frac{T_3 - T_4}{T_4}$$

の関係を用いると理論熱効率は，

$$\eta_{\mathrm{th}} = 1 - \frac{Q_{\mathrm{b}}}{Q_{\mathrm{a}}} = 1 - \frac{(T_3 - T_1)}{(T_3 - T_5)} = 1 - \frac{(T_2 - T_1)}{(T_3 - T_4)} = 1 - \frac{T_1}{T_4}$$

$$= 1 - \frac{T_1}{T_3}\frac{T_3}{T_4} = 1 - \frac{T_1}{T_3}\xi^{(\kappa-1)/\kappa} \qquad (8.22)$$

T_3 はサイクルの最高温度であるが，再生ブレイトンサイクルでは ξ が小さいとき，また，T_1/T_3 が小さいほど，理論熱効率が高い．T_3 を変えたときの熱効率を圧力比 ξ に対して示したものが図 8.17 であるが，単純サイクルの効率と同じになる点では $T_4 = T_2$ となり，再生器が働かない状態を示している．

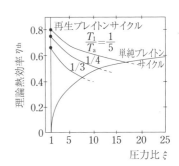

図 8.17 ブレイトンサイクルの理論熱効率

【例題 8.4】

理想気体としての空気を作動流体とするブレイトンサイクルで，圧力比を 10 とする．圧縮はじめの温度 300 K，圧力 0.10 MPa とし，最高温度を 1300 K とする．理論熱効率 η_{th}，単位流量に対する必要加熱量 q，および周囲に取り出せる仕事 w を求めよ．なお，空気のガス定数 $R = 0.287$ kJ/(kg·K)，比熱比 $\kappa = 1.40$ とする．また，理想的な再生器を使用したときの理論熱効率 η_{th}'，および，単位流量に対する必要加熱量 q' を求めよ．

【解答 8.4】

図 8.16 の記号を用いる．理論熱効率は，

単純サイクル： $\quad \eta_{\mathrm{th}} = 1 - \left(\frac{1}{\xi}\right)^{(\kappa-1)/\kappa} = 1 - \left(\frac{1}{10}\right)^{\frac{1.40-1}{1.40}} = 0.482$

再生サイクル： $\quad \eta_{\mathrm{th}}' = 1 - \frac{T_1}{T_3}\xi^{(\kappa-1)/\kappa} = 1 - \frac{300}{1300} \times 10^{\frac{1.40-1}{1.40}} = 0.554$

次に，各部の温度を求めて，仕事 w を計算する．

$$T_2 = T_1\xi^{(\kappa-1)/\kappa} = 300 \times 10^{\frac{1.40-1}{1.40}} = 579\ K, \quad T_4 = \frac{T_3}{\xi^{(\kappa-1)/\kappa}} = \frac{1300}{10^{\frac{1.40-1}{1.40}}}$$

$$= 637\ \mathrm{K}$$

$$w = c_{\mathrm{p}}\{(T_3 - T_4) - (T_2 - T_1)\} = \frac{\kappa R}{\kappa - 1}\{(T_3 - T_4) - (T_2 - T_1)\}$$

$$= \frac{1.40 \times 0.287}{1.40 - 1} \times \{(1300 - 673) - (579 - 300)\}$$

$$= 349.6\ \mathrm{kJ/kg}$$

必要加熱量は，

$$\text{単純サイクル：} \qquad q = \frac{w}{\eta_{\text{th}}} = \frac{349.6}{0.482} = 725\,\text{kJ/kg}$$

$$\text{再生サイクル：} \qquad q' = \frac{w}{\eta'_{\text{th}}} = \frac{349.6}{0.554} = 631\,\text{kJ/kg}$$

圧縮はじめの圧力 $0.10\,\text{MPa}$ は，理論熱効率には影響しない． ■

8.3.6 エリクソンサイクル

ブレイトンサイクルの可逆断熱変化を等温変化に変えたサイクルを**エリクソンサイクル**（Ericsson cycle）とよぶ（図 8.18）.

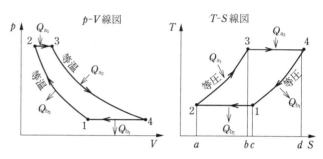

図 8.18 エリクソンサイクル

圧力比を ξ とすると $\xi = p_2/p_1 = p_3/p_4$, $\tau = T_3/T_1$ として，

熱の供給： $Q_a = Q_{a_1} + Q_{a_2}$, $Q_{a_1} = mc_p(T_3 - T_2)$, $Q_{a_2} = mRT_3\ln\xi$

熱の放出： $Q_b = Q_{b_1} + Q_{b_2}$, $Q_{b_1} = mc_p(T_4 - T_1)$, $Q_{b_2} = mRT_1\ln\xi$

理論熱効率：
$$\eta_{\text{th}} = \frac{Q_a - Q_b}{Q_a} = \frac{R(T_3 - T_1)\ln\xi}{c_p(T_3 - T_2) + RT_3\ln\xi}$$
$$= \frac{(\kappa-1)(\tau-1)\ln\xi}{\kappa(\tau-1) + (\kappa-1)\ln\xi} \tag{8.23}$$

となる（等温変化より，$T_1 = T_2$, $T_3 = T_4$, $Q_{a_1} = Q_{b_1}$ である）.

このサイクルでは，等温圧縮時に熱を奪い，等温膨張時に熱を与えるが，ガスタービンで，圧縮機側を冷却し，タービン側で燃料を追加することを数段行えば（図 8.19）エリクソンサイクルに近似させることができる.

また，等圧での放熱量 Q_{b_1} を回収して，等圧での加熱量 Q_{a_1} に再生すれば，再生サイクルの熱効率は，系の外部より出入りした熱量のみを対象として，

$$\eta_{\text{th}} = \frac{W}{Q_{a_2}} = \frac{Q_{a_2} - Q_{b_2}}{Q_{a_2}}$$
$$= \frac{RT_3\ln\xi - RT_1\ln\xi}{RT_3\ln\xi} = 1 - \frac{T_1}{T_3} \tag{8.24}$$

となり，カルノーサイクルの効率と等しくなる.

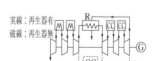

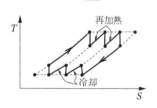

図 8.19 多段ガスタービンのサイクル

8.3.7 スターリングサイクル

スターリングサイクル（Stirling cycle）は，空気熱機関（空気を作動流

体とする）の 1 種として考案されたもので，図 8.20 のように，加熱は等積と等温で行われ，放熱もまた，等積と等温で行われる．

このサイクルの理論熱効率 η_{th} は以下のように求められる．最高温度と最低温度の比を τ，圧縮比を ε とすると，

$$\tau = \frac{T_3}{T_1}, \qquad \varepsilon = \frac{V_1}{V_2} = \frac{V_4}{V_3}$$

熱の供給：

$$Q_a = Q_{a_1} + Q_{a_2}, \quad Q_{a_1} = mc_v(T_3 - T_2), \quad Q_{a_2} = mRT_3\ln\varepsilon$$

熱の放出：

$$Q_b = Q_{b_1} + Q_{b_2}, \quad Q_{b_1} = mc_v(T_4 - T_1), \quad Q_{b_2} = mRT_1\ln\varepsilon$$

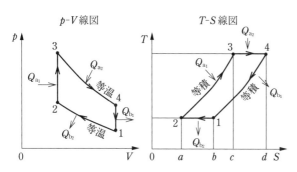

図 8.20 スターリングサイクル

スターリングサイクル

スターリングサイクルの平均有効圧は，

$$p_m = p_1(\tau - 1)\frac{\varepsilon}{\varepsilon - 1}\ln\varepsilon$$

で示される．

構造上，圧縮比は 2 程度であり，温度差は，膨張空間が常に高温にさらされるため，1000 K 程度が限度となり，$\tau = 3$ 程度となる．

平均有効圧をオットーサイクルと比べると，同じ p_1 では，1/10 程度であるため，作動行程あたりの平均有効圧を上げるため，He や H_2 を封入し，圧力を上げて使われる．

理論熱効率：

$$\begin{aligned}
\eta_{th} &= \frac{Q_a - Q_b}{Q_a} = \frac{R(T_3 - T_1)\ln\varepsilon}{c_v(T_3 - T_2) + RT_3\ln\varepsilon} \\
&= \frac{(\kappa - 1)(\tau - 1)\ln\varepsilon}{(\tau - 1) + (\kappa - 1)\tau\ln\varepsilon}
\end{aligned} \tag{8.25}$$

となる．このサイクルで $Q_{a_1} = Q_{b_1}$ であるから，等積変化の放熱量 Q_{b_1} を熱交換器で回収し，供給熱 Q_{a_1} とした再生サイクルを考える．この場合，熱効率の定義は，系の外部より出入りした熱量のみを対象とするから

$$\eta_{th} = \frac{W}{Q_{a_2}} = \frac{Q_{a_2} - Q_{b_2}}{Q_{a_2}} = \frac{RT_3\ln\varepsilon - RT_1\ln\varepsilon}{RT_3\ln\varepsilon} = 1 - \frac{T_1}{T_3} \tag{8.26}$$

となり，エリクソンサイクルと同様に，カルノーサイクルと同じ熱効率となる．

スターリングサイクルには，上述のように再生サイクルと非再生サイクルがあるが，一般的には，再生サイクルを指すことが多い．

スターリングサイクルの実現は内燃機関では難しく，外燃機関として構成される．機関の構成の例を図 8.21 に示す．圧縮空間と膨張空間をもち，ヒーター，再生器，冷却器で結ばれるが，両者の圧力は同一である．ディスプレーサーピストンの働きで，作動流体の大部分が膨張空間にあるときは圧力が上がり，作動流体の大部分が圧縮空間にあるときは圧力が下がる

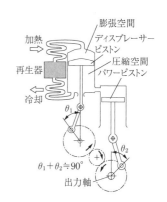

図 8.21 スターリングエンジンの構成

ので，この時間的な圧力変化で，パワーピストンを動かして仕事を取り出す．

8.3.8　圧縮機のサイクル

圧縮機（compressor）には，体積型と速度型の両形式があるが，理論サイクルは，作動流体を比熱比一定の理想気体とし，流れは定常流れとして扱う．入口，出口の状態を 1，2 で表すとエネルギーの式は，位置エネルギーを省略して，質量 m の作動流体について，w を流体の速度，H をエンタルピー，W を外部からの仕事，Q を放熱量とすれば，

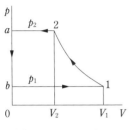

（a）すきまなし 1 段圧縮

$$m\frac{w_1^2}{2} + H_1 + W = m\frac{w_2^2}{2} + H_2 + Q$$

$H = mc_\mathrm{p}T + H_0$ より，

$$W = m\left(\frac{w_2^2}{2} - \frac{w_1^2}{2}\right) + mc_\mathrm{p}(T_2 - T_1) + Q = \int_1^2 V dp + m\left(\frac{w_2^2}{2} - \frac{w_1^2}{2}\right)$$

$$(8.27)$$

往復圧縮機で，図 8.22(a) のように，ピストンが，$b \to 1$ に動く間は，吸入弁を開いて作動流体をシリンダに吸い込み，1 で吸入弁を閉じ，$1 \to 2$ の間で圧縮し，高圧にした状態で排出弁を開いて，$2 \to a$ で高圧側に作動流体を送り出す（ただし，$b \to 1$，$2 \to a$ の過程は，作動流体の質量が変化している）．

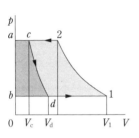

（b）すきまあり 1 段圧縮

図 8.22　1 段圧縮機

このような圧縮機では，入口側，出口側の速度はそれほど大きくないので，速度エネルギーは圧縮仕事に比べると無視できる．よって，式 (8.27) より，等温圧縮の場合は

$$W = Q = \int_1^2 V dp = p_1 V_1 \ln\frac{p_2}{p_1} \qquad (8.28)$$

可逆断熱圧縮の場合は

$$W = \int_1^2 V dp = \frac{\kappa}{\kappa - 1} p_1 V_1 \left\{\left(\frac{p_2}{p_1}\right)^{(\kappa-1)/\kappa} - 1\right\} = mc_\mathrm{p}(T_2 - T_1)$$

$$(8.29)$$

で表される．

すきま体積のない**往復圧縮機**（reciprocating compressor）や速度形の**ターボ圧縮機**（turbo compressor）では，圧力 p_1 から p_2 への圧縮仕事は，式 (8.28)，(8.29) で表される．なお，式 (8.28) と式 (8.29) の比較を行うと，可逆断熱圧縮の仕事は，等温圧縮の仕事に比べて，かなり大きいことがわかる．

a.　すきまのある往復圧縮機

一般に往復圧縮機では，ピストンがシリンダの端に衝突しないように，すきま体積がある．すきま体積を V_c とし，ピストンの行程体積を $V_0 = V_1 - V_\mathrm{c}$ とすると，図 8.22(b) のように，c で排出弁を閉じ，シリンダを

密閉状態にすると，ピストンが移動し，体積が $V_\mathrm{c} \to V_\mathrm{d}$ の間は高圧の作動流体が膨張する．圧力が吸入側の圧力になると，吸入弁を開いて，$d \to 1$ で吸入を行う．このとき，ピストンのする仕事 W は，$W_\mathrm{cd} = \int_c^d V dp$ であるから，差し引き

$$W = W_{12} - W_\mathrm{cd} = \int_1^2 V dp - \int_c^d V dp$$

等温変化とすれば，

$$W = p_1(V_1 - V_\mathrm{d}) \ln \frac{p_2}{p_1} \qquad (8.30)$$

可逆断熱変化とすれば

$$W = \frac{\kappa}{\kappa - 1} p_1 (V_1 - V_\mathrm{d}) \left[\left(\frac{p_2}{p_1} \right)^{(\kappa-1)/\kappa} - 1 \right] \qquad (8.31)$$

また，すきま体積 V_c があると，吸入の体積は，$V_1 - V_\mathrm{c}$ から，$V_1 - V_\mathrm{d}$ になり，λ を体積効率とすると，

$$\lambda = \frac{V_1 - V_\mathrm{d}}{V_1 - V_\mathrm{c}} \qquad (8.32)$$

b.　多段圧縮機

圧力比が大きくなると，普通に行われる断熱圧縮では，仕事が大きくなるとともに**体積効率**（volumetric efficiency）が低下する．これを避けるため，圧縮を多段に分け，**中間冷却**（intercooling）を行って，圧縮仕事の軽減が行われる．2段圧縮機を例にすると，図8.23のように，低圧シリンダで $p_1 \to p_2$ まで圧縮した後，中間冷却して，温度を $T_2 \to T_3$（$= T_1$）と下げた後，高圧シリンダで $p_3 \to p_4$ と圧縮する．これにより，図8.23の網かけ部分の仕事を軽減できる．

c.　速度型の圧縮機

速度型の圧縮機には，**軸流圧縮機**（axial compressor）や**遠心圧縮機**（centrifugal compressor）があり，いずれも，入口側，出口側の速度は大きくないので，可逆断熱圧縮の場合，圧縮仕事は，式（8.29）を用いる．この仕事の仕組みは，図8.24を参考にすると，**ローター**（rotor）と**静翼**（stator）があり，回転するローターにより，作動流体に速度エネルギーが

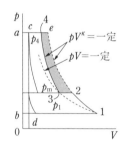

図8.23　多段圧縮機（すきまあり2段圧縮）

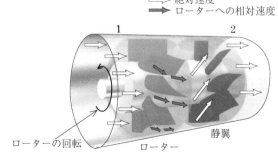

図8.24　軸流圧縮機（速度型）

与えられ，静翼で速度は再び圧力に変換されることになり，ローターの作用はタービンの仕事発生の仕組みと同様である．

8.4　蒸気サイクルとその性能

8.4.1　ランキンサイクル

a.　基本サイクル

水蒸気を作動流体とする熱機関の基本サイクルが**ランキンサイクル**（Rankine cycle）であり，火力発電や原子力発電の基本サイクルである．ボイラ入口圧力が臨界圧力以下（亜臨界圧力）の亜臨界蒸気サイクルと，臨界圧力以上（超臨界圧力）の超臨界蒸気サイクルがある．基本サイクルとしてのランキンサイクルの構成は，**給水ポンプ**（**加圧ポンプ**, feed water pump）P，**ボイラ**（boiler）B，**過熱器**（**スーパーヒーター**, superheater）S，**蒸気タービン**（steam turbine）T，**復水器**（condenser）C からなり，図 8.25 および図 8.26 に示すとおりである．給水を給水ポンプ P でボイラ B に加圧して押し込み，ボイラで等圧加熱されて発生した飽和蒸気を，さらに過熱器 S で加熱し過熱蒸気にし，過熱蒸気を蒸気タービン T で断熱膨張させて膨張仕事によって発電機 G などを運転し，蒸気タービン T を出た蒸気は復水器 C で等圧冷却して凝縮した後，再び給水ポンプ P に送ってサイクルを繰り返す．蒸気サイクルでは圧縮を液相で行うので圧縮仕事が非常に小さいことが利点である．

以上の過程によって表 8.1 のような理論サイクルが完成する．

この状態変化を p-v 線図，T-s 線図，h-s 線図に描くと図 8.27〜8.29 のとおりである．装置内を作動流体が流動しているが，運動エネルギーや位置エネルギーの変化を無視でき，定常状態を仮定すると，熱力学の第一法則の取り扱いは以下のとおりである．図 8.27〜8.29 と比較しながら状態変化を調べる．

1 → 2：可逆断熱膨張

$$\delta Q = dH + \delta W_t = mdh + \delta W_t = 0, \qquad \therefore \delta W_t = -dH = -mdh$$

$$W_t = -\int_{H_1}^{H_2} dH = H_1 - H_2 = m(h_1 - h_2) \qquad (8.33)$$

$\therefore W_t$ は膨張仕事

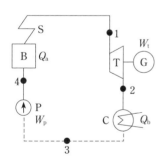

図 8.25　設備の略記法

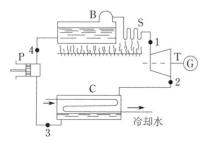

B：ボイラ，S：過熱器，T：蒸気タービン，
C：復水器，P：給水ポンプ，G：発電機．
図 8.26　ランキンサイクル設備図

表 8.1　理論サイクル

変　化	装　置	過　　程		条　件
1 → 2	蒸気タービン	断熱膨張	膨張仕事 W_t	$\delta Q = 0$
2 → 3	復水器	等圧冷却	放熱 Q_b	$dp = 0$
3 → 4	給水ポンプ	断熱圧縮	圧縮仕事 W_p	$\delta Q = 0$
4 → 1	ボイラ+過熱器	等圧加熱	給熱 Q_a	$dp = 0$

2 → 3：等圧変化

$$\delta Q = dH + \delta W_t = dH - V dp = dH = m dh$$

$$Q_b = -Q = -\int_{H_2}^{H_3} dH = H_2 - H_3 = m(h_2 - h_3) \quad (8.34)$$

$$\therefore Q_b \text{ は放熱}$$

3 → 4：可逆断熱圧縮

$$\delta Q = dH + \delta W_t = m dh + \delta W_t = 0, \quad \therefore \delta W_t = -dH = -m dh$$

$$W_p = -W_t = -\int_{H_3}^{H_4} -dH = H_4 - H_3 = m(h_4 - h_3) \quad (8.35)$$

$$\therefore W_p \text{ は圧縮仕事}$$

4 → 1：等圧変化

$$\delta Q = dH + \delta W_t = dH - V dp = dH = m dh$$

$$Q_a = Q = \int_{H_4}^{H_1} dH = H_1 - H_4 = m(h_1 - h_4) \quad (8.36)$$

$$\therefore Q_a \text{ は給熱}$$

よって，すべてエンタルピー変化によってエネルギー関係を求めることができる．

ランキンサイクルの行う正味の仕事量 W は，タービンにおける膨張仕事（タービン仕事）W_t から給水ポンプにおける圧縮仕事（ポンプ仕事）W_p を差し引いた値とする．

$$W = W_t - W_p = H_1 - H_2 - (H_4 - H_3) = m(h_1 - h_2) - m(h_4 - h_3)$$
$$= m(h_1 - h_2 + h_3 - h_4) \quad (8.37)$$

ランキンサイクルの理論熱効率 η_{th} は

$$\eta_{th} = \frac{W}{Q_a} = \frac{W_t - W_p}{Q_a} = \frac{m(h_1 - h_2) - m(h_4 - h_3)}{m(h_1 - h_4)} = 1 - \frac{h_2 - h_3}{h_1 - h_4} \quad (8.38)$$

ポンプ仕事 W_p はタービン仕事 W_t に比べて小さいので省略すると，$h_3 \fallingdotseq h_4$ であるから，理論熱効率は

$$\eta_{th} = \frac{W}{Q_a} = \frac{W_t}{Q_a} = \frac{h_1 - h_2}{h_1 - h_3} \quad (8.39)$$

と近似できる．

蒸気機関はフランスのパパン（Papin）によって開発された．鉱山内の地下水の汲み出し，空気の供給などには水車による動力しか利用できなかったが，その後，イギリス産業革命のころには蒸気機関の活用によって川のない場所でも鉱山を掘削できるようになった．初期に活躍したのがニューコメンの蒸気機関であったが，図 8.30 のようにボイラで発生した蒸気をシリンダに供給し，ピストンを押し上げ，その後シリンダ内に水を噴射し蒸気を水によって冷却して液化し，大気圧によってピストンを押し下げ

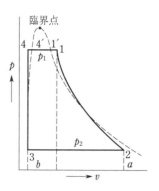

図 8.27 p-v 線図

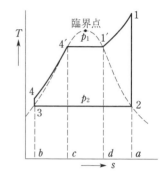

図 8.28 T-s 線図

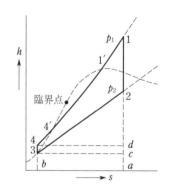

図 8.29 h-s 線図

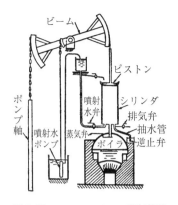

図8.30 ニューコメンの蒸気機関

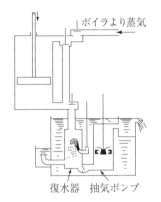

図8.31 ワットの蒸気機関

るという原理であった. ワットは, 蒸気で温められたシリンダに再び水を噴射してシリンダを冷却するのはエネルギーの無駄であることに気づき, 図8.31のように, シリンダにつながっているがシリンダから離れたところに復水器を設けて, シリンダを直接冷却しない方法を開発した. さらに, そのままでは大気圧のもとでの仕事だけで大きな仕事が得られないことに気づき, ピストンの両側に交互に加圧した蒸気を吹き込む方法を開発した. この操作が自動制御の最初であった. この開発によって, 大気圧以上の力でピストンを動かすことができるようになり, 大きな力を発揮し, 小型にすることもできるようになった. そのため蒸気機関車をはじめ蒸気機関の全盛期を築き上げることができた.

b. 再熱サイクル

ランキンサイクルは, 蒸気タービン入口圧力 p_1 を高くすれば仕事量が増え, 熱効率が向上するが, タービン出口の蒸気状態 (状態2) が湿り蒸気に入って湿り度が大きくなる. 湿り度が大きくなるとタービン翼に水滴が凝縮し, 蒸気に溶解した材料が水滴に混ざって翼に付着したり, 摩擦抵抗損失が増大したり, 翼の羽の材料が腐食したりするので, 湿り度が10%程度以内になるように調整する. 膨張幅が大きければ仕事量が大きくなるので, 蒸気の初圧 p_1 を高くするために考案されたのが再熱サイクル (reheating cycle) である (図8.32).

蒸気タービンにおける膨張過程の途中で, 蒸気を**再熱器** (reheater) で再び過熱し, その後蒸気タービンで再び膨張させる. 蒸気タービン T_1 を高圧タービン, 蒸気タービン T_2 を低圧タービンという. 中圧タービンを間に入れた3段膨張もある.

1段再熱の図8.32の場合の理論熱効率は,

$$\eta_{\text{th}} = 1 - \frac{h_2 - h_3}{h_1 - h_4 + h_6 - h_5} \tag{8.40}$$

再熱圧力 p_{r} は, 熱効率が最大になるように決められる.

c. 再生サイクル

ランキンサイクルの改善として, カルノーサイクルに近づける方策とし

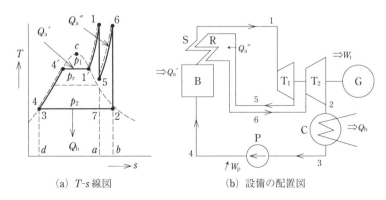

(a) T-s 線図   (b) 設備の配置図

図8.32 再熱サイクル

て考案されたものが再生サイクル（regenerative cycle）である．蒸気ター
ビンにおける膨張途中の蒸気を一部抽出して給水を予熱するために利用す
る．抽出した蒸気はタービンで膨張しないので仕事量にはならないが，復
水器からボイラに送られる給水を加熱器 E_1, E_2, E_3 で加熱してボイラ加
熱量を削減することができる（図 8.33）．

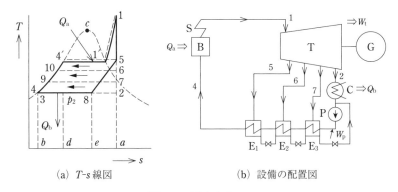

| (a) T-s 線図 | (b) 設備の配置図 |

図 8.33 再生サイクル

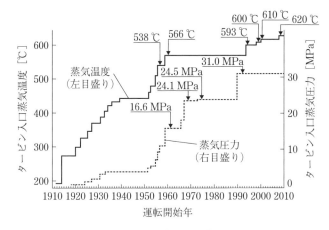

図 8.34 蒸気条件の向上

d. 汽力発電（火力発電，原子力発電）の動向

状態 1 を高温高圧にすることによって，熱効率が向上する．材料などの
問題があるが，さらに高温高圧を目指して研究が進められている．図 8.34
には温度 610 ℃，圧力 25 MPa の例が示されているが，水の臨界温度
373.946 ℃，臨界圧力 22.064 MPa であるから，超高温になっている．さら
に，ガスタービンとの組合せによるコンバインド発電では，ガスタービン
の排熱によって水蒸気を発生させる発電形態であり，図 8.35 のように高
効率になってきている．

高温の水蒸気を発生するボイラの作用は，図 8.36 にまとめたように，
従来から省エネルギーに工夫を凝らしてきた．加熱の燃料は，石油，天然
ガス，石炭，COM（石炭・石油の混合燃料），原子力など多様化している．

組合せサイクル（コンバインドサイクル）

コンバインドサイクル（combined cycle, CC）は，ガスタービン発電と汽力発電を組み合わせた発電方式である．圧縮機で圧縮空気を作り，その圧縮空気に燃料を混合して燃焼された後，この燃焼ガスによりガスタービンを回転させ，その排ガスの熱をボイラに導入して水蒸気を発生させ蒸気タービンを回転させる．このガスタービンと蒸気タービンの回転により，それぞれ発電機を回転させ発電する（図 8.37）．燃焼温度が約1100 ℃ の CC を改良して改良型 CC（ACC：advanced CC）発電方式では燃焼温度が約1300 ℃ まで上昇させ，さらにMACC（more advanced CC）では 1400〜1500 ℃ まで上昇させる．ガスタービンの材料や冷却方法の改善により，熱効率は60 ％以上に及んでいる．

燃料には，石炭ガス，LNGのほか，アンモニア，水素などが使用される．

火力発電技術では，石炭火力，LNG 火力ともに，単一のガスタービンサイクルを第一世代とし，コンバインドサイクルを第二世代，そして燃料電池とコンバインドサイクルを組み合わせたトリプルコンバインドサイクル（燃料電池複合発電）を第三世代としている．

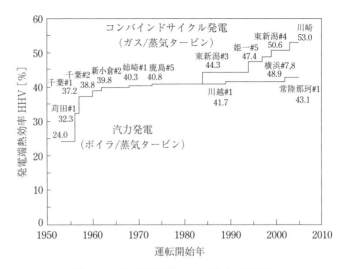

図 8.35　火力発電熱効率の変遷（＃は号数）

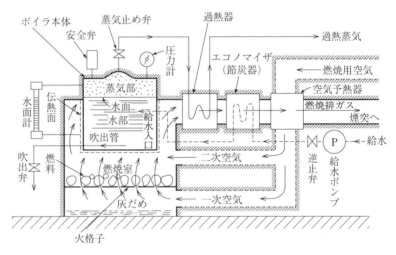

図 8.36　ボイラの構造部分説明図

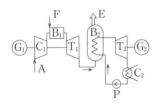

図 8.37　コンバインドサイクル（2 軸式排熱回収方式）の例

A：空気，B_1：燃焼器，B_2：排熱回収ボイラ，C_1：圧縮機，C_2：復水器，E：煙突，F：燃料，G_1：発電機 1，G_2：発電機 2，T_1：ガスタービン，T_2：蒸気タービン，P：給水ポンプ．

燃焼に使われる空気は煙道で余熱され，給水も給水ポンプを通過した後煙道でエコノマイザー（節炭器，熱交換器）によって加熱されボイラに供給される．ボイラの飽和蒸気は過熱器でさらに過熱される．石炭燃焼については古くは図 8.36 のように火格子が使用されたが，最近の石炭燃焼は流動床（層）燃焼といわれ，燃焼室内で燃焼用空気中に浮遊して燃焼させる方法がとられている．石炭周りの燃焼灰も浮遊中に石炭から外れるため常に燃焼面が空気に接しており，燃焼効率がよくなる．

わが国の発電用エネルギー消費は，図 8.38 に示したように 1 次燃料全体の 35.9 ％であり，省エネルギーのための技術開発はきわめて重要である．

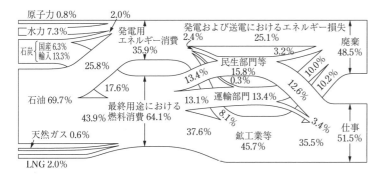

図 8.38 わが国のエネルギーの供給・消費流れ図

8.4.2 蒸気圧縮式冷凍サイクル

熱は自然界では高温から低温へ移動するが，低温から高温へ熱を輸送する装置が，冷凍装置またはヒートポンプである．アンモニア，フルオロカーボン，炭化水素（プロパン，イソブタンなど），二酸化炭素などを作動流体（冷媒）として使用する冷凍装置では，逆ランキンサイクル（ランキンサイクルとは逆向きの状態変化）に相当する**冷凍サイクル**（refrigeration cycle）を行っている．

蒸発器内で低温にすると周囲から熱が冷媒に流入し，その熱に圧縮機の動力から変換された熱を加え，周囲の温度より高温にすれば，凝縮器で周囲に熱を放熱することができる．

以上の過程によって1段圧縮，1段膨張の蒸気圧縮式冷凍サイクルについて，表8.2のような理論サイクルが完成する．なお，図8.39に蒸気圧縮式冷凍装置，図8.40に蒸気圧縮式冷凍サイクル（理論サイクル）のp-h線図を示す．

$1 \rightarrow 2 : \delta Q = 0$, W_{p}：圧縮仕事

$\delta Q = dH - \delta W_{\mathrm{p}} = 0$, $\quad \therefore \delta W_{\mathrm{p}} = dH = mdh$

$$W_{\mathrm{p}} = \int_{H_1}^{H_2} dH = H_2 - H_1 = m\,(h_2 - h_1) \tag{8.41}$$

$2 \rightarrow 3 : dp = 0$, Q_{k}：放熱

$\delta Q_{\mathrm{k}} = -dH + \delta W_{\mathrm{t}} = -dH - Vdp = -dH$,

$\quad \therefore \delta Q_{\mathrm{k}} = -dH = -mdh$

$$Q_{\mathrm{k}} = \int_{H_2}^{H_3} -dH = H_2 - H_3 = m\,(h_2 - h_3) \tag{8.42}$$

$3 \rightarrow 4 : \delta Q = 0$, $\quad \delta W_{\mathrm{t}} = 0$,

$\quad \therefore \delta Q = dH + \delta W_{\mathrm{t}} = dH = mdh = 0$

$$h_4 = h_3 \tag{8.43}$$

$4 \rightarrow 1 : dp = 0$, Q_{r}：給熱（冷却）

$\quad \delta Q_{\mathrm{r}} = dH + \delta W_{\mathrm{t}} = dH - Vdp = dH$, $\quad \therefore \delta Q_{\mathrm{r}} = dH = mdh$

表8.2 蒸気圧縮式冷凍サイクル（理論サイクル）

変化	装置	過　　程		条件
$1 \rightarrow 2$	圧縮機	断熱圧縮	圧縮仕事 W_p	$\delta Q = 0$
$2 \rightarrow 3$	凝縮器	等圧冷却	放熱 Q_k	$dp = 0$
$3 \rightarrow 4$	膨張弁	絞り膨張	仕事なし	$dh = 0$
$4 \rightarrow 1$	蒸発器	等圧加熱	給熱（冷却）Q_r	$dp = 0$

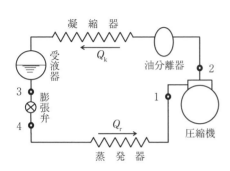

図8.39 蒸気圧縮式冷凍装置

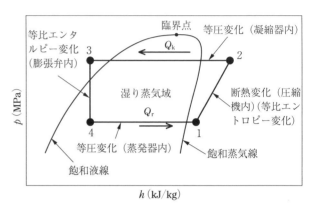

図8.40 蒸気圧縮式冷凍サイクル（理論サイクル）の p-h 線図

$$Q_\mathrm{r} = \int_{H_4}^{H_1} dH = H_1 - H_4 = m\,(h_1 - h_4) \tag{8.44}$$

冷凍装置およびヒートポンプの性能評価は**成績係数**（**動作係数**，COP，coefficient of performance）でなされ，それぞれ次式で定義される．

冷凍装置の成績係数：$(COP)_\mathrm{r} = \dfrac{Q_\mathrm{r}}{W_\mathrm{p}} = \dfrac{h_1 - h_4}{h_2 - h_1}$ $\qquad\qquad$ (8.45)

ヒートポンプの成績係数：

$$(COP)_\mathrm{h} = \frac{Q_\mathrm{k}}{W_\mathrm{p}} = \frac{h_2 - h_3}{h_2 - h_1} \tag{8.46}$$

これらの解析からわかるように，冷凍サイクルでは p-h 線図を活用するのが便利である．図8.40に蒸気圧縮式冷凍サイクルの p-h 線図に示した**圧縮機**（compressor）による断熱圧縮によって，状態2の温度が周囲の温度より高くなるが，状態1をより低温にすると圧縮機出口温度は高温になりすぎ，体積効率が悪化し，冷媒にも悪影響を与えることがある．そのような場合，圧縮機を2段に分けて，1段目の圧縮機出口で冷却して2段目の圧縮機入口に導入する．

　圧縮機効率によっても，圧縮機出口温度が高温になる．実際の圧縮機の断熱効率を η_c，機械効率を η_m とすると，圧縮機出口の吐出しガスの比エンタルピー $h_2{}'$ は次式で求められる．

$$h_2' = h_1 + \frac{h_2 - h_1}{\eta_\mathrm{c}\eta_\mathrm{m}} \tag{8.47}$$

8.4.3 吸収式冷凍サイクル

アンモニア水溶液，臭化リチウム水溶液などを作動流体とし，これらを加熱して冷媒と吸収剤に分離し，冷媒液を膨張させ冷却するものを**吸収式冷凍サイクル**（absorption refrigeration cycle）とよぶ．アンモニア水溶液ではアンモニアが冷媒，水が吸収剤，臭化リチウム水溶液では水が冷媒，臭化リチウムが吸収剤である．

発生器（generator）で加熱し，濃度の濃くなった作動流体を**吸収器**（absorber）に送り，凝縮器，膨張弁，蒸発器を通った冷媒を吸収器で混合する（図8.41）．凝縮器，膨張弁，蒸発器の過程は蒸気圧縮式冷凍装置と同じである．ガス加熱，ボイラ排熱，太陽熱加熱などの熱を使用して，冷却できるサイクルである．

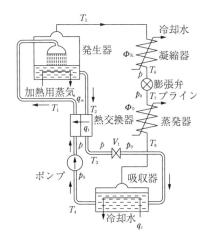

図8.41 吸収式冷凍サイクルの例

8.4.4 空気液化装置のサイクル

気体の液化は，物体の熱物性のなかでジュール–トムソン効果を利用して行う．空気を初めて液化したのは，アンモニア冷凍装置を初めて製作したリンデ（Carl von Linde）で，空気液化装置を開発した．

図8.42にクロード（Claude）の空気液化装置（リンデの装置を改良）とそのサイクルを示す．圧縮機で圧縮して高温になった空気を冷却した後，さらに絞り膨張して冷却することを繰り返して液化する．図8.43に示すように，ジュール–トムソン係数 μ が，$\mu > 0$ の範囲では絞りによって冷却効果が現れ，$\mu < 0$ では逆に絞りによって加熱効果が現れる．$\mu = 0$ の状態の温度を**逆転温度**（inversion temperature）という．ジュール–トムソン係数は，次式で定義される．

$$\mu = \left(\frac{\partial T}{\partial p} \right)_h \tag{8.48}$$

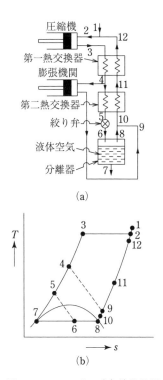

図8.42 クロードの空気液化装置（a）とそのサイクル（b）

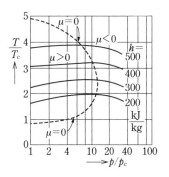

図8.43 空気に対するジュール–トムソン効果の起きる範囲

演 習 問 題

問題 8.1　カルノーサイクルを体積型の熱機関と仮定したとき，図 8.6 のように，V_1 が最小体積，V_3 が最大体積でその圧力を p_3 とし，$V_3/V_1 = \varepsilon$，$V_2/V_1 = \rho$ としたとき，平均有効圧を記号（$p_3, \varepsilon, \rho, \kappa$）を用いて表せ．

問題 8.2　オットーサイクルで圧縮前の圧力 0.1 MPa として，圧縮比を 8.0 とする．最高圧力を 12.0 MPa としたとき，理論熱効率，平均有効圧を求めよ．ただし，$\kappa = 1.40$ とする．

問題 8.3　ディーゼルサイクルで圧縮前の圧力 0.1 MPa，温度 300 K として，圧縮比を 20 とする．最高温度を 2000 K としたとき，理論熱効率，平均有効圧を求めよ．ただし，$\kappa = 1.40$ とする．

問題 8.4　オットーサイクルで圧縮前の圧力 0.1 MPa，温度 300 K として，圧縮比を 8.0 とする．加熱は等積加熱により，圧力比 $\xi = 5.0$ となるものとする．このサイクルの最高温度，最高圧力および作動流体の質量 1 kg あたりに供給すべき熱量を求めよ．ただし，$R = 0.287$ kJ/kg，$\kappa = 1.40$ とする．また，$\kappa = 1.30$ としたときと比較せよ．

問題 8.5　ディーゼルサイクルで圧縮前の圧力 0.1 MPa，温度 300 K として，圧縮比 18，等圧での熱供給量は $Q_a/m = 2100$ kJ/kg とする．このとき，このディーゼルサイクルの理論熱効率，平均有効圧，最高温度，および最高圧力を求めよ．ただし，$R = 0.287$ kJ/kg，$\kappa = 1.40$ とする．

問題 8.6　サバテサイクルで圧縮前の圧力 0.09 MPa，温度 300 K として，圧縮比を 18 とする．作動流体の質量 1 kg に対する供給熱量は，等積加熱と等圧加熱を合計して，1900 kJ/kg とし，サイクルの最高温度は，3000 K とする．このとき，このサバテサイクルの理論熱効率，平均有効圧，締切り比 ρ および圧力比 ξ を求めよ．ただし，$R = 0.287$ kJ/kg，$\kappa = 1.40$ とする．

問題 8.7　単純ブレイトンサイクルで，圧力比 8.0，圧縮前圧力 0.1 MPa，温度 300 K とし，作動流体の質量 1 kg に対する供給熱量を 850 kJ/kg としたとき，このサイクルの最高温度と理論熱効率を求めよ．ただし，$c_p = 1.12$ kJ/(kg·K)，$\kappa = 1.40$ とする．また，理想的な熱交換器により，再生ブレイトンサイクルとしたときの理論熱効率，必要な供給熱量（作動流体の単位質量あたり）を求めよ．

問題 8.8　ジェットエンジンで，圧力比 10.0，圧縮前圧力 0.1 MPa，温度 300 K，最高温度を 1300 K とする．このエンジンの静止時（吸入空気速度 0 m/s），単位流量あたり，圧縮機に消費される仕事量とジェットの噴出速度を求めよ．ただし，圧縮機側の $c_p = 1.02$ kJ/(kg·K)，タービン側の $c_p = 1.15$ kJ/(kg·K)，$\kappa = 1.40$ とする．

問題 8.9　すきまのない一段往復圧縮機で，温度 300 K の空気 1.0 kg を 0.1 MPa から 1.0 MPa まで圧縮するとき，作動流体単位質量あたり以下の各量を求めよ．ただし，$R = 0.287$ kJ/(kg·K)，$c_p = 1.00$ kJ/(kg·K)，$\kappa = 1.40$ とする．

　① 等温圧縮時の仕事と冷却熱量．

　② 断熱圧縮時の仕事と温度，および最初の温度にするための冷却熱量．

問題 8.10　行程体積 20 L，すきま比 5.0% の一段往復圧縮機において，圧力 0.1 MPa，温度 300 K の空気 1 kg を 1.0 MPa まで断熱圧縮するのに要する理論仕事量と体積効率を求めよ．ただし，$\kappa = 1.40$ とする．

問題 8.11　200 ℃ の乾き飽和蒸気を比エントロピー一定のまま，100 ℃ になるまで断熱膨張させた．この湿り蒸気の乾き度を求め，この状態における圧力，比体積，および比エンタルピーを求めよ．巻末の付表 1 を使用して答えよ．

問題 8.12　図の基本ランキンサイクルにおいて，状態 4（ボイラ入口）から状態 1（蒸気タービン入口）

への変化で与えられる供給熱量 Q_a を求めよ．ただし，状態量の記号は本書で扱うとおりとする．

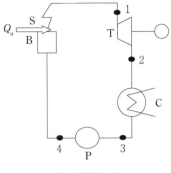

図 問題 8.12

9 各種エネルギーと地球環境

9.1 エネルギーとは

「エネルギー」という言葉は，一般的に"活力"や"精力"といった意味で使われている．自然科学では，"仕事を行う潜在的な能力"を意味する言葉として使われている．「太陽エネルギー」や「原子力エネルギー」といった言葉は，"エネルギー源としての種類"を表すものである．「省エネルギー」という言葉は，"効率よく電気や熱を使うということ"を表すことから，エネルギーの有用性や経済性などを示す場合に用いられていることがある（p.3参照）．

"太陽エネルギーは半永久的に存在するので，長期にわたる潜在的なエネルギーとしては膨大であるが，地表で受ける単位面積あたりのエネルギー量は最大でも$1\,\mathrm{kW/m^2}$程度であり，エネルギー密度は低い."このように，単位時間あたりのエネルギー量として「エネルギー」という言葉を曖昧に用いる場合もある．

1.2節に，「エネルギー」とエネルギー源の種類について述べた．"石油を精製してガソリンを製造し，ガソリンを自動車で使用して魚や野菜を産地以外のところに運搬する"というように，エネルギー源を使用して機械などを動かし，必要な「エネルギー」を発生させて，所期の目的を達成する．

たとえば，燃料を燃焼させて得られる高温のエネルギー（熱量）Q_1は，利用されなければそのまま周囲に放熱され，地球を暖めることになる（$Q_1 = Q_2$）．しかし，同じエネルギーQ_1をエンジン（熱機関）などの機械によって利用して仕事Wを行うと，$Q_{21} = Q_1 - W$の熱損失を周囲に放熱するだけですむが，摩擦によって，そのエネルギー（仕事量）Wは周囲に熱Q_{22}として放熱される（図9.1）．

したがって，周囲より高温のエネルギーを一旦発生させると，最終的にはそれらはすべて周囲に放熱される．このように，運動エネルギー（＝速度エネルギー）と位置エネルギー（＝ポテンシャルエネルギー）の総和が保存されるという「力学的エネルギー保存則」は拡張されて，熱量，仕事量など，すべてのエネルギーを含めてエネルギーは保存される．これが，「熱力学の第一法則」である．

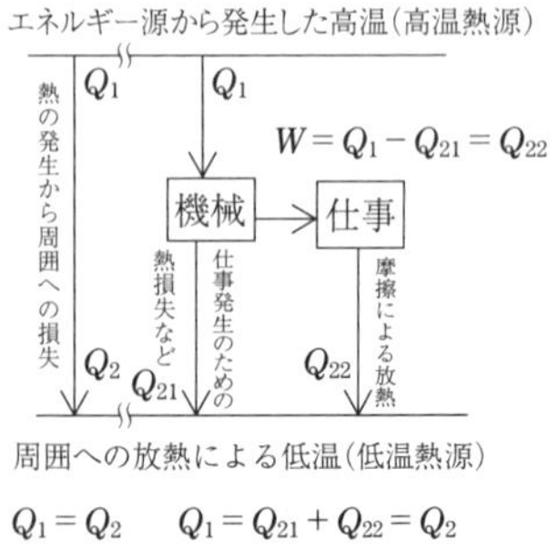

エネルギー源から発生した高温（高温熱源）

$W = Q_1 - Q_{21} = Q_{22}$

機械 → 仕事

周囲への放熱による低温（低温熱源）

$Q_1 = Q_2 \qquad Q_1 = Q_{21} + Q_{22} = Q_2$

図9.1 エネルギー保存則の概念

9.2 地球環境と地域環境（公害）

環境問題は多様化しており，地球環境，地域環境，住環境のそれぞれに広がっている．

9.2.1 地球環境

地球環境問題が重要視される理由を表9.1に，代表的な地球環境問題とそれらが重要視される理由を表9.2に示す．

表9.1 地球環境問題が重要視される理由

1	今後，避けて通れない問題である
2	経済を成長させつつ，地球環境保全に努める方法として，ISO 14001 が提案されている
3	現在のエネルギー資源の枯渇に耐えられる方策が見つかっていない
4	環境問題が，人口問題，食糧問題，エネルギー問題などに影響を与える

表9.2 代表的な地球環境問題が重要視される理由

1	地球温暖化	後で気づいても，もとに戻すことができない
2	酸性雨・水質汚濁	国境を越えた問題でありながら，責任を取りにくい
3	大気汚染	汚染物質が雨に溶解し，土に吸収され，山，川，海の生態系に影響を与える
4	オゾン層破壊	原因は特定フロン（フッ素系冷媒，発泡剤，洗浄剤など）以外にもあるが，特定フロンにしか国際的規制がない
5	廃棄物処理	国境を越えて移動し，処理法によりダイオキシンが発生する

a. 地球温暖化のメカニズム

これらの地球環境問題のなかで，地球温暖化は人類の存亡にかかわるほどの重大な問題であり，化石燃料の燃焼生成物による二酸化炭素（CO_2）の急激な増加が主な原因と考えられている．それでは，なぜ CO_2 の増加が地球温暖化を起こすのかを考えてみよう．

（1）成層圏とオゾン層：　リンゴを地球に例えると，地球上の成層圏の厚さはリンゴの皮の厚さ程度であり，そのなかに，空気，水蒸気およびごくわずかの CO_2 等のガスが存在している．地上に降り注ぐ太陽光は，種々の波長の電磁波から成り立っており，可視光（波長：$0.35〜0.75\,\mu m$）の出力が全体の44％程度になっている．成層圏の外側にはオゾン層があり，地上に注ぐ紫外線の量を減らす役割を果たしている．

（2）熱放射による地上での熱的釣合い：　地表に入射する太陽光は熱に変換されて地表を加熱する．もし，この加熱量に相当する熱量が地球から大気圏外に放出されなければ，地球の温度はどんどん上昇していくことになる．大気圏の外側は真空になっているので，空気を媒体として対流や熱

地球上の気温変動について700年周期説を主張している学者もいる．これは太陽の黒点の分布や木の年輪の変化などから結論づけている．

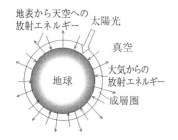

図 9.2　太陽, 地表, 大気から放出されたエネルギー

再生可能エネルギーを利用するためには, 最適の装置を製造しなければならない. また, それらの装置には寿命があり, いずれ廃棄しなければならない. これらの製造と廃棄における地球環境への負荷を念頭において計画することが重要である.

伝導で大気圏外に放出される熱はない. そこで, 熱放射により地球より宇宙空間にエネルギーを放出して, 地上での熱の釣合いを保つようになっている (図 9.2).

（3）温室効果ガスと地表温度上昇:　放射エネルギーの量は, 式 (1.4) (p.6 参照) に示したように, 絶対温度の 4 乗に比例する. 地表から放出される正味の放射エネルギー量は, 地表から天空に向かって放射される赤外線のエネルギー量と大気から地表面に向かって放射される赤外線のエネルギー量との差である. 地表から放射される赤外線の一部は, 水蒸気や温室効果ガスとよばれる CO_2, メタンガスなどで吸収されるので, これらのガスが大気中に増えてくると, これらのガスによって吸収される赤外線の量が増えてくる. その結果, 大気の温度が上昇し, 大気から放射されて地表に向けて放射される赤外線の量も増えてくるので, 地表の温度も高くなってくる.

b.　地球温暖化防止の動き

近年, 石油や石炭等の化石燃料の大量消費によって, 大気中の CO_2 濃度が非常に高くなっている. そこで, 化石燃料の消費をできるだけ抑えることが世界的に重要な課題になっており, 太陽エネルギーや風力エネルギー等の再生可能エネルギーの利用促進に加えて, 性能のよい機器やヒートポンプ等の省エネルギー機器の利用が促進されている. ヒートポンプは, 低温熱源から高温熱源に熱を輸送するもので, 家庭用エアコンはその一種である. ヒートポンプは, 消費エネルギー（電気消費量）の 4 倍以上の熱エネルギーが得られるようになってきており, 省エネルギー機器のトップランナーとして注目されている.

9.2.2　地域環境（公害）

ヨーロッパでは, 一つの川がいくつかの国を流れており, そのなかのどこかの国の地域的な汚染が川を媒介して多くの国に影響を与えるため, 地域的な問題が国際問題となることがある. 日本の代表的な地域環境問題を表 9.3 に示す.

表 9.3　日本における代表的な地域環境問題

1	足尾銅山鉱毒事件	明治時代～現代	
2	四大公害訴訟	1965～1996 年	熊本・新潟水俣病裁判　四日市公害裁判　イタイイタイ病裁判
3	複合大気汚染（工場排煙・自動車排気ガス）		川崎公害, 倉敷公害, 千葉川鉄公害, 西淀川公害など
4	福島第一原子力発電所事故	2011 年 3 月 11 日	放射性物質放出事故　汚染水問題

a. 新たな地域環境問題①ヒートアイランド現象: 人口の多い都心では,ヒートアイランド現象とよばれる,真夏の気温が異常に高くなる地域環境問題が重大になっている.2031年の東京大手町の気温が43℃を超えるという予測もされている[文献1].都心では,人口に応じて,大量のエネルギーを消費している.さらに,ビルや住宅が密集し,コンピュータ関連機器をはじめとする電気利用機器の需要が増えており,それらを稼動させるための電力が最終的にはすべて熱に変わって空気中に放出されるので,夏の冷房に要するエネルギー量が増加の一途をたどっている.エアコンによる冷房は室内の空気温度を下げているが,消費した電力は最終的にはすべて熱に変わるので,結局,都心の外気温を上げることになる.1人の人間から放出される熱量は100 W程度であるので,100万人からは100 MWもの熱が放出されている.また,人間だけでなく,自動車から出る排熱も気温上昇の原因となっている.

昼間に日射によって温まった地面や建物は,夜間に放射によって天空に熱を逃がし,地表での熱の入力と出力のバランスを保つようになっているが,ビルや住宅に蓄熱された熱は夜間に逃げにくく,建物が十分冷えないので,それが夜間や日中の気温を上げる要因にもなっている.このように,比較的狭い都心地域でのエネルギー大量消費と建物の蓄熱効果によって,都心の夏の日中は外気温がとくに高くなるという問題が起こっている.

b. 新たな地域環境問題②大気汚染: 都市における大きな環境問題のひとつとして,大気の汚染が挙げられる.廃棄物を焼却するときに出てくる有害ガスや,自動車の排気ガス中の有害ガスが人の健康に及ぼす影響は重大である.自動車に関しては,排気ガス中の有害ガスの濃度規制が行われており,また,公害の少ない燃料電池車や電気自動車の実用化が推進されている.

9.3 エネルギーの種類

a. 熱エネルギー: 静止している物体は運動していないように見えているが,それを構成している原子や分子は振動や回転をしていて,エネルギーを保有している.また,電子の配置を変えることによってエネルギーの保有量が変わる.燃やすと熱が出るように,化学的エネルギーとして保有している場合もある.物質が内部にもっているエネルギーの総和を内部エネルギーとよんでおり,そのうち,温度差のあるところを移動することができるエネルギーを「熱エネルギー」とよんでいる.

b. 運動エネルギー: 質量 m の物体を速度が0から w になるまでに仕事量 W を加えたとき,その物体の保有する運動エネルギー E_k は,加えられた仕事量に相当するエネルギーと考えることができる.経過時間を τ,移動距離を x,加速度を a,加える力を F とするとき,微少距離 dx 移

文献1
齋藤武雄,「60年の光陰—さいとうたけおエッセイ集」,笹氣出版印刷株式会社,2003,p.134.

運動エネルギーは速度エネルギーともよばれる.式(9.1)から力(F)×移動距離(dx)によって求められることから,仕事であることがわかる.

動したときの仕事量 δW は次式で示される.

$$\delta W = F dx = ma dx = m\frac{dw}{d\tau}dx \tag{9.1}$$

したがって, 運動エネルギーは次式で示される.

$$E_{\mathrm{k}} = W = \int_0^x m\frac{dw}{d\tau}dx = m\int_0^w \frac{dx}{d\tau}dw = m\int_0^w w\,dw = \frac{1}{2}mw^2$$

$$\tag{9.2}$$

> 位置エネルギーはポテンシャルエネルギーの一種である. 式 (9.3) から力 (mg)×移動距離 (z) によって求められることから, 仕事であることがわかる.

c.　位置エネルギー:　　基準の位置から高さ z のところまで重力 (mg) に抗して物体を持ち上げたときの仕事量が位置エネルギー E_{p} として物体に保有されることになるので, 位置エネルギーは次式で示すことができる.

$$E_{\mathrm{p}} = mgz \tag{9.3}$$

d.　化学的エネルギー:　　物質を構成する原子の結合状態によって, 物質の保有するエネルギー量が変わる. 石油, 石炭などを燃焼させると分子間の結合が変化して熱エネルギーが発生するので, 変化前の物質は熱エネルギーをもっているといえる. 燃料電池は, 水素ガスがもつ化学的エネルギーを電気的エネルギーに直接変換して利用するものである.

e.　原子核エネルギー:　　ウランの原子核に中性子を衝突させると核分裂を起こし, 2原子になり, 総質量は減少する. 減少した質量を Δm とするとき, 「アインシュタインの質量とエネルギーの等価性の原理」より, 光速を c とするとき, 放出されるエネルギー E は次式で示される.

$$E = \Delta mc^2 \tag{9.4}$$

f.　電気的エネルギー:　　電気的エネルギーはさまざまな形態をとる. その代表的なもののひとつとして, 2つの帯電体に, 両者の電荷の積に比例し, 距離の2乗に反比例する「クーロン力 (静電気力)」が, 引力 (電荷符号が異なる場合) または斥力 (電荷符号が同じ場合) として作用し, そのポテンシャルエネルギーとして保存される.

g.　再生可能エネルギー:　　過去に蓄積された化石燃料を燃焼させて得られる化石エネルギーに対して, 使用しても循環により再生が可能で, 減らないものとみなされるエネルギーを再生可能エネルギーとよんでいる. そのなかには, 太陽エネルギー, 風力エネルギー, 水力エネルギー, 海洋エネルギー (波力, 潮力など), 地熱エネルギー (以上を, 自然エネルギーとして区別することもある), 温度差エネルギー, バイオマスエネルギーなどがある.

　再生可能エネルギーによる震災復興の牽引を三本柱のひとつに掲げた「再生可能エネルギー先駆けの地アクションプラン」が福島県により 2013 年に策定された. 「2040 年頃を目途に, 県内エネルギー需要の 100% に相当する再生可能エネルギーを生み出す」ことを目標とした前例のない挑戦的な取組みとして注目される.

h. リサイクルエネルギー： われわれの日常生活において棄てられる廃棄物や廃熱を回収して，熱や電気にリサイクルして利用するエネルギーのことをリサイクルエネルギーとよんでいる．そのなかには，廃棄物，下水熱，群小都市廃熱，工場廃熱などがあり，上述した再生可能エネルギーと合わせて，新エネルギーとよぶことがある．リサイクルエネルギーの利用促進には設備コストの壁があるが，都市部のヒートアイランド現象対策として有効である．

再生可能エネルギーとリサイクルエネルギーを合わせて，「新エネルギー」と定義することが知られている．この新エネルギーの枠組を取り払って，より多様なエネルギーを対象として，その有効利用に関する斬新なアイデアを募る「新☆エネルギーコンテスト」が，日本機械学会の主催で，福島県郡山市で 2012 年から定置開催されている．震災復興を見守る学会行事として注目すべき取り組みであり，健康で持続可能なエネルギー利用を実現する未来エンジニアの卵を育成し続けることが期待される．

i. 環境エネルギー： 身の回りの環境に薄く広く存在するエネルギーを環境エネルギーとよんでいる．そのなかには，日常生活から出る廃熱，室内の環境光，機械や人体の運動による振動，公衆無線の電波などがある．熱電素子，太陽電池，圧電素子，電磁誘導などを用いたエネルギー変換によって，環境に存在する微小なエネルギーを利用した無線電力供給が期待されている．

9.4 エネルギー関数

エネルギー関数（energy function）には，以下の 4 種類がある．**熱力学ポテンシャル**（thermodynamic potential）とよぶことがある．

9.4.1 内部エネルギー U

閉じた系内の物体が所有している**全エネルギー**（total energy）を**内部エネルギー**（internal energy）という．すなわち，閉じた系内の分子または原子が所有する全エネルギーのことである．一般に，「エネルギー」というときは「内部エネルギー」を指している．

閉じた系に関する熱力学の第一法則と第二法則から，次式が成立する．

$$dU = \delta Q - \delta W = \delta Q - p dV = T dS - p dV \qquad (9.5)$$

この式からわかるように，状態量ではない熱量と仕事量との差が内部エネルギー変化（状態量）を発生していることになる．さらに，等積変化（体積一定の変化，$dV = 0$）における微小熱量 δQ が内部エネルギー変化 dU に等しいことになる．

9.4.2 エンタルピー *H*

開いた系内の物体が定常流れの状態にあるとき，この物体が所有している全エネルギーを**エンタルピー**（enthalpy）という．流れている物体を流体と総称するが，エンタルピーは定常流れの流体が所有する全エネルギーのことである．

開いた系に関する熱力学の第一法則から，次式が成立する．

$$dH = \delta Q - \delta W_t - mwdw - mgdz = \delta Q + Vdp = TdS + Vdp$$

$$(9.6)$$

この式からわかるように，流速に変化がなく（$dw = 0$），高さの変化が少なく（$dz \fallingdotseq 0$），工業仕事がない（$\delta W_t = 0$）場合，すなわち，定常流れの流体に出入する微小熱量 δQ は，状態量であるエンタルピー変化 dH に等しい．さらに，等圧変化（圧力一定の変化，$dp = 0$）における微小熱量 δQ がエンタルピー変化 dH に等しいことになる．すなわち，エンタルピー変化を知ることによって，流れ系（開いた系）に出入するエネルギーを知ることができる．

9.4.3 ヘルムホルツ関数 *F*（自由エネルギー）

ヘルムホルツ関数（Helmholtz function）*F* は，6.9.1 項に述べたように，次式によって定義される．

$$F = U - TS \qquad (9.7)$$

TS は，その状態における絶対温度とエントロピーの積であるが，**束縛エネルギー**（bound energy）とよばれるランダムな分子運動の内部エネルギーであり，その状態を保つためのエネルギーで，仕事として取り出すことが不可能なエネルギーである．ヘルムホルツ関数は内部エネルギーから TS だけ差し引いた残りが仕事として取り出せることを表している．

また，次式から，等積（体積一定，$dV = 0$）かつ等温（温度一定，$dT = 0$）の変化においては，ヘルムホルツ関数が一定であることがわかる．

$$dF = dU - TdS - SdT = dU - \delta Q - SdT = -pdV - SdT$$

$$(9.8)$$

9.4.4 ギブス関数 *G*（自由エンタルピー）

ギブス関数（Gibbs function）*G* は，6.9.1 項に述べたように，次式によって定義される．

$$G = H - TS \qquad (9.9)$$

TS は，前述のように，束縛エネルギーで，ランダムな分子運動の内部エネルギーであり，その状態を保つためのエネルギーで，仕事として取り出すことが不可能なエネルギーである．ギブス関数はエンタルピーから TS だけ差し引いた残りが仕事として取り出せることを表している．

また，次式から，等圧かつ等温の変化においては，ギブス関数が一定で

あることがわかる.

$$dG = dH - TdS - SdT = dH - \delta Q - SdT = Vdp - SdT$$

$$(9.10)$$

9.5 エンタルピー評価

　実際の熱機関は，作動流体がその内部で流動しており，その間に作動流体が周囲からの受熱，周囲への放熱，動力発生などを繰り返している．このように，作動流体が温度，圧力を変化させながらエネルギー変換を繰り返しているが，定常運転を行っているため，その間のエネルギー変換はエンタルピー変換を繰り返していることになる．熱機関の運転に要するエネルギーの入力と出力を知ることによって，有効にエネルギーを使用し，有効に仕事を発生しているかを知るために，エンタルピー評価（熱量評価）が行われる.

　図 9.3 は，発電用ボイラのエンタルピー（熱量）の割合を示したものである．流入エンタルピーを 100% とし，蒸気（水蒸気）発生に有効に使用されたエネルギーは 87.2% であることを示している．燃焼排ガスのエンタルピーが 11.5% であることから，これらのエンタルピー（熱量）を熱交換器などで回収し，再利用を考えれば，エネルギーの有効利用に役立つことがわかる．こうした解析・評価を装置全体にわたって行い，エネルギーの有効活用に供することができる.

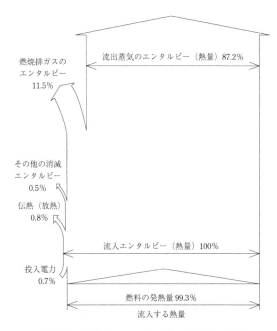

図 9.3 ボイラのエンタルピー（熱量）線図

9.6 エクセルギー評価

9.6.1 有効エネルギー

高温熱源（温度 T_a）から熱量 Q_a が与えられたとき，その熱量のすべてを仕事に変換することは，熱力学の第二法則によって，不可能であることが示されている．各種の熱機関のサイクルのなかで最高の熱効率を示すサイクルはカルノーサイクルであり，低温熱源（温度 T_b）に熱量 Q_b を放熱する間に行われる最大の仕事 W_{max} はカルノー熱機関による仕事であり，次式で表される．

$$W_{max} = \eta_c Q_a = \left(1 - \frac{T_b}{T_a}\right) Q_a \tag{9.11}$$

もし，低温の状態が周囲環境であるとすると，周囲環境と等しい状態 p_0，T_0 になるまでに，系が行う可逆的仕事に変換できる部分は次式で表される**有効エネルギー**（available energy）Q_{avail} である．

$$Q_{avail} = \eta_c Q_a = \left(1 - \frac{T_0}{T_a}\right) Q_a = Q_a - Q_0 \tag{9.12}$$

ただし，Q_0 は次式で表される**無効エネルギー**（unavailable energy）である．

$$Q_0 = \frac{T_0}{T_a} Q_a \tag{9.13}$$

9.6.2 最 大 仕 事

圧力 p_1，温度 T_1（状態1）の系が周囲環境と等しい p_0，T_0（状態2）になるまでに行う仕事 W_{12} のうち，可逆的に行われる仕事が**最大仕事**（maximum work）W_{max} であり，カルノー熱機関が行う仕事に等しい．

$$W_{max} = Q_1 \left(1 - \frac{T_0}{T_1}\right) \tag{9.14}$$

最大仕事の微小量 δW_{max} は熱力学の第一法則と第二法則から次のように誘導される．周囲環境の圧力 p_0，温度 T_0 を基準として，次式で示される．

$$\delta Q = T_0 dS = dU + \delta W_{12} = dU + \delta W_{max} + p_0 dV$$
$$\therefore \quad \delta W_{max} = -dU + T_0 dS - p_0 dV \tag{9.15}$$

9.6.3 エクセルギー

最大仕事は，閉じた系，開いた系ともに状態量の差として表され，周囲環境の条件を与えれば一義的に決まるため，状態量と考えることができる．このような状態量は，熱量や仕事量そのものではなく，ある**エネルギー**（energy）を他の形のエネルギーに変換することができる能力を示しており，熱量と仕事量のみならず，すべてのエネルギーを統一的に取り扱うと

エクセルギーの名称

最大仕事と有効エネルギーは同じものである．これらは，仕事能力，原動力など，具体的に仕事ができる能力を表す言葉でよばれたが，1953 年ラント（Rant）が統一名称としてエクセルギーを提唱し，その後さらに 1965 年ベア（Baehr）は作動流体が状態変化を起こして発生する最大仕事に限定せず，化学反応によるエネルギー変換なども含めてすべての種類のエネルギーに対して適用するようにエクセルギーを定義した．

エクセルギー（exergy）は energy の n を x で置き換えたもので アネルギー（anergy）は energy の最初の e を a に置き換えたものである．

きに便利である．この状態量を**エクセルギー**（exergy）または有効エネルギーとよんでいる．また，他のエネルギーに変換できない部分を**アネルギー**（anergy）または**無効エネルギー**とよぶ．エクセルギー E は，終わりの状態が周囲と同じになったときの最大仕事であるため，以下のように表される．

閉じた系： $E = (U - U_0) + p_0(V - V_0) - T_0(S - S_0)$　(9.16)

開いた系： $E = (H - H_0) - T_0(S - S_0)$　(9.17)

アネルギー B は，初めに持っていたエネルギーからエクセルギーを引いた残りであるから，以下のように表される．

閉じた系： $B = U - E = U_0 - p_0(V - V_0) + T_0(S - S_0)$

(9.18)

開いた系： $B = H - E = H_0 + T_0(S - S_0)$　(9.19)

このように，内部エネルギーあるいはエンタルピーの値は同じでも，周囲の条件により有効に利用できるエネルギーが変化することがわかる．

図9.4は，エンタルピー評価に示したボイラのエネルギー輸送（図9.3）を，エクセルギーを用いて評価したものである．流出蒸気のエクセルギーは24.3％しかなく，蒸気を発生するという目的には流入エクセルギーの約1/4しか有効に作用していないことがわかる．伝熱などにより放熱される消滅エクセルギーが37.7％，燃焼による消滅エクセルギーが33.7％であり，燃焼するだけで約1/3のエクセルギーが失われることがわかる．

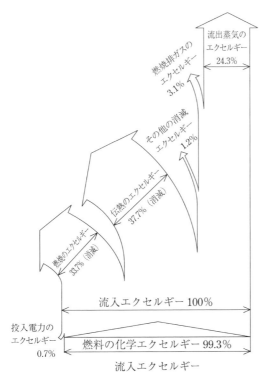

図9.4 ボイラのエクセルギー線図

エクセルギー効率 η_E（exergetic efficiency）は，系のエクセルギーに対する実際に得られる仕事との比として次のように定義される.

$$\eta_E = \frac{\text{利用したエクセルギー（得られた仕事）}}{\text{エクセルギー}} = \frac{W}{E} \quad (9.20)$$

エクセルギーは，「質としてのエネルギー」の概念であり，熱力学の第一法則ではエネルギーは保存されるが，熱力学の第二法則を加味することによって，仕事を取り出せる高温のエネルギーの価値を示すことになる.

演 習 問 題

問題 9.1　高熱源温度が 1000 K，低熱源温度が 300 K のカルノー熱機関の熱効率は何％か．また高熱源から 300 MJ が供給されるとき，この最大仕事量を求めよ.

問題 9.2　力学的エネルギーである運動エネルギーと位置エネルギーは仕事であることを示せ.

問題 9.3　ヘルムホルツ関数とギブス関数の特徴の違いを述べよ.

問題 9.4　$dU = \delta Q - p\,dV = T\,dS - p\,dV$ から，次の関係式を誘導せよ.

(1)　$\left(\dfrac{\partial U}{\partial S}\right)_V = T$,　　(2)　$\left(\dfrac{\partial U}{\partial V}\right)_S = -p$,　　(3)　$\left(\dfrac{\partial T}{\partial V}\right)_S = -\left(\dfrac{\partial p}{\partial S}\right)_V$

問題 9.5　$dH = \delta Q + V\,dp = T\,dS + V\,dp$ から，次の関係式を誘導せよ.

(1)　$\left(\dfrac{\partial H}{\partial S}\right)_p = T$,　　(2)　$\left(\dfrac{\partial H}{\partial p}\right)_S = V$,　　(3)　$\left(\dfrac{\partial T}{\partial p}\right)_S = \left(\dfrac{\partial V}{\partial S}\right)_p$

演習問題略解

1.1 (1) 炎の揺らぎ：　たとえばロウソクの炎を考えよう．ロウソクの芯にライターなどで火をつけると，ロウソクから周囲へ発する熱によって，周りの空気が温まり，空気中に密度分布が生じ，温度の高い空気は密度が小さくなる（同じ質量の空気が膨張し体積が大きくなるので比体積が大きくなり，その逆数の密度が小さくなる）ので上昇し，そのあとに周囲の冷たい空気が入り込み，周りに風が生じる．ロウソクの芯が曲がっていて炎の中心にないとこの風によって，炎は揺らぐ．

(2) かげろう（陽炎）：　日射の強い日に，地面近くを通して遠くの景色を見ると，景色がゆらゆらと揺れて見える．これを「かげろう」という．太陽の直射によって，地面（特に舗装道路）が熱せられると，太陽からの放射熱によって地面のほうが周囲の空気より早く温度が上昇するため，地面に近い空気の密度が小さくなり，空気が上昇し，上昇気流が生じる．このとき，周りの冷たい空気と入り乱れ，密度の違う空気が上昇気流にのって揺らぎながら上昇する．この気流を通して景色（光）を見ると，光の屈折率は密度によって変化するため，景色がゆれて見える．

(3) 魔法びんのなかの湯：　魔法びんは，デュワー（Duwar）が考案したのでデュワーびんとも言われる．熱伝導率の小さなガラス製が多いが，壊れにくくするためステンレス（金属のなかでは熱伝導率が小さいほう）製もある．びんの壁が二重構造になっていて，その壁の内側には銀メッキが施され，さらにその間を真空にして，対流による伝熱をなくし，放射による熱損失もできるだけ小さくするように工夫されたびんである．

1.2　式 (1.1) を λ について次のように変形する．

$$\lambda = \frac{QL}{A(T_1 - T_2)\tau}$$

上式は量の間の関係式であるから，上式の各量は単位をもっている．したがって，単位を計算するときは，単位量すなわち 1 という量について，計算する．
$Q = 1\,\mathrm{J}$, $A = 1\,\mathrm{m}^2$, $T_1 - T_2 = 1\,\mathrm{K}$, $L = 1\,\mathrm{m}$, $\tau = 1\,\mathrm{s}$ を上式に代入し，四則演算を行えばよい．

$$\lambda = \frac{(1\,\mathrm{J})(1\,\mathrm{m})}{(1\,\mathrm{m}^2)(1\,\mathrm{K})(1\,\mathrm{s})} = 1\,\frac{\mathrm{J \cdot m}}{\mathrm{m}^2 \cdot \mathrm{K} \cdot \mathrm{s}} = 1\,\frac{\mathrm{J/s}}{\mathrm{m \cdot K}} = 1\,\frac{\mathrm{W}}{\mathrm{m \cdot K}} = 1\,\mathrm{W/(m \cdot K)}$$

$1\,\mathrm{W} = 1\,\mathrm{J/s}$ の関係を使用した．

1.3　仕事の定義式に単位量（1 の量）を，単位をつけたまま代入する．
$F = 1\,\mathrm{N}$, $s = 1\,\mathrm{m}$ を $W = Fs$ に代入して，

$$W = (1\,\mathrm{N})(1\,\mathrm{m}) = 1\,\mathrm{N \cdot m} = 1\,\mathrm{J}$$

仕事量の単位は N·m であるが，仕事量と熱量の等価性を明らかにしたジュールに因んで，J（ジュール）が用いられる．

2.1　弾丸の運動エネルギーの減少量がすべて熱に変換されるとして求めると

$$Q = \Delta E_{\mathrm{k}} = \frac{1}{2}m(v_1^2 - v_2^2) = \frac{1}{2} \times 25 \times 10^{-3} \times (330^2 - 0^2) = 1361\,\mathrm{J} = 1.36\,\mathrm{kJ}$$

$1\,\mathrm{kcal} = 4.1868\,\mathrm{kJ}$, $1\,\mathrm{kJ} = 1/4.1868\,\mathrm{kcal}$ より，単位換算を行って

$$Q = 1.361\,\mathrm{kJ} = 1.361 \times \frac{1}{4.1868} = 0.325\,\mathrm{kcal}$$

2.2　$p = \dfrac{F}{A} = \dfrac{mg}{L^2} = \dfrac{1.5 \times 10^3 \times 9.81}{(0.42 \times 10^{-3})^2} = 8.34 \times 10^{10}\,\mathrm{Pa} = 83.4 \times 10^9\,\mathrm{Pa} = 83.4\,\mathrm{GPa}$

2.3

(1) $\Delta p = \dfrac{\Delta F}{A} = \dfrac{\Delta mg}{A} = \dfrac{\rho \Delta V g}{A} = \rho \Delta h g = 1030 \times 10 \times 9.81 = 101043\,\mathrm{Pa} = 101.043 \times 10^3\,\mathrm{Pa} = 101\,\mathrm{kPa}$

$= 1.01043 \times 10^5\,\mathrm{Pa} = 1.01\,\mathrm{bar}$　大気圧と同等の圧力である．ただし，この値は水圧だけであり，ダイバーにはさらに大気圧が加わる．

(2) $\Delta p = \rho \Delta h g = 1030 \times 8020 \times 9.81 = 81036486\,\mathrm{Pa} = 81.036486 \times 10^6\,\mathrm{Pa} = 81.0\,\mathrm{MPa} = 810 \times 10^5\,\mathrm{Pa} =$
$810\,\mathrm{bar}$　大気圧のおよそ 810 倍の圧力

2.4　(1) ジェットエンジン入口から出口に流れる気体（O），(2) 閉じた冷蔵庫内の空気および被冷却物（C），(3) 往復式エンジンのシリンダ内で断熱膨張する燃焼ガス（C），(4) 圧縮機入口から出口に流れる空気（O），(5) 閉じた圧力鍋内の煮物，水分，空気（C），(6) 完全に断熱された魔法びん内の熱湯（I），(7) 扇風機入口から出口に流れる空気（O），(8) ポンプ入口から出口に流れる水（O），(9) 運転中のミキサー内のオレンジおよび空気（C），(10) 蒸気タービン入口から出口に流れる水蒸気および水（O）

2.5　回転軸の動力であることを考慮して

$$P = \frac{W}{t} = \frac{Fl}{t} = \frac{FR\theta}{t} = T\omega = T\frac{2\pi N}{60} = 160 \times \frac{2\pi \times 4000}{60} = 67021\,\mathrm{J/s} = 67.021 \times 10^3\,\mathrm{W} = 67.0\,\mathrm{kW}$$

$$P = 67.0\,\mathrm{kW} = 67.0 \times 1.3596\,\mathrm{PS} = 91.1\,\mathrm{PS}$$

2.6　風車入口から出口までの空気 1 kg あたりの運動エネルギーの減少量 Δe_k は

$$\Delta e_\mathrm{k} = \frac{1}{2}(v_1^2 - v_2^2) = \frac{1}{2} \times (14^2 - 11^2) = 37.5\,\mathrm{J/kg}$$

回転翼の回転面の面積 A を通過する 1 s あたりの空気の質量流量 $\dot{m}$ は

$$\dot{m} = \rho A v = \rho \frac{\pi D^2}{4} v = 1.2 \times \frac{\pi \times 10^2}{4} \times 14 = 1319\,\mathrm{kg/s}$$

風車の軸出力 P は，空気の運動エネルギーの減少分 $\dot{m}\Delta e_\mathrm{k}$ に等しいとして

$$P = \dot{m}\Delta e_\mathrm{k} = 1319\,\frac{\mathrm{kg}}{\mathrm{s}} \times 37.5\,\frac{\mathrm{J}}{\mathrm{kg}} = 49463\,\frac{\mathrm{J}}{\mathrm{s}} = 49.463 \times 10^3\,\mathrm{W} = 49.5\,\mathrm{kW}$$

3.1　① $Q = mc\Delta T = 10 \times 437 \times 30 = 131100\,\mathrm{J} = 131.1\,\mathrm{kJ}$

② 全加熱量 Q_0 の 80% が有効加熱量 Q であるので，

$Q = 0.8 Q_0 = mc(t_2 - t_1) = 10 \times 437 \times (200 - 20) = 78660\,\mathrm{J} = 786.6\,\mathrm{kJ}$

したがって，

$$Q_0 = \frac{Q}{0.8} = \frac{786.6}{0.8}\,\mathrm{kJ} = 983\,\mathrm{kJ}$$

3.2　① 全加熱量 Q_0 の 70% が有効加熱量 Q であるので，

$Q = 0.7 Q_0 = mc(t_2 - t_1) = 10 \times 0.9 \times (150 - 30) = 1080\,\mathrm{kJ} = 1.080\,\mathrm{MJ}$

したがって，

$$Q_0 = \frac{Q_{12}}{0.7} = \frac{1.080}{0.7}\,\mathrm{MJ} = 1.54\,\mathrm{MJ}$$

② 水の体積 $V_1 = 10\,\mathrm{L}$，水の密度 $\rho_1 \fallingdotseq 1000\,\mathrm{kg/m^3}$ から，水の質量 m_1 は

$$m_1 = \rho_1 V_1 = 1000\,\frac{\mathrm{kg}}{\mathrm{m^3}} \times 10\,\mathrm{L} = 1000\,\frac{\mathrm{kg}}{\mathrm{m^3}} \times 10 \times 10^{-3}\,\mathrm{m^3} = 10\,\mathrm{kg}$$

系になされた仕事 $W = 20\,\mathrm{kJ}$

$$\therefore\ t_\mathrm{m} = \frac{m_1 c_1 t_1 + m_2 c_2 t_2 + W}{m_1 c_1 + m_2 c_2} = \frac{10 \times 4.2 \times 20 + 2 \times 0.9 \times 90 + 20}{10 \times 4.2 + 2 \times 0.9} = 23.3\,\mathrm{℃}$$

3.3　水の質量 $m_1 = \rho_1 V_1 \fallingdotseq 1000 \times 10^{-3} = 1\,\mathrm{kg}$

正味の伝熱量 $Q_1 = m_1 c_1 (t_2 - t_1) = 1 \times 4.2 \times (80 - 20) = 252\,\mathrm{kJ}$

電熱器の供給熱量　$Q_0 = 1 \times 10 \times 60 = 600\,\mathrm{kJ}$，$(Q_0 - Q_1)/Q_0 = (600 - 252)/600 = 0.58 = 58\%$

3.4　①　$[c_\mathrm{m}]_{t_1}^{t_2} = \dfrac{1}{t_2 - t_1}\displaystyle\int_{t_1}^{t_2} c\,dt = \dfrac{1}{t_2 - t_1}\left[\displaystyle\int_{t_1}^{0} c\,dt + \displaystyle\int_{0}^{t_2} c\,dt\right] = \dfrac{1}{t_2 - t_1}\left[-\displaystyle\int_{0}^{t_1} c\,dt + \displaystyle\int_{0}^{t_2} c\,dt\right]$

一方，$[c_{\mathrm{m}}]_0^{t_1} = \dfrac{1}{t_1}\displaystyle\int_0^{t_1} c\,dt$，$[c_{\mathrm{m}}]_0^{t_2} = \dfrac{1}{t_2}\displaystyle\int_0^{t_2} c\,dt$ より，$\displaystyle\int_0^{t_1} c\,dt = t_1[c_{\mathrm{m}}]_0^{t_1}$，$\displaystyle\int_0^{t_2} c\,dt = t_2[c_{\mathrm{m}}]_0^{t_2}$ を上式に代入して

$$[c_{\mathrm{m}}]_{t_1}^{t_2} = \frac{1}{t_2 - t_1}\left[-t_1[c_{\mathrm{m}}]_0^{t_1} + t_2[c_{\mathrm{m}}]_0^{t_2}\right]$$

よって，

$$[c_{\mathrm{m}}]_{300}^{500} = \frac{1}{500 - 300}[-300 \times 1.017 + 500 \times 1.038] = 1.070\,\mathrm{kJ/(kg\cdot K)}$$

② $\quad Q_{12} = m\,[c_{\mathrm{m}}]_{300}^{500}(t_2 - t_1) = 5 \times 1.070 \times (500 - 300) = 1070\,\mathrm{kJ}$

4.1 空気中の水蒸気は，コラム（p.48）で述べたように，理想気体として扱ってよい．水分を含まない空気（乾き空気という）と水蒸気のそれぞれについて，状態式を書いてみよう．絶対湿度を x，乾き空気，水蒸気をそれぞれ添え字 a，w で表すと，

$$x = \frac{m_{\mathrm{w}}}{m_{\mathrm{a}}} = \frac{\dfrac{p_{\mathrm{w}} V}{R_{\mathrm{w}} T}}{\dfrac{p_{\mathrm{a}} V}{R_{\mathrm{a}} T}} = \frac{R_{\mathrm{a}}}{R_{\mathrm{w}}} \cdot \frac{p_{\mathrm{w}}}{p_{\mathrm{a}}}$$

4.2 質量は $5.16\,\mathrm{kg}$

4.3 式（4.35）を用いる．$R = 0.288\,\mathrm{kJ/(kg\cdot K)}$

4.4 先に式（4.4）を用いて質量 m を求めよう．$m = 8.234 \times 10^{-3}\,\mathrm{kg}$，この m を用いると，熱量 $Q = 4.15\,\mathrm{kJ}$

4.5 熱量 $Q = 2.01\,\mathrm{MJ}$

4.6 圧力 $p = 0.875\,\mathrm{MPa}$

4.7 式（4.25），（4.26）を用いる．$c_{\mathrm{p}} = 1.038\,\mathrm{kJ/(kg\cdot K)}$，$c_{\mathrm{v}} = 0.741\,\mathrm{kJ/(kg\cdot K)}$

5.1 $\Delta U = Q - W = -5[\mathrm{kJ}] - (-10[\mathrm{kJ}]) = 5\,\mathrm{kJ}$
$\quad\Delta u = \Delta U/m = 5[\mathrm{kJ}]/0.5[\mathrm{kg}] = 10\,\mathrm{kJ/kg}$

5.2 ① $\quad\Delta U = Q_{12} - W_{12} = 50[\mathrm{kJ}] - 7.4[\mathrm{kJ}] = 42.6\,\mathrm{kJ}$
$\quad$② $\quad\Delta u = \Delta U/m = 42.6[\mathrm{kJ}]/2[\mathrm{kg}] = 21.3\,\mathrm{kJ/kg}$　ただし，$m = nM = 1 \times 2 = 2\,\mathrm{kg}$

5.3 $W_{12} = \displaystyle\int_1^2 p\,dV = p(V_2 - V_1) = 0.5[\mathrm{MPa}] \times (1.0[\mathrm{m^3}] - 0.5[\mathrm{m^3}]) = 0.25\,\mathrm{MJ}$

5.4 $W_{12} = p_1(V_2 - V_1) = 100[\mathrm{kPa}] \times (0.5/2[\mathrm{m^3}] - 0.5[\mathrm{m^3}]) = -25\,\mathrm{kJ}$
$\quad Q_{12} = \Delta U + W_{12} = -350[\mathrm{kJ}] - 25[\mathrm{kJ}] = -375\,\mathrm{kJ}$

5.5 $H = U + pV = 670[\mathrm{kJ}] + 100[\mathrm{kPa}] \times 10[\mathrm{m^3}] = 1670\,\mathrm{kJ}$
$\quad h = H/m = 1670[\mathrm{kJ}]/5[\mathrm{kg}] = 334\,\mathrm{kJ/kg}$

5.6 $\dot{m}h_1 + \dot{Q} = \dot{m}h_2 + \dot{W}_{\mathrm{t}}$
$\quad\dot{W}_{\mathrm{t}} = \dot{m}(h_1 - h_2) + \dot{Q} = 4[\mathrm{kg/s}] \times (3000[\mathrm{kJ/kg}] - 2000[\mathrm{kJ/kg}]) - 500[\mathrm{kW}] = 3500\,\mathrm{kW}$

5.7 $\dot{Q} = \dot{m}\left\{(h_2 - h_1) + \dfrac{1}{2}(w_2^2 - w_1^2)\right\} + \dot{W}_{\mathrm{t}}$

$\quad = 2[\mathrm{kg/s}] \times \left\{(300[\mathrm{kJ/kg}] - 600[\mathrm{kJ/kg}]) + \dfrac{1}{2}((20[\mathrm{m/s}])^2 - (100[\mathrm{m/s}])^2) \times 10^{-3}\right\} + 200[\mathrm{kW}]$

$\quad = -410\,\mathrm{kW}$　放熱量は410 kW

5.8 ① $\quad q = h_2 - h_1 = 100[\mathrm{kJ/kg}] - 300[\mathrm{kJ/kg}] = -200\,\mathrm{kJ/kg}$
$\quad$② $\quad w_{\mathrm{t}} = h_1 - h_2 + q = 300[\mathrm{kJ/kg}] - 100[\mathrm{kJ/kg}] - 120[\mathrm{kJ/kg}] = 80\,\mathrm{kJ/kg}$

5.9 ① $\quad p_1 V_1 = p_2 V_2$ より

$\quad p_2 = p_1\dfrac{V_1}{V_2} = 500[\mathrm{kPa}] \times \dfrac{0.5[\mathrm{m^3}]}{1.2[\mathrm{m^3}]} = 208\,\mathrm{kPa}$

$\quad$② $\quad W_{12} = mRT\ln(V_2/V_1) = 1[\mathrm{kg}] \times 0.287[\mathrm{kJ/(kg\cdot K)}] \times 300\,\mathrm{K} \times \ln(1.2[\mathrm{m^3}]/0.5[\mathrm{m^3}]) = 75.4\,\mathrm{kJ}$
$\quad$③ $\quad Q_{12} = W_{12} = 75.4\,\mathrm{kJ}$

5.10 ① $\quad R = 8314.5[\mathrm{J/(kmol\cdot K)}]/28[\mathrm{kg/kmol}] = 297\,\mathrm{J/(kg\cdot K)}$
$\quad$② $\quad V_1 = mRT_1/p_1 = 2[\mathrm{kg}] \times 297[\mathrm{J/(kg\cdot K)}] \times 400[\mathrm{K}]/10^6[\mathrm{Pa}] = 0.238\,\mathrm{m^3}$

③ $\quad T_2 = T_1(V_2/V_1) = 400[\mathrm{K}] \times (1[\mathrm{m^3}]/2[\mathrm{m^3}]) = 200\,\mathrm{K}$

④ $\quad c_\mathrm{p} = \kappa R/(\kappa - 1) = 1.4 \times 297[\mathrm{J/(kg \cdot K)}]/(1.4 - 1) = 1040\,\mathrm{J/(kg \cdot K)}$

⑤ $\quad Q_{12} = mc_\mathrm{p}(T_2 - T_1) = 2[\mathrm{kg}] \times 1040[\mathrm{J/(kg \cdot K)}] \times (200[\mathrm{K}] - 400[\mathrm{K}]) = -416 \times 10^3\,\mathrm{J} = -416\,\mathrm{kJ}$

5.11 ① $\quad m = pV/RT = 900[\mathrm{kPa}] \times 0.2[\mathrm{m^3}]/(0.189[\mathrm{kJ/(kg \cdot K)}] \times 300[\mathrm{K}]) = 3.17\,\mathrm{kg}$

② $\quad Q_{12} = mc_\mathrm{v}(T_2 - T_1)$ より,

$T_2 = T_1 + Q_{12}/mc_\mathrm{v} = 300[\mathrm{K}] + 200[\mathrm{kJ}]/(3.17[\mathrm{kg}] \times 0.652[\mathrm{kJ/(kg \cdot K)}]) = 397\,\mathrm{K}$

$p_2 = p_1 T_2/T_1 = 900[\mathrm{kPa}] \times 397[\mathrm{K}]/300[\mathrm{K}] = 1.19 \times 10^3\,\mathrm{kPa} = 1.19\,\mathrm{MPa}$

5.12 式 (5.50) より

$$V_2 = V_1 \left(\frac{p_1}{p_2} \right)^{\frac{1}{\kappa}} = 0.2[\mathrm{m^3}] \times \left(\frac{0.1[\mathrm{MPa}]}{5.0[\mathrm{MPa}]} \right)^{\frac{1}{1.4}} = 0.0122\,\mathrm{m^3}$$

式 (5.51) より

$$T_2 = T_1 \left(\frac{V_1}{V_2} \right)^{\kappa - 1} = 303.15[\mathrm{K}] \times \left(\frac{0.2[\mathrm{m^3}]}{0.0122[\mathrm{m^3}]} \right)^{1.4 - 1} = 928[\mathrm{K}]$$

式 (5.55) より

$$W = \frac{1}{\kappa - 1}(p_1 V_1 - p_2 V_2) = \frac{0.1[\mathrm{MPa}] \times 0.2\,\mathrm{m^3} - 5[\mathrm{MPa}] \times 0.0122[\mathrm{m^3}]}{1.4 - 1}$$

$$= -0.103\,\mathrm{MJ}$$

5.13 ① $\quad T_1 V_1^{n-1} = T_2 V_2^{n-1}$ より,

$$T_2 = T_1 \left(\frac{V_1}{V_2} \right)^{n-1} = 500[\mathrm{K}] \times \left(\frac{2[\mathrm{m^3}]}{6[\mathrm{m^3}]} \right)^{1.3 - 1} = 360\,\mathrm{K}$$

② $\quad W_{12} = \frac{mR}{n-1}(T_1 - T_2) = \frac{3[\mathrm{kg}] \times 0.3[\mathrm{kJ/(kg \cdot K)}]}{1.3 - 1}(500[\mathrm{K}] - 360[\mathrm{K}]) = 420\,\mathrm{kJ}$

6.1 (4) が正しい.

$$\because dS = \frac{\delta Q}{T} = \frac{0}{T} = 0$$

6.2 $\quad \Delta s = c \ln \frac{T_2}{T_1} = c_\mathrm{p} \ln \frac{T_2}{T_1} = 4.19 \times \ln \frac{10 + 273.15}{60 + 273.15} = -0.681\,\mathrm{kJ/(kg \cdot K)}$

6.3 エントロピー変化は,

$$\Delta S = \int_1^2 \frac{\delta Q}{T} = \frac{Q_{12}}{T} = \frac{200}{100 + 273.15} = 0.5360\,\mathrm{kJ/K}$$

比エントロピー変化は,

$$\Delta s = \frac{\Delta S}{m} = \frac{0.5360}{8} = 0.0670\,\mathrm{kJ/(kg \cdot K)} = 67.0\,\mathrm{J/(kg \cdot K)}$$

6.4 $\quad Q_{12} = mc_\mathrm{p}(T_2 - T_1)$ より,

$$T_2 = T_1 + \frac{Q_{12}}{mc_\mathrm{p}} = 303 + \frac{1 \times 10^6}{5 \times 1.005 \times 10^3} = 502\,\mathrm{K}$$

よって,

$$\Delta S = mc_\mathrm{p} \ln \frac{T_2}{T_1} = 5 \times 1.005 \times \ln \frac{502}{303} = 2.54\,\mathrm{kJ/K}$$

6.5 $\Delta S = mc_\mathrm{v} \ln(T_2/T_1)$ より,

$$\ln \frac{T_2}{T_1} = \frac{\Delta S}{mc_\mathrm{v}} = \frac{4}{6 \times 0.718} = 0.9285, \qquad \frac{T_2}{T_1} = e^{0.9285} = 2.531, \qquad \therefore T_2 = 2.531 T_1 = 2.531 \times 400 = 1012\,\mathrm{K}$$

6.6 $T_1 V_1^{n-1} = T_2 V_2^{n-1}$ から,

$$T_2 = T_1 \left(\frac{V_1}{V_2} \right)^{n-1} = 600 \times \left(\frac{1}{2} \right)^{1.25 - 1} = \frac{600}{2^{0.25}} = 504.5\,\mathrm{K}$$

$$\Delta S = mc_\mathrm{n} \ln \frac{T_2}{T_1} = mc_\mathrm{v} \frac{n - \kappa}{n - 1} \ln \frac{T_2}{T_1} = 2 \times 0.718 \times \frac{1.25 - 1.4}{1.25 - 1} \times \ln \frac{504.5}{600} = 0.149\,\mathrm{kJ/K}$$

6.7
$$v_1 = \frac{RT_1}{p_1} = \frac{0.2968 \times 10^3 \times 311}{0.4 \times 10^6} = 0.2308 \, \text{m}^3/\text{kg}, \qquad v_2 = \frac{RT_2}{p_2} = \frac{0.2968 \times 10^3 \times 277}{0.2 \times 10^6} = 0.4111 \, \text{m}^3/\text{kg}$$

$$\Delta s = \int_1^2 \frac{dq}{T} = \int_1^2 \frac{du + pdv}{T} = \int_{T_1}^{T_2} \frac{c_v dT}{T} + \int_{v_1}^{v_2} \frac{Rdv}{v}$$

$$= c_v \ln \frac{T_2}{T_1} + R \ln \frac{v_2}{v_1} = 0.7421 \times \ln \frac{277}{311} + 0.2968 \times \ln \frac{0.4111}{0.2308}$$

$$= -0.0859 + 0.1713 = 0.0854 \, \text{kJ/(kg·K)} = 85.4 \, \text{J/(kg·K)}$$

6.8 金属片および水を添字1および2で示す. 平衡温度 t_0 あるいは T_0 とする.

$$m_1 c_1 (t_1 - t_0) = m_2 c_2 (t_0 - t_2)$$

$$\therefore t_0 = \frac{m_1 c_1 t_1 + m_2 c_2 t_2}{m_1 c_1 + m_2 c_2} = \frac{2 \times 0.5 \times 800 + 200 \times 4.19 \times 20}{2 \times 0.5 + 200 \times 4.19} = 20.93 \, \text{℃}$$

金属片のエントロピー変化は,

$$\Delta S_1 = m_1 c_1 \ln \frac{T_0}{T_1} = 2 \times 0.5 \times \ln \frac{20.93 + 273.15}{800 + 273.15} = -1.295 \, \text{kJ/K}$$

水のエントロピー変化は,

$$\Delta S_2 = m_2 c_2 \ln \frac{T_0}{T_2} = 200 \times 4.19 \times \ln \frac{20.93 + 273.15}{20 + 273.15} = 2.654 \, \text{kJ/K}$$

よって全体のエントロピー変化は,

$$\Delta S = \Delta S_1 + \Delta S_2 = -1.295 + 2.654 = 1.359 \, \text{kJ/K} = 1.36 \, \text{kJ/K}$$

6.9 室内のエントロピー変化は

$$\Delta \dot{S}_1 = \frac{-\dot{Q}}{T_1} = \frac{-2000}{25 + 273.15} = -6.708 \, \text{W/K}$$

外気のエントロピー変化は

$$\Delta \dot{S}_2 = \frac{\dot{Q}}{T_2} = \frac{2000}{10 + 273.15} = 7.063 \, \text{W/K}$$

よって, 全体のエントロピー変化は

$$\Delta \dot{S} = \Delta \dot{S}_1 + \Delta \dot{S}_2 = -6.708 + 7.063 = 0.355 \, \text{W/K}$$

6.10 伝熱過程全体のエントロピー変化（1秒間あたり）は,

$$\text{Aの場合：} \quad \Delta S_A = \frac{-Q}{T_{A1}} + \frac{Q}{T_{A2}} = \frac{-100}{1000} + \frac{100}{300} = -0.100 + 0.333 = 0.233 \, \text{kJ/K}$$

$$\text{Bの場合：} \quad \Delta S_B = \frac{-Q}{T_{B1}} + \frac{Q}{T_{B2}} = \frac{-100}{500} + \frac{100}{300} = -0.200 + 0.333 = 0.133 \, \text{kJ/K}$$

これより, $\Delta S_A > \Delta S_B$. よって, BよりAの伝熱過程の場合の方が不可逆性は大きい（強い）.

6.11 $g = h - Ts$ の両辺を微分すると, $dg = dh - Tds - sdT$ である. 比エンタルピーの定義より $dh = du + pdv + vdp$, 熱力学の第一法則 $\delta q = du + pdv$, 比エントロピーの定義より $\delta q = Tds$ などを用いて,

$$dg = dh - Tds - sdT = du + pdv + vdp - Tds - sdT = \delta q + vdp - \delta q - sdT = vdp - sdT$$

等温 $dT = 0$, 等圧 $dp = 0$ であるから, $dg = v \times 0 - s \times 0 = 0$

7.1 $C = 2$, $P = 2$, $F = C - P + 2 = 2 - 2 + 2 = 2$

7.2 $v = V/m = 6.00/3.50 = 1.714 \, \text{m}^3/\text{kg}$.

巻末の付表1より, 50 ℃ では, $v' = 0.00101214 \, \text{m}^3/\text{kg}$, $v'' = 12.0279 \, \text{m}^3/\text{kg}$, $h' = 209.34 \, \text{kJ/kg}$, $h'' = 2591.31 \, \text{kJ/kg}$, $s' = 0.70379 \, \text{kJ/(kg·K)}$, $s'' = 8.07491 \, \text{kJ/(kg·K)}$ を得る.

$$x = \frac{v - v'}{v'' - v'} = \frac{1.714 - 0.00101214}{12.0279 - 0.00101214} = 0.1424$$

$$H = mh = m[h' + x(h'' - h')] = 3.50 \times [209.34 + 0.1424 \times (2591.31 - 209.34)] = 1920 \, \text{kJ}$$

$$s = s' + x(s'' - s') = 0.70379 + 0.1424 \times (8.0749 - 0.70379) = 1.753 \, \text{kJ/(kg·K)}$$

7.3 巻末の付表1より, 200 ℃において, $h' = 852.39 \, \text{kJ/kg}$, $h'' = 2792.06 \, \text{kJ/kg}$.

湿り水蒸気の比エンタルピーは

$$h_1 = h' + x_1(h'' - h') = 852.39 + 0.800 \times (2792.06 - 852.39) = 2404 \, \text{kJ/kg}$$

飽和水蒸気の比エンタルピーは

$$h_2 = h'' = 2792.06 \,\text{kJ/kg}$$

よって必要な熱量は

$$Q = m(h_2 - h_1) = 1.00 \times (2792.06 - 2404) = 388 \,\text{kJ}$$

7.4 巻末の付表 1 より，99.974 ℃，101.325 kPa において，$h' = 418.99 \,\text{kJ/kg}$，$h'' = 2675.53 \,\text{kJ/kg}$，$s' = 1.30672 \,\text{kJ/(kg·K)}$，$s'' = 7.35439 \,\text{kJ/(kg·K)}$ を得る．可逆断熱変化であるから，$s_1 = s_2 = 7.1290 \,\text{kJ/(kg·K)}$ である．湿り水蒸気の乾き度は

$$x_2 = \frac{s_2 - s'}{s'' - s'} = \frac{s_1 - s'}{s'' - s'} = \frac{7.1290 - 1.41867}{7.23805 - 1.41867} = 0.9813$$

となる．よって，

$$h_2 = h' + x_2(h'' - h') = 418.99 + 0.9813 \times (2675.53 - 418.99) = 2633 \,\text{kJ/kg}$$

$$w_t = h_1 - h_2 = 3248.23 - 2633 = 615 \,\text{kJ/kg}$$

7.5 巻末の付表 1 より，$T_1 = 90 \,℃ \,(363.15 \,\text{K})$ において，$v_1' = 0.00103594 \,\text{m}^3\text{/kg}$，$v_1'' = 2.35915 \,\text{m}^3\text{/kg}$，$r_1 = h_1'' - h_1' = 2282.56 \,\text{kJ/kg}$ を得る．$T_2 = 180 \,℃ \,(453.15 \,\text{K})$ において $v_2' = 0.00112739 \,\text{m}^3\text{/kg}$，$v_2'' = 0.193862 \,\text{m}^3\text{/kg}$，$r_2 = h_2'' - h_2' = 2014.03 \,\text{kJ/kg}$ を得る．クラペイロンの式より飽和蒸気圧力の温度勾配を求める．

90 ℃（363.15 K）のとき，

$$\frac{dp_s}{dT} = \frac{r_1}{T_1(v_1'' - v_1')} = \frac{2282.56}{363.15 \times (2.35915 - 0.00103594)} = 2.665 \,\text{kPa/K}$$

180 ℃（453.15 K）のとき，

$$\frac{dp_s}{dT} = \frac{r_2}{T_2(v_2'' - v_2')} = \frac{2014.03}{453.15 \times (0.193862 - 0.00112739)} = 23.06 \,\text{kPa/K}$$

8.1 式（8.6），（8.7）を用いて，まず仕事 W を求める．

$$W = Q_a - Q_b = mRT_a \ln \frac{V_2}{V_1} - mRT_b \ln \frac{V_3}{V_4} = (p_2 V_2 - p_3 V_3)\ln \rho$$

平均有効圧 p_m は

$$p_m = \frac{W}{V_3 - V_1} = \frac{P_2 V_2 - P_3 V_3}{V_3 - V_1}\ln \rho = p_3 \frac{\varepsilon}{\varepsilon - 1}\left[\left(\frac{\varepsilon}{\rho}\right)^{\kappa - 1} - 1\right]\ln \rho$$

ただし，$1 \le \rho \le \varepsilon$．カルノーサイクルの p_m の値は，きわめて小さくなる．

8.2 圧力比 ξ を求める．$\eta_{th} = 0.565$，$p_m = 2.05 \,\text{MPa}$

8.3 締切り比 ρ を求める．$\rho = 2.011$，$\eta_{th} = 0.646$，$p_m = 0.798 \,\text{MPa}$

8.4 圧力比 ξ が与えられているから，p_2，T_2 から p_3 を求める．$\kappa = 1.40$ のとき，最高温度 $T_3 = 3446 \,\text{K}$，最高圧力 $p_3 = 9.190 \,\text{MPa}$，$q_a = 1978 \,\text{kJ/kg}$．$\kappa = 1.30$ のとき，最高温度 $T_3 = 2799 \,\text{K}$，最高圧力 $p_3 = 7.465 \,\text{MPa}$，$q_a = 2142 \,\text{kJ/kg}$．このように，比熱比 κ の影響はきわめて大きい．

8.5 R，κ から c_p を求め，T_3，締切り比 ρ を求める．$\eta_{th} = 0.582$，$p_m = 1.50 \,\text{MPa}$，最高温度 $T_3 = 3044 \,\text{K}$，最高圧力 $p_2 = p_3 = 5.72 \,\text{MPa}$（$\rho = 3.193$）．

8.6 c_p，c_v を求め，等積・等圧加熱量を求める．$\eta_{th} = 0.643$，$p_m = 1.496 \,\text{MPa}$，締切り比 $\rho = 2.00$，圧力比 $\xi = 1.57$．

8.7 単純ブレイトンサイクルは $\eta_{th} = 0.448$，$T_3 = 1302 \,\text{K}$．再生ブレイトンサイクルは $\eta_{th} = 0.583$，必要な供給熱量 $q_a = 653 \,\text{kJ/kg}$．

8.8 圧縮機の仕事 285 kJ/kg，ジェット噴出速度 894 m/s.

8.9 等温圧縮時は仕事量 198 kJ，冷却熱量 198 kJ．断熱圧縮時は仕事量 279 kJ，温度 579 K，冷却熱量 279 kJ.

8.10 理論仕事量 5.15 kJ/kg，体積効率 0.791.

8.11 巻末の付表 1 より，p.161 の図の状態 1 と状態 2 に対応する飽和状態の比エントロピーは右表のとおりである．200 ℃ の乾き飽和蒸気は，状態 1 である．よって，

$$s_1 = s_1'' = 6.4278 \,\text{kJ/(kg·K)}$$

100 ℃になるまで可逆断熱膨張させると，等エントロピー変化であるから，図の状態 2 になる．

　断熱のもとで膨張させるということは体積を広げることであり，体積を広げるということは周囲に仕事をするということである．その仕事は内部エネルギーの減少分である．よって，内部エネルギーが減少するため温度が低下する．

　$ds = 0$ より $s =$ 一定であるから，$s_2 = s_1 = s_1''$．一方，状態 2 は湿り蒸気の状態であるから

$$s_2 = s_2' + x(s_2'' - s_2')$$

$$x = \frac{s_2 - s_2'}{s_2'' - s_2'} = \frac{s_1 - s_2'}{s_2'' - s_2'} = \frac{s_1'' - s_2'}{s_2'' - s_2'} = \frac{6.43030 - 1.30701}{7.35408 - 1.30701} = 0.8472$$

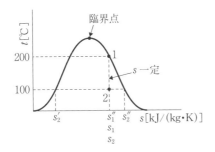

巻末の付表 1 より		
温度 t 〔℃〕	比エントロピー kJ/(kg·K)	
	s'	s''
100	1.30701	7.35408
200	2.33080	6.43030

巻末の付表 1 （100 ℃）より

$p = 0.1014\ \mathrm{MPa}$

$v = v' + x(v'' - v')$

　$= 0.00104346 + 0.8472 \times (1.67186 - 0.00104346)$

　$= 1.417\ \mathrm{m^3/kg}$

$h = h' + x(h'' - h')$

　$= 419.10 + 0.8472 \times (2675.57 - 419.10)$

　$= 2331\ \mathrm{kJ/kg}$

8.12　状態 4 から状態 1 は，理論サイクルでは等圧変化である．この状態変化では，ボイラ B とスーパーヒータ S で熱量が供給される．

$$\delta Q = dH + \delta W_{\mathrm{t}} = dH - Vdp$$

$dp = 0$ であるから

$$\delta Q = dH = mdh,$$

$$Q_{\mathrm{a}} = m \int_4^1 dh = m\,(h_1 - h_4) = H_1 - H_4$$

9.1　　　$\eta_{\mathrm{c}} = 1 - \dfrac{T_{\mathrm{b}}}{T_{\mathrm{a}}} = 1 - \dfrac{300}{1000} = 0.7 = 70\,\%$，　　$W_{\max} = \eta_{\mathrm{c}} Q_{\mathrm{a}} = 0.7 \times 300 = 210\ \mathrm{MJ}$

9.2　運動エネルギーは式 (9.2) によって，証明されている．位置エネルギーについては，

$$\delta W = Fdx = mgdx, \qquad E_{\mathrm{p}} = W = \int_0^z Fdx = \int_0^z mgdx = mgz$$

9.3　$F = U - TS$ の両辺を微分すると $dF = dU - TdS - SdT = dU - \delta Q - SdT = \delta Q - pdV - \delta Q - SdT = -pdV - SdT$ であり，ヘルムホルツ関数 F の独立変数は V と T である．等積変化 $(dV = 0)$ の場合は，温度によってのみヘルムホルツ関数の値が決定される．

　一方，$G = H - TS$ の両辺を微分すると，$dG = dH - TdS - SdT = dH - \delta Q - SdT = \delta Q + Vdp - \delta Q - SdT = Vdp - SdT$ であり，ギブス関数 G の独立変数は p と T である．等圧変化 $(dp = 0)$ の場合は，温度によってのみギブス関数の値が決定される．

9.4, 9.5　状態式を $z = z(x, y)$ とする．状態量は微小変化に対して連続で，微分可能であることから，高次の微小量を省略して，dz は以下のように書くことができる．

$$dz = \left(\frac{\partial z}{\partial x}\right)_y dx + \left(\frac{\partial z}{\partial y}\right)_x dy = Mdx + Ndy$$

ただし,

$$M = \left(\frac{\partial z}{\partial x}\right)_y, \qquad N = \left(\frac{\partial z}{\partial y}\right)_x$$

とおくと, 偏微分の順序に関係しないので, 次式が成り立つ.

$$\left(\frac{\partial M}{\partial y}\right)_x = \left\{\frac{\partial}{\partial y}\left(\frac{\partial z}{\partial x}\right)_y\right\}_x = \frac{\partial^2 z}{\partial y \partial x} = \frac{\partial^2 z}{\partial x \partial y} = \left\{\frac{\partial}{\partial x}\left(\frac{\partial z}{\partial y}\right)_x\right\}_y = \left(\frac{\partial N}{\partial x}\right)_y$$

これらの関係を適用して, 問題 9.4, 9.5 の関係式を誘導できる.

巻末付表・付図

文献 1　日本機械学会編，1999 日本機械学会蒸気表，日本機械学会，1999.

文献 2　R.Tillner-Roth, J. Li, A. Yokozeki, H. Sato, K. Watanabe, Thermodynamic Properties of Pure and Blended Hydrofluorocarbon（HFC）Refrigerants, JSRAE, 1998.

文献 3　日本冷凍空調学会冷媒熱物性分科会編，二酸化炭素（CO_2）の p-h 線図，日本冷凍空調学会，2003.

付表 1　水および水蒸気の飽和表（温度基準）

温度		圧力	比体積		比エンタルピー			比エントロピー	
t	T	p	v'	v''	h'	h''	$h''-h'$	s'	s''
°C	K	MPa	m³/kg	m³/kg	kJ/kg	kJ/kg	kJ/kg	kJ/(kg·K)	kJ/(kg·K)
0.01	273.16	0.00061166	0.00100021	205.997	0.00	2500.91	2500.91	0.00000	9.15549
1	274.15	0.00065709	0.00100015	192.445	4.18	2502.73	2498.55	0.01526	9.12909
5	278.15	0.00087257	0.00100008	147.017	21.02	2510.07	2489.05	0.07625	9.02486
10	283.15	0.0012282	0.00100035	106.309	42.02	2519.23	2477.21	0.15109	8.89985
15	288.15	0.0017057	0.00100095	77.8807	62.98	2528.36	2465.38	0.22447	8.78037
20	293.15	0.0023392	0.00100184	57.7615	83.92	2537.47	2453.55	0.29650	8.66612
25	298.15	0.0031697	0.00100301	43.3414	104.84	2546.54	2441.71	0.36726	8.55680
30	303.15	0.0042467	0.00100441	32.8816	125.75	2555.58	2429.84	0.43679	8.45211
35	308.15	0.0056286	0.00100604	25.2078	146.64	2564.58	2417.94	0.50517	8.35182
40	313.15	0.0073844	0.00100788	19.5170	167.54	2573.54	2406.00	0.57243	8.25567
50	323.15	0.012351	0.00101214	12.0279	209.34	2591.31	2381.97	0.70379	8.07491
60	333.15	0.019946	0.00101711	7.66766	251.15	2608.85	2357.69	0.83122	7.90817
70	343.15	0.031201	0.00102276	5.03973	293.02	2626.10	2333.08	0.95499	7.75399
80	353.15	0.047415	0.00102904	3.40527	334.95	2643.01	2308.07	1.07539	7.61102
90	363.15	0.070182	0.00103594	2.35915	376.97	2659.53	2282.56	1.19266	7.47807
100	373.15	0.10142	0.00104346	1.67186	419.10	2675.57	2256.47	1.30701	7.35408
110	383.15	0.14338	0.00105158	1.20939	461.36	2691.07	2229.70	1.41867	7.23805
120	393.15	0.19867	0.00106033	0.891304	503.78	2705.93	2202.15	1.52782	7.12909
130	403.15	0.27026	0.00106971	0.668084	546.39	2720.09	2173.70	1.63463	7.02641
140	413.15	0.36150	0.00107976	0.508519	589.20	2733.44	2144.24	1.73929	6.92927
150	423.15	0.47610	0.00109050	0.392502	632.25	2745.92	2113.67	1.84195	6.83703
160	433.15	0.61814	0.00110199	0.306818	675.57	2757.43	2081.86	1.94278	6.74910
170	443.15	0.79205	0.00111426	0.242616	719.21	2767.89	2048.69	2.04192	6.66495
180	453.15	1.0026	0.00112739	0.193862	763.19	2777.22	2014.03	2.13954	6.58407
190	463.15	1.2550	0.00114144	0.156377	807.57	2785.31	1977.74	2.23578	6.50600
200	473.15	1.5547	0.00115651	0.127222	852.39	2792.06	1939.67	2.33080	6.43030
210	483.15	1.9074	0.00117271	0.104302	897.73	2797.35	1899.62	2.42476	6.35652
220	493.15	2.3193	0.00119016	0.0861007	943.64	2801.05	1857.41	2.51782	6.28425
230	503.15	2.7968	0.00120901	0.0715102	990.21	2803.01	1812.80	2.61015	6.21306
240	513.15	3.3467	0.00122946	0.0597101	1037.52	2803.06	1765.54	2.70194	6.14253
250	523.15	3.9759	0.00125174	0.0500866	1085.69	2801.01	1715.33	2.79339	6.07222
260	533.15	4.6921	0.00127613	0.0421755	1134.83	2796.64	1661.82	2.88472	6.00169
270	543.15	5.5028	0.00130301	0.0356224	1185.09	2789.69	1604.60	2.97618	5.93042
280	553.15	6.4165	0.00133285	0.0301540	1236.67	2779.82	1543.15	3.06807	5.85783
290	563.15	7.4416	0.00136629	0.0255568	1289.80	2766.63	1476.84	3.16077	5.78323
300	573.15	8.5877	0.00140422	0.0216631	1344.77	2749.57	1404.80	3.25474	5.70576
310	583.15	9.8647	0.00144788	0.0183389	1402.00	2727.92	1325.92	3.35058	5.62430
320	593.15	11.284	0.00149906	0.0154759	1462.05	2700.67	1238.62	3.44912	5.53732
330	603.15	12.858	0.00156060	0.0129840	1525.74	2666.25	1140.51	3.55156	5.44248
340	613.15	14.600	0.00163751	0.0107838	1594.45	2622.07	1027.62	3.65995	5.33591
350	623.15	16.529	0.00174007	0.00880093	1670.86	2563.59	892.73	3.77828	5.21089
360	633.15	18.666	0.00189451	0.00694494	1761.49	2480.99	719.50	3.91636	5.05273
370	643.15	21.043	0.00222209	0.00494620	1892.64	2333.50	440.86	4.11415	4.79962
373.946	647.096	22.064	0.00310559	0.00310559	2087.55	2087.55	0	4.41202	4.41202

付表2　水および水蒸気の飽和表（圧力基準）

圧力	温度		比体積		比エンタルピー			比エントロピー	
p	t	T	v'	v''	h'	h''	$h'' - h'$	s'	s''
MPa	℃	K	m³/kg	m³/kg	kJ/kg	kJ/kg	kJ/kg	kJ/(kg·K)	kJ/(kg·K)
0.00061166	0.01	273.16	0.00100021	205.997	0.00	2500.91	2500.91	0.00000	9.15549
0.0010	6.970	280.120	0.00100014	129.183	29.30	2513.68	2484.38	0.10591	8.97493
0.0015	13.020	286.170	0.00100067	87.9621	54.69	2524.75	2470.06	0.19557	8.82705
0.0020	17.495	290.645	0.00100136	66.9896	73.43	2532.91	2459.48	0.26058	8.72272
0.0025	21.078	294.228	0.00100207	54.2421	88.43	2539.43	2451.00	0.31186	8.64215
0.0030	24.080	297.230	0.00100277	45.6550	100.99	2544.88	2443.89	0.35433	8.57656
0.005	32.875	306.025	0.00100532	28.1863	137.77	2560.77	2423.00	0.47625	8.39391
0.01	45.808	318.958	0.00101026	14.6706	191.81	2583.89	2392.07	0.64922	8.14889
0.02	60.059	333.209	0.00101714	7.64815	251.40	2608.95	2357.55	0.83195	7.90723
0.03	69.095	342.245	0.00102222	5.22856	289.23	2624.55	2335.32	0.94394	7.76745
0.04	75.857	349.017	0.00102636	3.99311	317.57	2636.05	2318.48	1.02590	7.66897
0.05	81.317	354.467	0.00102991	3.24015	340.48	2645.21	2304.74	1.09101	7.59296
0.07	89.932	363.082	0.00103589	2.36490	376.68	2659.42	2282.74	1.19186	7.47895
0.10	99.606	372.756	0.00104315	1.69402	417.44	2674.95	2257.51	1.30256	7.35881
0.101325	99.974	373.124	0.00104344	1.67330	418.99	2675.53	2256.54	1.30672	7.35439
0.15	111.35	384.50	0.00105272	1.15936	467.08	2693.11	2226.03	1.43355	7.22294
0.2	120.21	393.36	0.00106052	0.885735	504.68	2706.24	2201.56	1.53010	7.12686
0.3	133.53	406.68	0.00107318	0.605785	561.46	2724.89	2163.44	1.67176	6.99157
0.4	143.61	416.76	0.00108356	0.462392	604.72	2738.06	2133.33	1.77660	6.89542
0.5	151.84	424.99	0.00109256	0.374804	640.19	2748.11	2107.92	1.86060	6.82058
0.6	158.83	431.98	0.00110061	0.315575	670.50	2756.14	2085.64	1.93110	6.75917
0.8	170.41	443.56	0.00111479	0.240328	721.02	2768.30	2047.28	2.04599	6.66154
1.0	179.89	453.04	0.00112723	0.194349	762.68	2777.12	2014.44	2.13843	6.58498
1.2	187.96	461.11	0.00113850	0.163250	798.50	2783.77	1985.27	2.21630	6.52169
1.4	195.05	468.20	0.00114892	0.140768	830.13	2788.89	1958.76	2.28388	6.46752
1.6	201.38	474.53	0.00115868	0.123732	858.61	2792.88	1934.27	2.34381	6.42002
1.8	207.12	480.27	0.00116792	0.110362	884.61	2795.99	1911.37	2.39779	6.37760
2.0	212.38	485.53	0.00117675	0.0995805	908.62	2798.38	1889.76	2.44702	6.33916
2.5	223.96	497.11	0.00119744	0.0799474	961.98	2802.04	1840.06	2.55443	6.25597
3.0	233.86	507.01	0.00121670	0.0666641	1008.37	2803.26	1794.89	2.64562	6.18579
3.5	242.56	515.71	0.00123498	0.0570582	1049.78	2802.74	1752.97	2.72539	6.12451
4	250.36	523.51	0.00125257	0.0497766	1087.43	2800.90	1713.47	2.79665	6.06971
5	263.94	537.09	0.00128641	0.0394463	1154.50	2794.23	1639.73	2.92075	5.97370
6	275.59	548.74	0.00131927	0.0324487	1213.73	2784.56	1570.83	3.02744	5.89007
7	285.83	558.98	0.00135186	0.0273796	1267.44	2772.57	1505.13	3.12199	5.81463
8	295.01	568.16	0.00138466	0.0235275	1317.08	2758.61	1441.53	3.20765	5.74485
9	303.35	576.50	0.00141812	0.0204929	1363.65	2742.88	1379.23	3.28657	5.67901
10	311.00	584.15	0.00145262	0.0180336	1407.87	2725.47	1317.61	3.36029	5.61589
12	324.68	597.83	0.00152633	0.0142689	1491.33	2685.58	1194.26	3.49646	5.49412
14	336.67	609.82	0.00160971	0.0114889	1570.88	2638.09	1067.21	3.62300	5.37305
16	347.36	620.51	0.00170954	0.00930813	1649.67	2580.80	931.13	3.74568	5.24627
18	356.99	630.14	0.00183949	0.00749867	1732.02	2509.53	777.51	3.87167	5.10553
20	365.75	638.90	0.00203865	0.00585828	1827.10	2411.39	584.29	4.01538	4.92990
22	373.71	646.86	0.00275039	0.00357662	2021.92	2164.18	142.27	4.31087	4.53080
22.064	373.946	647.096	0.00310559	0.00310559	2087.55	2087.55	0	4.41202	4.41202

付表3　圧縮水および過熱蒸気表①

v：比体積 $[m^3/kg]$, h：比エンタルピー $[kJ/kg]$, s：比エントロピー $[kJ/(kg·K)]$

圧力 p [MPa] {飽和温度 ts [℃]}		温度 t [℃]							
		100	200	300	400	500	600	700	800
0.01 {45.808}	v	17.197	21.826	26.446	31.064	35.680	40.296	44.912	49.528
	h	2687.43	2879.59	3076.73	3279.94	3489.67	3706.27	3929.91	4160.62
	s	8.4488	8.9048	9.2827	9.6093	9.8997	10.1631	10.4055	10.6311
0.02 {60.059}	v	8.5857	10.907	13.220	15.530	17.839	20.147	22.455	24.763
	h	2686.19	2879.14	3076.49	3279.78	3489.57	3706.19	3929.85	4160.57
	s	8.1262	8.5842	8.9624	9.2892	9.5797	9.8431	10.0855	10.3112
0.05 {81.317}	v	3.4188	4.3563	5.2841	6.2095	7.1339	8.0578	8.9814	9.9048
	h	2682.40	2877.77	3075.76	3279.32	3489.24	3705.96	3929.67	4160.44
	s	7.6952	8.1591	8.5386	8.8658	9.1565	9.4200	9.6625	9.8882
0.1 {99.606}	v	1.6960	2.1725	2.6389	3.1027	3.5656	4.0279	4.4900	4.9520
	h	2675.77	2875.48	3074.54	3278.54	3488.71	3705.57	3929.38	4160.21
	s	7.3610	7.8356	8.2171	8.5451	8.8361	9.0998	9.3424	9.5681
0.2 {120.21}	v	0.0010434	1.0805	1.3162	1.5493	1.7814	2.0130	2.2444	2.4755
	h	419.17	2870.78	3072.08	3276.98	3487.64	3704.79	3928.80	4159.76
	s	1.3069	7.5081	7.8940	8.2235	8.5151	8.7792	9.0220	9.2479
0.3 {133.53}	v	0.0010434	0.71644	0.87534	1.0315	1.1867	1.3414	1.4958	1.6500
	h	419.25	2865.95	3069.61	3275.42	3486.56	3704.02	3928.21	4159.31
	s	1.3069	7.3132	7.7037	8.0346	8.3269	8.5914	8.8344	9.0604
0.4 {143.61}	v	0.0010433	0.53434	0.65488	0.77264	0.88936	1.0056	1.1215	1.2373
	h	419.32	2860.99	3067.11	3273.86	3485.49	3703.24	3927.63	4158.85
	s	1.3068	7.1724	7.5677	7.9001	8.1931	8.4579	8.7012	8.9273
0.5 {151.84}	v	0.0010433	0.42503	0.52260	0.61729	0.71095	0.80410	0.89696	0.98967
	h	419.40	2855.90	3064.60	3272.29	3484.41	3702.46	3927.05	4158.40
	s	1.3067	7.0611	7.4614	7.7954	8.0891	8.3543	8.5977	8.8240
0.6 {158.83}	v	0.0010432	0.35212	0.43441	0.51373	0.59200	0.66977	0.74725	0.82457
	h	419.47	2850.66	3062.06	3270.72	3483.33	3701.68	3926.46	4157.95
	s	1.3066	6.9684	7.3740	7.7095	8.0039	8.2694	8.5131	8.7395
0.7 {164.95}	v	0.0010432	0.29999	0.37141	0.43976	0.50704	0.57382	0.64032	0.70665
	h	419.55	2845.29	3059.50	3269.14	3482.25	3700.90	3925.88	4157.50
	s	1.3065	6.8884	7.2995	7.6366	7.9317	8.1976	8.4415	8.6680
0.8 {170.41}	v	0.0010431	0.26087	0.32415	0.38427	0.44332	0.50186	0.56011	0.61820
	h	419.62	2839.77	3056.92	3267.56	3481.17	3700.12	3925.29	4157.04
	s	1.3065	6.8176	7.2345	7.5733	7.8690	8.1353	8.3794	8.6060
0.9 {175.36}	v	0.0010430	0.23040	0.28739	0.34112	0.39376	0.44589	0.49773	0.54941
	h	419.70	2834.10	3054.32	3265.98	3480.09	3699.34	3924.70	4156.59
	s	1.3064	6.7538	7.1768	7.5172	7.8136	8.0803	8.3246	8.5513
1.0 {179.89}	v	0.0010430	0.20600	0.25798	0.30659	0.35411	0.40111	0.44783	0.49438
	h	419.77	2828.27	3051.70	3264.39	3479.00	3698.56	3924.12	4156.14
	s	1.3063	6.6955	7.1247	7.4668	7.7640	8.0309	8.2755	8.5024
1.5 {198.30}	v	0.0010427	0.13244	0.16970	0.20301	0.23516	0.26678	0.29812	0.32928
	h	420.15	2796.02	3038.27	3256.37	3473.57	3694.64	3921.18	4153.87
	s	1.3059	6.4537	6.9199	7.2708	7.5716	7.8404	8.0860	8.3135
2.0 {212.38}	v	0.0010425	0.0011561	0.12550	0.15121	0.17568	0.19961	0.22326	0.24674
	h	420.53	852.57	3024.25	3248.23	3468.09	3690.71	3918.24	4151.59
	s	1.3055	2.3301	6.7685	7.1290	7.4335	7.7042	7.9509	8.1791

付表3　圧縮水および過熱蒸気表②

v：比体積 [m³/kg], h：比エンタルピー [kJ/kg], s：比エントロピー [kJ/(kg·K)]

圧力 p [MPa]		温　度　t [℃]							
{飽和温度 ts [℃]}		100	200	300	400	500	600	700	800
3	v	0.0010420	0.0011550	0.081175	0.099377	0.11619	0.13244	0.14840	0.16419
{233.86}	h	421.28	852.98	2994.35	3231.57	3457.04	3682.81	3912.34	4147.03
	s	1.3048	2.3285	6.5412	6.9233	7.2356	7.5102	7.7590	7.9885
4	v	0.0010415	0.0011540	0.058868	0.073432	0.086441	0.098857	0.11097	0.12292
{250.36}	h	422.03	853.39	2961.65	3214.37	3445.84	3674.85	3906.41	4142.46
	s	1.3040	2.3269	6.3638	6.7712	7.0919	7.3704	7.6215	7.8523
5	v	0.0010410	0.0011530	0.045347	0.057840	0.068583	0.078703	0.088515	0.098151
{263.94}	h	422.78	853.80	2925.64	3196.59	3434.48	3666.83	3900.45	4137.87
	s	1.3032	2.3254	6.2109	6.6481	6.9778	7.2604	7.5137	7.7459
6	v	0.0010405	0.0011521	0.036191	0.047423	0.056672	0.065264	0.073542	0.081642
{275.59}	h	423.53	854.22	2885.49	3178.18	3422.95	3658.76	3894.47	4133.27
	s	1.3024	2.3238	6.0702	6.5431	6.8824	7.1692	7.4248	7.6583
8	v	0.0010395	0.0011501	0.024280	0.034348	0.041769	0.048463	0.054825	0.061005
{295.01}	h	425.04	855.06	2786.38	3139.31	3399.37	3642.42	3882.42	4124.02
	s	1.3009	2.3207	5.7935	6.3657	6.7264	7.0221	7.2823	7.5186
10	v	0.0010385	0.0011482	0.0014471	0.026439	0.032813	0.038377	0.043594	0.048624
{311.00}	h	426.55	855.92	1401.77	3097.38	3375.06	3625.84	3870.27	4114.73
	s	1.2994	2.3177	3.3498	6.2139	6.5993	6.9045	7.1696	7.4087
15	v	0.0010361	0.0011435	0.0013783	0.015671	0.020828	0.024921	0.028619	0.032118
{342.16}	h	430.32	858.12	1338.06	2975.55	3310.79	3583.31	3839.48	4091.33
	s	1.2956	2.3102	3.2275	5.8817	6.3479	6.6797	6.9576	7.2039
20	v	0.0010337	0.0011390	0.0013611	0.0099496	0.014793	0.018184	0.021133	0.023869
{365.75}	h	434.10	860.39	1334.14	2816.84	3241.19	3539.23	3808.15	4067.73
	s	1.2918	2.3030	3.2087	5.5525	6.1445	6.5077	6.7994	7.0534
25	v	0.0010313	0.0011346	0.0013459	0.0060048	0.011142	0.014140	0.016643	0.018922
	h	437.88	862.73	1331.06	2578.59	3165.92	3493.69	3776.37	4044.00
	s	1.2881	2.2959	3.1915	5.1399	5.9642	6.3638	6.6706	6.9324
30	v	0.0010290	0.0011304	0.0013322	0.0027964	0.0086903	0.011444	0.013654	0.015629
	h	441.67	865.14	1328.66	2152.37	3084.79	3446.87	3744.24	4020.23
	s	1.2845	2.2890	3.1756	4.4750	5.7956	6.2374	6.5602	6.8303
40	v	0.0010245	0.0011224	0.0013083	0.0019107	0.0056249	0.0080891	0.0099310	0.011523
	h	449.27	870.12	1325.41	1931.13	2906.69	3350.43	3679.42	3972.81
	s	1.2773	2.2758	3.1469	4.1141	5.4746	6.0170	6.3743	6.6614
50	v	0.0010201	0.0011149	0.0012879	0.0017309	0.0038894	0.0061087	0.0077176	0.0090741
	h	456.87	875.31	1323.74	1874.31	2722.52	3252.61	3614.76	3925.96
	s	1.2703	2.2631	3.1214	4.0028	5.1759	5.8245	6.2180	6.5226
60	v	0.0010159	0.0011077	0.0012700	0.0016329	0.0029516	0.0048336	0.0062651	0.0074568
	h	464.49	880.67	1323.25	1843.15	2570.40	3156.95	3551.39	3880.15
	s	1.2634	2.2509	3.0982	3.9316	4.9356	5.6528	6.0815	6.4034
80	v	0.0010078	0.0010945	0.0012398	0.0015163	0.0021880	0.0033837	0.0045161	0.0054762
	h	479.75	891.85	1324.85	1808.76	2397.56	2988.09	3432.92	3793.32
	s	1.2501	2.2280	3.0572	3.8339	4.6474	5.3674	5.8509	6.2039
100	v	0.0010002	0.0010826	0.0012148	0.0014432	0.0018932	0.0026723	0.0035462	0.0043355
	h	495.04	903.51	1328.92	1791.14	2316.23	2865.07	3330.76	3715.19
	s	1.2373	2.2066	3.0215	3.7638	4.4899	5.1580	5.6640	6.0405

付表 4　R 410A の飽和表（温度基準）①

t °C	p kPa	q	ϱ' kg m^{-3}	ϱ'' kg m^{-3}	h' kJ kg^{-1}	h'' kJ kg^{-1}	s' kJ kg^{-1} K^{-1}	s'' kJ kg^{-1} K^{-1}	ξ'_{32} mass %	ξ''_{32} mass %	ξ'_{125} mass %	ξ''_{125} mass %
−80	18.50	0.0	1432.8	0.8183	89.14	392.39	0.5246	2.0948	50.0	54.6	50.0	45.4
	18.47	0.2	1436.2	0.8226	89.45	390.70	0.5262	2.0862	49.1	53.8	50.9	46.2
	18.44	0.4	1439.6	0.8272	89.77	388.96	0.5278	2.0773	48.1	52.8	51.9	47.2
	18.42	0.6	1443.1	0.8319	90.10	387.18	0.5293	2.0681	47.1	51.9	52.9	48.1
	18.39	0.8	1446.7	0.8368	90.43	385.36	0.5309	2.0587	46.1	51.0	53.9	49.0
	18.36	1.0	1450.3	0.8417	90.76	383.50	0.5324	2.0491	45.1	50.0	54.9	50.0
−78	21.23	0.0	1427.3	0.9318	91.70	393.35	0.5378	2.0836	50.0	54.5	50.0	45.5
	21.21	0.2	1430.5	0.9367	91.99	391.70	0.5393	2.0753	49.1	53.7	50.9	46.3
	21.18	0.4	1433.9	0.9418	92.30	390.00	0.5408	2.0667	48.1	52.8	51.9	47.2
	21.15	0.6	1437.3	0.9471	92.61	388.26	0.5422	2.0578	47.2	51.9	52.8	48.1
	21.11	0.8	1440.8	0.9525	92.92	386.47	0.5437	2.0487	46.2	50.9	53.8	49.1
	21.08	1.0	1444.3	0.9581	93.24	384.66	0.5452	2.0394	45.2	50.0	54.8	50.0
−76	24.30	0.0	1421.7	1.0578	94.26	394.31	0.5509	2.0728	50.0	54.4	50.0	45.6
	24.27	0.2	1424.8	1.0633	94.55	392.70	0.5523	2.0647	49.1	53.6	50.9	46.4
	24.24	0.4	1428.1	1.0690	94.84	391.04	0.5537	2.0564	48.2	52.7	51.8	47.3
	24.20	0.6	1431.4	1.0749	95.13	389.33	0.5551	2.0479	47.2	51.8	52.8	48.2
	24.17	0.8	1434.8	1.0809	95.43	387.59	0.5565	2.0391	46.3	50.9	53.7	49.1
	24.13	1.0	1438.3	1.0872	95.74	385.81	0.5579	2.0301	45.3	50.0	54.7	50.0
−74	27.72	0.0	1416.0	1.1973	96.84	395.28	0.5639	2.0624	50.0	54.3	50.0	45.7
	27.68	0.2	1419.1	1.2034	97.11	393.70	0.5652	2.0546	49.1	53.5	50.9	46.5
	27.65	0.4	1422.3	1.2098	97.39	392.07	0.5665	2.0465	48.2	52.7	51.8	47.3
	27.61	0.6	1425.5	1.2163	97.67	390.40	0.5679	2.0382	47.3	51.8	52.7	48.2
	27.57	0.8	1428.8	1.2231	97.95	388.70	0.5692	2.0297	46.4	50.9	53.6	49.1
	27.53	1.0	1432.2	1.2300	98.25	386.95	0.5706	2.0210	45.4	50.0	54.6	50.0
−72	31.52	0.0	1410.3	1.3514	99.43	396.25	0.5768	2.0523	50.0	54.2	50.0	45.8
	31.49	0.2	1413.3	1.3582	99.68	394.70	0.5780	2.0447	49.1	53.4	50.9	46.6
	31.45	0.4	1416.4	1.3652	99.95	393.11	0.5793	2.0369	48.3	52.6	51.7	47.4
	31.41	0.6	1419.6	1.3725	100.21	391.47	0.5806	2.0289	47.4	51.8	52.6	48.2
	31.37	0.8	1422.8	1.3800	100.49	389.80	0.5819	2.0207	46.4	50.9	53.6	49.1
	31.32	1.0	1426.1	1.3877	100.77	388.09	0.5832	2.0122	45.5	50.0	54.5	50.0
−70	35.75	0.0	1404.6	1.5211	102.03	397.22	0.5896	2.0425	50.0	54.2	50.0	45.8
	35.71	0.2	1407.5	1.5286	102.27	395.70	0.5908	2.0352	49.2	53.4	50.8	46.6
	35.67	0.4	1410.6	1.5364	102.52	394.14	0.5920	2.0276	48.3	52.6	51.7	47.4
	35.62	0.6	1413.6	1.5444	102.77	392.54	0.5933	2.0199	47.4	51.7	52.6	48.3
	35.57	0.8	1416.8	1.5527	103.03	390.90	0.5945	2.0119	46.5	50.9	53.5	49.1
	35.53	1.0	1420.0	1.5613	103.30	389.23	0.5957	2.0037	45.6	50.0	54.4	50.0
−68	40.42	0.0	1398.9	1.7075	104.63	398.19	0.6024	2.0331	50.0	54.1	50.0	45.9
	40.38	0.2	1401.7	1.7158	104.86	396.70	0.6035	2.0260	49.2	53.3	50.8	46.7
	40.33	0.4	1404.6	1.7244	105.10	395.18	0.6047	2.0187	48.3	52.5	51.7	47.5
	40.28	0.6	1407.7	1.7333	105.34	393.61	0.6058	2.0111	47.5	51.7	52.5	48.3
	40.23	0.8	1410.7	1.7425	105.59	392.00	0.6070	2.0034	46.6	50.9	53.4	49.1
	40.18	1.0	1413.9	1.7520	105.84	390.35	0.6082	1.9955	45.7	50.0	54.3	50.0
−66	45.58	0.0	1393.0	1.9119	107.25	399.16	0.6150	2.0239	50.0	54.0	50.0	46.0
	45.53	0.2	1395.8	1.9210	107.47	397.70	0.6161	2.0171	49.2	53.2	50.8	46.8
	45.49	0.4	1398.7	1.9305	107.70	396.21	0.6172	2.0100	48.4	52.5	51.6	47.5
	45.43	0.6	1401.6	1.9403	107.93	394.66	0.6184	2.0027	47.5	51.7	52.5	48.3
	45.38	0.8	1404.6	1.9505	108.16	393.09	0.6195	1.9951	46.6	50.8	53.4	49.2
	45.32	1.0	1407.7	1.9609	108.40	391.47	0.6206	1.9874	45.8	50.0	54.2	50.0
−64	51.27	0.0	1387.2	2.1354	109.88	400.13	0.6276	2.0151	50.0	53.9	50.0	46.1
	51.21	0.2	1389.9	2.1455	110.09	398.70	0.6287	2.0084	49.2	53.2	50.8	46.8
	51.16	0.4	1392.7	2.1559	110.30	397.23	0.6297	2.0015	48.4	52.4	51.6	47.6
	51.10	0.6	1395.6	2.1667	110.52	395.72	0.6308	1.9944	47.6	51.6	52.4	48.4
	51.04	0.8	1398.5	2.1779	110.74	394.17	0.6318	1.9872	46.7	50.8	53.3	49.2
	50.98	1.0	1401.5	2.1894	110.97	392.59	0.6329	1.9797	45.8	50.0	54.2	50.0
−62	57.51	0.0	1381.3	2.3794	112.52	401.10	0.6402	2.0065	50.0	53.9	50.0	46.1
	57.45	0.2	1384.0	2.3905	112.71	399.70	0.6412	2.0001	49.2	53.1	50.8	46.9
	57.39	0.4	1386.7	2.4019	112.92	398.25	0.6422	1.9934	48.4	52.4	51.6	47.6
	57.33	0.6	1389.5	2.4138	113.13	396.77	0.6432	1.9865	47.6	51.6	52.4	48.4
	57.27	0.8	1392.4	2.4261	113.34	395.25	0.6442	1.9794	46.8	50.8	53.2	49.2
	57.20	1.0	1395.3	2.4387	113.56	393.69	0.6452	1.9721	45.9	50.0	54.1	50.0

付表 4　R 410A の飽和表（温度基準）②

t °C	p kPa	q	ϱ' kg m^{-3}	ϱ'' kg m^{-3}	h' kJ kg^{-1}	h'' kJ kg^{-1}	s' kJ kg^{-1} K^{-1}	s'' kJ kg^{-1} K^{-1}	ξ'_{32} mass %	ξ''_{32} mass %	ξ'_{125} mass %	ξ''_{125} mass %
−60	64.35	0.0	1375.4	2.6451	115.16	402.07	0.6526	1.9983	50.0	53.8	50.0	46.2
	64.29	0.2	1378.0	2.6573	115.35	400.69	0.6536	1.9920	49.2	53.1	50.8	46.9
	64.23	0.4	1380.7	2.6699	115.55	399.27	0.6545	1.9855	48.4	52.3	51.6	47.7
	64.16	0.6	1383.4	2.6829	115.74	397.81	0.6555	1.9788	47.6	51.6	52.4	48.4
	64.09	0.8	1386.2	2.6963	115.95	396.32	0.6564	1.9719	46.8	50.8	53.2	49.2
	64.02	1.0	1389.1	2.7102	116.15	394.79	0.6574	1.9648	46.0	50.0	54.0	50.0
−58	71.84	0.0	1369.4	2.9341	117.82	403.04	0.6650	1.9902	50.0	53.7	50.0	46.3
	71.77	0.2	1371.9	2.9473	118.00	401.68	0.6659	1.9841	49.2	53.0	50.8	47.0
	71.70	0.4	1374.6	2.9611	118.18	400.29	0.6668	1.9778	48.5	52.3	51.5	47.7
	71.63	0.6	1377.2	2.9754	118.37	398.85	0.6677	1.9713	47.7	51.6	52.3	48.4
	71.56	0.8	1380.0	2.9901	118.56	397.38	0.6686	1.9646	46.9	50.8	53.1	49.2
	71.48	1.0	1382.8	3.0053	118.76	395.87	0.6695	1.9577	46.0	50.0	54.0	50.0
−56	80.01	0.0	1363.4	3.2476	120.49	404.00	0.6773	1.9825	50.0	53.7	50.0	46.3
	79.94	0.2	1365.9	3.2621	120.66	402.67	0.6782	1.9765	49.3	53.0	50.7	47.0
	79.86	0.4	1368.4	3.2771	120.83	401.29	0.6791	1.9703	48.5	52.3	51.5	47.7
	79.78	0.6	1371.1	3.2927	121.01	399.88	0.6799	1.9640	47.7	51.5	52.3	48.5
	79.70	0.8	1373.8	3.3088	121.19	398.44	0.6808	1.9575	46.9	50.8	53.1	49.2
	79.61	1.0	1376.5	3.3254	121.38	396.95	0.6816	1.9508	46.1	50.0	53.9	50.0
−54	88.90	0.0	1357.3	3.5871	123.17	404.96	0.6896	1.9749	50.0	53.6	50.0	46.4
	88.83	0.2	1359.8	3.6029	123.33	403.65	0.6904	1.9691	49.3	52.9	50.7	47.1
	88.75	0.4	1362.3	3.6194	123.49	402.30	0.6912	1.9631	48.5	52.2	51.5	47.8
	88.66	0.6	1364.8	3.6363	123.66	400.91	0.6920	1.9569	47.7	51.5	52.3	48.5
	88.57	0.8	1367.5	3.6539	123.84	399.48	0.6929	1.9506	47.0	50.8	53.0	49.2
	88.48	1.0	1370.2	3.6720	124.01	398.02	0.6937	1.9440	46.1	50.0	53.9	50.0
−52	98.57	0.0	1351.2	3.9543	125.86	405.91	0.7018	1.9676	50.0	53.6	50.0	46.4
	98.49	0.2	1353.6	3.9715	126.01	404.62	0.7025	1.9619	49.3	52.9	50.7	47.1
	98.40	0.4	1356.0	3.9894	126.16	403.29	0.7033	1.9561	48.5	52.2	51.5	47.8
	98.31	0.6	1358.6	4.0079	126.32	401.92	0.7041	1.9501	47.8	51.5	52.2	48.5
	98.22	0.8	1361.2	4.0270	126.49	400.52	0.7049	1.9439	47.0	50.8	53.0	49.2
	98.11	1.0	1363.8	4.0467	126.66	399.08	0.7056	1.9375	46.2	50.0	53.8	50.0
−50	109.06	0.0	1345.0	4.3506	128.56	406.86	0.7139	1.9605	50.0	53.5	50.0	46.5
	108.97	0.2	1347.4	4.3694	128.70	405.59	0.7146	1.9550	49.3	52.9	50.7	47.1
	108.88	0.4	1349.8	4.3888	128.85	404.28	0.7154	1.9493	48.6	52.2	51.4	47.8
	108.78	0.6	1352.3	4.4089	129.00	402.93	0.7161	1.9434	47.8	51.5	52.2	48.5
	108.68	0.8	1354.8	4.4297	129.15	401.55	0.7168	1.9374	47.0	50.7	53.0	49.3
	108.57	1.0	1357.4	4.4511	129.31	400.13	0.7176	1.9311	46.3	50.0	53.7	50.0
−48	120.42	0.0	1338.8	4.7778	131.27	407.80	0.7259	1.9536	50.0	53.5	50.0	46.5
	120.32	0.2	1341.1	4.7981	131.40	406.55	0.7266	1.9482	49.3	52.8	50.7	47.2
	120.22	0.4	1343.5	4.8192	131.54	405.26	0.7273	1.9427	48.6	52.1	51.4	47.9
	120.12	0.6	1345.9	4.8411	131.68	403.93	0.7280	1.9369	47.8	51.4	52.2	48.6
	120.00	0.8	1348.4	4.8636	131.83	402.57	0.7287	1.9310	47.1	50.7	52.9	49.3
	119.89	1.0	1351.0	4.8869	131.98	401.17	0.7294	1.9250	46.3	50.0	53.7	50.0
−46	132.69	0.0	1332.6	5.2375	133.99	408.74	0.7379	1.9469	50.0	53.4	50.0	46.6
	132.59	0.2	1334.8	5.2596	134.12	407.50	0.7386	1.9417	49.3	52.8	50.7	47.2
	132.48	0.4	1337.1	5.2824	134.25	406.23	0.7393	1.9362	48.6	52.1	51.4	47.9
	132.37	0.6	1339.5	5.3061	134.38	404.92	0.7399	1.9306	47.9	51.4	52.1	48.6
	132.24	0.8	1342.0	5.3306	134.52	403.58	0.7406	1.9249	47.1	50.7	52.9	49.3
	132.12	1.0	1344.5	5.3558	134.66	402.20	0.7412	1.9189	46.3	50.0	53.7	50.0
−44	145.94	0.0	1326.3	5.7315	136.72	409.67	0.7499	1.9404	50.0	53.4	50.0	46.6
	145.82	0.2	1328.5	5.7554	136.84	408.45	0.7505	1.9353	49.3	52.7	50.7	47.3
	145.71	0.4	1330.8	5.7802	136.96	407.19	0.7511	1.9300	48.6	52.1	51.4	47.9
	145.58	0.6	1333.1	5.8058	137.09	405.90	0.7517	1.9245	47.9	51.4	52.1	48.6
	145.45	0.8	1335.5	5.8323	137.22	404.58	0.7524	1.9189	47.1	50.7	52.9	49.3
	145.32	1.0	1337.9	5.8597	137.35	403.22	0.7530	1.9131	46.4	50.0	53.6	50.0
−42	160.20	0.0	1319.9	6.2616	139.46	410.59	0.7617	1.9341	50.0	53.3	50.0	46.7
	160.08	0.2	1322.1	6.2875	139.57	409.39	0.7623	1.9291	49.3	52.7	50.7	47.3
	159.95	0.4	1324.3	6.3143	139.69	408.15	0.7629	1.9239	48.6	52.1	51.4	47.9
	159.82	0.6	1326.6	6.3420	139.81	406.87	0.7635	1.9185	47.9	51.4	52.1	48.6
	159.68	0.8	1329.0	6.3706	139.93	405.56	0.7641	1.9130	47.2	50.7	52.8	49.3
	159.53	1.0	1331.4	6.4002	140.06	404.22	0.7647	1.9074	46.4	50.0	53.6	50.0

付表 4　R 410 A の飽和表（温度基準）③

t	p	q	ϱ'	ϱ''	h'	h''	s'	s''	ξ'_{32}	ξ''_{32}	ξ'_{125}	ξ''_{125}
°C	kPa		kg m^{-3}		kJ kg^{-1}		kJ kg^{-1} K^{-1}		mass %			
−40	175.53	0.0	1313.5	6.8298	142.22	411.50	0.7735	1.9279	50.0	53.3	50.0	46.7
	175.40	0.2	1315.6	6.8577	142.32	410.32	0.7741	1.9230	49.3	52.7	50.7	47.3
	175.27	0.4	1317.8	6.8866	142.43	409.09	0.7747	1.9179	48.6	52.0	51.4	48.0
	175.13	0.6	1320.1	6.9166	142.54	407.83	0.7752	1.9127	47.9	51.4	52.1	48.6
	174.97	0.8	1322.4	6.9475	142.66	406.54	0.7758	1.9073	47.2	50.7	52.8	49.3
	174.82	1.0	1324.8	6.9795	142.77	405.21	0.7764	1.9018	46.5	50.0	53.5	50.0
−38	192.00	0.0	1307.0	7.4379	144.98	412.41	0.7853	1.9219	50.0	53.3	50.0	46.7
	191.86	0.2	1309.1	7.4681	145.08	411.24	0.7858	1.9171	49.3	52.6	50.7	47.4
	191.71	0.4	1311.3	7.4993	145.18	410.03	0.7864	1.9122	48.7	52.0	51.3	48.0
	191.56	0.6	1313.5	7.5316	145.29	408.78	0.7869	1.9071	48.0	51.4	52.0	48.6
	191.40	0.8	1315.8	7.5650	145.39	407.51	0.7874	1.9018	47.2	50.7	52.8	49.3
	191.23	1.0	1318.1	7.5995	145.50	406.19	0.7880	1.8964	46.5	50.0	53.5	50.0
−36	209.65	0.0	1300.5	8.0881	147.76	413.30	0.7970	1.9161	50.0	53.2	50.0	46.8
	209.50	0.2	1302.6	8.1206	147.85	412.14	0.7975	1.9114	49.3	52.6	50.7	47.4
	209.34	0.4	1304.7	8.1542	147.94	410.95	0.7980	1.9065	48.7	52.0	51.3	48.0
	209.17	0.6	1306.9	8.1891	148.04	409.72	0.7985	1.9015	48.0	51.3	52.0	48.7
	209.00	0.8	1309.1	8.2250	148.14	408.46	0.7990	1.8964	47.3	50.7	52.7	49.3
	208.82	1.0	1311.4	8.2622	148.24	407.16	0.7995	1.8910	46.5	50.0	53.5	50.0
−34	228.53	0.0	1293.9	8.7824	150.55	414.19	0.8086	1.9104	50.0	53.2	50.0	46.8
	228.37	0.2	1296.0	8.8174	150.63	413.04	0.8091	1.9058	49.4	52.6	50.6	47.4
	228.21	0.4	1298.0	8.8536	150.72	411.86	0.8096	1.9010	48.7	52.0	51.3	48.0
	228.03	0.6	1300.2	8.8911	150.81	410.65	0.8101	1.8961	48.0	51.3	52.0	48.7
	227.84	0.8	1302.4	8.9299	150.90	409.40	0.8105	1.8911	47.3	50.7	52.7	49.3
	227.65	1.0	1304.6	8.9699	151.00	408.12	0.8110	1.8859	46.6	50.0	53.4	50.0
−32	248.72	0.0	1287.3	9.5231	153.35	415.06	0.8202	1.9049	50.0	53.2	50.0	46.8
	248.55	0.2	1289.3	9.5607	153.43	413.93	0.8207	1.9003	49.4	52.6	50.6	47.4
	248.37	0.4	1291.3	9.5997	153.51	412.76	0.8211	1.8957	48.7	52.0	51.3	48.0
	248.18	0.6	1293.4	9.6400	153.59	411.56	0.8216	1.8909	48.0	51.3	52.0	48.7
	247.98	0.8	1295.6	9.6816	153.68	410.32	0.8220	1.8859	47.3	50.7	52.7	49.3
	247.77	1.0	1297.8	9.7247	153.77	409.06	0.8225	1.8808	46.6	50.0	53.4	50.0
−30	270.27	0.0	1280.6	10.312	156.16	415.92	0.8318	1.8994	50.0	53.1	50.0	46.9
	270.08	0.2	1282.6	10.353	156.23	414.80	0.8322	1.8950	49.4	52.5	50.6	47.5
	269.89	0.4	1284.6	10.395	156.31	413.65	0.8326	1.8905	48.7	51.9	51.3	48.1
	269.69	0.6	1286.7	10.438	156.38	412.46	0.8330	1.8857	48.0	51.3	52.0	48.7
	269.47	0.8	1288.8	10.483	156.46	411.24	0.8335	1.8809	47.3	50.7	52.7	49.3
	269.25	1.0	1291.0	10.529	156.54	409.98	0.8339	1.8759	46.6	50.0	53.4	50.0
−28	293.23	0.0	1273.9	11.153	158.98	416.77	0.8433	1.8942	50.0	53.1	50.0	46.9
	293.04	0.2	1275.8	11.196	159.05	415.66	0.8437	1.8898	49.4	52.5	50.6	47.5
	292.83	0.4	1277.8	11.241	159.12	414.52	0.8441	1.8853	48.7	51.9	51.3	48.1
	292.61	0.6	1279.8	11.287	159.19	413.34	0.8445	1.8807	48.1	51.3	51.9	48.7
	292.38	0.8	1281.9	11.336	159.26	412.13	0.8448	1.8760	47.4	50.7	52.6	49.3
	292.14	1.0	1284.0	11.385	159.34	410.89	0.8452	1.8711	46.7	50.0	53.3	50.0
−26	317.68	0.0	1267.0	12.047	161.82	417.61	0.8547	1.8890	50.0	53.1	50.0	46.9
	317.47	0.2	1268.9	12.093	161.88	416.51	0.8551	1.8847	49.4	52.5	50.6	47.5
	317.24	0.4	1270.9	12.141	161.94	415.38	0.8555	1.8803	48.7	51.9	51.3	48.1
	317.01	0.6	1272.9	12.191	162.01	414.21	0.8558	1.8758	48.1	51.3	51.9	48.7
	316.76	0.8	1274.9	12.243	162.07	413.02	0.8562	1.8711	47.4	50.7	52.6	49.3
	316.51	1.0	1277.1	12.296	162.14	411.79	0.8565	1.8663	46.7	50.0	53.3	50.0
−24	343.66	0.0	1260.2	12.996	164.67	418.43	0.8661	1.8839	50.0	53.1	50.0	46.9
	343.44	0.2	1262.0	13.046	164.72	417.34	0.8665	1.8798	49.4	52.5	50.6	47.5
	343.20	0.4	1263.9	13.098	164.78	416.22	0.8668	1.8754	48.7	51.9	51.3	48.1
	342.95	0.6	1265.9	13.151	164.84	415.07	0.8672	1.8710	48.1	51.3	51.9	48.7
	342.69	0.8	1267.9	13.206	164.90	413.88	0.8675	1.8664	47.4	50.6	52.6	49.4
	342.41	1.0	1270.0	13.263	164.96	412.67	0.8678	1.8617	46.7	50.0	53.3	50.0
−22	371.26	0.0	1253.2	14.005	167.53	419.23	0.8775	1.8790	50.0	53.0	50.0	47.0
	371.02	0.2	1255.0	14.059	167.58	418.15	0.8778	1.8749	49.4	52.5	50.6	47.5
	370.76	0.4	1256.9	14.114	167.63	417.05	0.8781	1.8707	48.8	51.9	51.2	48.1
	370.50	0.6	1258.9	14.171	167.69	415.91	0.8784	1.8663	48.1	51.3	51.9	48.7
	370.21	0.8	1260.9	14.230	167.74	414.73	0.8788	1.8618	47.4	50.6	52.6	49.4
	369.92	1.0	1262.9	14.291	167.79	413.53	0.8791	1.8572	46.8	50.0	53.2	50.0

付表 4　R 410A の飽和表（温度基準）④

t	p	q	ϱ'	ϱ''	h'	h''	s'	s''	ξ'_{32}	ξ''_{32}	ξ'_{125}	ξ''_{125}
°C	kPa		kg m^{-3}		kJ kg^{-1}		kJ kg^{-1} K^{-1}		mass %			
−20	400.52	0.0	1246.2	15.075	170.41	420.02	0.8888	1.8741	50.0	53.0	50.0	47.0
	400.27	0.2	1248.0	15.133	170.45	418.96	0.8891	1.8701	49.4	52.4	50.6	47.6
	399.99	0.4	1249.8	15.192	170.50	417.86	0.8894	1.8660	48.8	51.9	51.2	48.1
	399.71	0.6	1251.7	15.253	170.54	416.73	0.8897	1.8617	48.1	51.3	51.9	48.7
	399.41	0.8	1253.7	15.316	170.59	415.57	0.8900	1.8573	47.5	50.6	52.5	49.4
	399.09	1.0	1255.7	15.381	170.64	414.38	0.8902	1.8527	46.8	50.0	53.2	50.0
−18	431.53	0.0	1239.1	16.210	173.30	420.80	0.9001	1.8694	50.0	53.0	50.0	47.0
	431.25	0.2	1240.9	16.271	173.34	419.74	0.9003	1.8654	49.4	52.4	50.6	47.6
	430.96	0.4	1242.7	16.334	173.38	418.65	0.9006	1.8614	48.8	51.8	51.2	48.2
	430.65	0.6	1244.6	16.400	173.42	417.53	0.9009	1.8571	48.1	51.2	51.9	48.8
	430.33	0.8	1246.5	16.467	173.46	416.38	0.9012	1.8528	47.5	50.6	52.5	49.4
	430.00	1.0	1248.5	16.536	173.50	415.20	0.9014	1.8483	46.8	50.0	53.2	50.0
−16	464.33	0.0	1231.9	17.413	176.20	421.55	0.9113	1.8647	50.0	53.0	50.0	47.0
	464.04	0.2	1233.7	17.478	176.24	420.50	0.9116	1.8608	49.4	52.4	50.6	47.6
	463.73	0.4	1235.5	17.545	176.27	419.43	0.9118	1.8568	48.8	51.8	51.2	48.2
	463.40	0.6	1237.3	17.615	176.30	418.32	0.9121	1.8527	48.1	51.2	51.9	48.8
	463.06	0.8	1239.2	17.687	176.34	417.18	0.9123	1.8484	47.5	50.6	52.5	49.4
	462.70	1.0	1241.2	17.761	176.38	416.01	0.9125	1.8441	46.8	50.0	53.2	50.0
−14	499.01	0.0	1224.7	18.686	179.12	422.29	0.9225	1.8601	50.0	52.9	50.0	47.1
	498.69	0.2	1226.4	18.756	179.15	421.25	0.9227	1.8563	49.4	52.4	50.6	47.6
	498.36	0.4	1228.2	18.828	179.18	420.18	0.9230	1.8524	48.8	51.8	51.2	48.2
	498.02	0.6	1230.0	18.902	179.21	419.09	0.9232	1.8483	48.2	51.2	51.8	48.8
	497.65	0.8	1231.8	18.978	179.24	417.96	0.9234	1.8441	47.5	50.6	52.5	49.4
	497.27	1.0	1233.8	19.057	179.27	416.80	0.9236	1.8398	46.9	50.0	53.1	50.0
−12	535.62	0.0	1217.3	20.034	182.06	423.01	0.9337	1.8556	50.0	52.9	50.0	47.1
	535.29	0.2	1219.0	20.108	182.08	421.98	0.9339	1.8519	49.4	52.4	50.6	47.6
	534.94	0.4	1220.8	20.185	182.10	420.92	0.9341	1.8480	48.8	51.8	51.2	48.2
	534.57	0.6	1222.6	20.264	182.12	419.84	0.9343	1.8440	48.2	51.2	51.8	48.8
	534.18	0.8	1224.4	20.345	182.15	418.72	0.9345	1.8399	47.5	50.6	52.5	49.4
	533.77	1.0	1226.3	20.430	182.17	417.57	0.9347	1.8357	46.9	50.0	53.1	50.0
−10	574.25	0.0	1209.9	21.460	185.01	423.70	0.9448	1.8512	50.0	52.9	50.0	47.1
	573.89	0.2	1211.6	21.539	185.02	422.69	0.9450	1.8475	49.4	52.3	50.6	47.7
	573.52	0.4	1213.3	21.620	185.04	421.64	0.9452	1.8437	48.8	51.8	51.2	48.2
	573.12	0.6	1215.1	21.704	185.06	420.56	0.9454	1.8398	48.2	51.2	51.8	48.8
	572.71	0.8	1216.9	21.791	185.08	419.46	0.9455	1.8358	47.6	50.6	52.4	49.4
	572.28	1.0	1218.7	21.881	185.09	418.32	0.9457	1.8316	46.9	50.0	53.1	50.0
−8	614.95	0.0	1202.4	22.968	187.97	424.38	0.9559	1.8468	50.0	52.9	50.0	47.1
	614.57	0.2	1204.1	23.051	187.98	423.37	0.9561	1.8432	49.4	52.3	50.6	47.7
	614.18	0.4	1205.7	23.138	187.99	422.33	0.9562	1.8395	48.8	51.8	51.2	48.2
	613.76	0.6	1207.5	23.228	188.01	421.27	0.9564	1.8356	48.2	51.2	51.8	48.8
	613.32	0.8	1209.2	23.320	188.02	420.17	0.9565	1.8316	47.6	50.6	52.4	49.4
	612.86	1.0	1211.1	23.415	188.03	419.05	0.9567	1.8276	46.9	50.0	53.1	50.0
−6	657.81	0.0	1194.8	24.561	190.95	425.03	0.9670	1.8425	50.0	52.9	50.0	47.1
	657.41	0.2	1196.4	24.650	190.96	424.03	0.9671	1.8389	49.4	52.3	50.6	47.7
	656.98	0.4	1198.1	24.742	190.97	423.01	0.9673	1.8353	48.8	51.8	51.2	48.2
	656.54	0.6	1199.8	24.837	190.97	421.95	0.9674	1.8315	48.2	51.2	51.8	48.8
	656.07	0.8	1201.5	24.936	190.98	420.87	0.9675	1.8276	47.6	50.6	52.4	49.4
	655.58	1.0	1203.3	25.037	190.99	419.75	0.9676	1.8236	47.0	50.0	53.0	50.0
−4	702.89	0.0	1187.1	26.245	193.95	425.66	0.9780	1.8382	50.0	52.8	50.0	47.2
	702.46	0.2	1188.7	26.339	193.95	424.67	0.9781	1.8347	49.4	52.3	50.6	47.7
	702.01	0.4	1190.4	26.437	193.95	423.66	0.9783	1.8311	48.8	51.7	51.2	48.3
	701.54	0.6	1192.0	26.538	193.95	422.61	0.9784	1.8274	48.2	51.2	51.8	48.8
	701.04	0.8	1193.7	26.642	193.96	421.54	0.9785	1.8236	47.6	50.6	52.4	49.4
	700.52	1.0	1195.5	26.750	193.96	420.44	0.9786	1.8196	47.0	50.0	53.0	50.0
−2	750.27	0.0	1179.4	28.023	196.97	426.27	0.9890	1.8340	50.0	52.8	50.0	47.2
	749.82	0.2	1180.9	28.123	196.96	425.29	0.9891	1.8306	49.4	52.3	50.6	47.7
	749.34	0.4	1182.5	28.227	196.96	424.28	0.9892	1.8270	48.8	51.7	51.2	48.3
	748.83	0.6	1184.2	28.334	196.95	423.24	0.9893	1.8234	48.2	51.2	51.8	48.8
	748.31	0.8	1185.8	28.445	196.95	422.18	0.9894	1.8196	47.6	50.6	52.4	49.4
	747.76	1.0	1187.6	28.559	196.95	421.09	0.9895	1.8158	47.0	50.0	53.0	50.0

付表 4　R 410A の飽和表（温度基準）⑤

t °C	p kPa	q	ϱ' kg m^{-3}	ϱ'' kg m^{-3}	h' kJ kg^{-1}	h'' kJ kg^{-1}	s' kJ kg^{-1} K^{-1}	s'' kJ kg^{-1} K^{-1}	ξ'_{32} mass %	ξ''_{32} mass %	ξ'_{125} mass %	ξ''_{125} mass %
0	800.02	0.0	1171.5	29.900	200.00	426.85	1.0000	1.8298	50.0	52.8	50.0	47.2
	799.54	0.2	1173.0	30.007	199.99	425.88	1.0001	1.8265	49.4	52.3	50.6	47.7
	799.03	0.4	1174.6	30.117	199.98	424.88	1.0002	1.8230	48.9	51.7	51.1	48.3
	798.50	0.6	1176.2	30.231	199.97	423.85	1.0003	1.8194	48.3	51.2	51.7	48.8
	797.94	0.8	1177.8	30.348	199.96	422.80	1.0003	1.8157	47.6	50.6	52.4	49.4
	797.36	1.0	1179.5	30.469	199.95	421.72	1.0004	1.8119	47.0	50.0	53.0	50.0
2	852.22	0.0	1163.5	31.883	203.05	427.40	1.0110	1.8257	50.0	52.8	50.0	47.2
	851.71	0.2	1165.0	31.996	203.04	426.44	1.0110	1.8224	49.4	52.2	50.6	47.8
	851.17	0.4	1166.5	32.113	203.02	425.45	1.0111	1.8189	48.9	51.7	51.1	48.3
	850.61	0.6	1168.1	32.233	203.01	424.44	1.0112	1.8154	48.3	51.2	51.7	48.8
	850.02	0.8	1169.7	32.357	202.99	423.40	1.0112	1.8118	47.7	50.6	52.3	49.4
	849.40	1.0	1171.4	32.485	202.98	422.33	1.0113	1.8081	47.0	50.0	53.0	50.0
4	906.95	0.0	1155.4	33.975	206.12	427.92	1.0219	1.8216	50.0	52.8	50.0	47.2
	906.41	0.2	1156.8	34.095	206.11	426.97	1.0220	1.8183	49.4	52.2	50.6	47.8
	905.84	0.4	1158.4	34.219	206.09	425.99	1.0220	1.8149	48.9	51.7	51.1	48.3
	905.24	0.6	1159.9	34.346	206.07	424.99	1.0221	1.8115	48.3	51.1	51.7	48.9
	904.61	0.8	1161.5	34.478	206.05	423.96	1.0221	1.8079	47.7	50.6	52.3	49.4
	903.96	1.0	1163.1	34.613	206.02	422.90	1.0221	1.8043	47.1	50.0	52.9	50.0
6	964.28	0.0	1147.1	36.183	209.22	428.42	1.0329	1.8175	50.0	52.7	50.0	47.3
	963.70	0.2	1148.6	36.310	209.19	427.47	1.0329	1.8143	49.4	52.2	50.6	47.8
	963.10	0.4	1150.1	36.441	209.17	426.51	1.0329	1.8110	48.9	51.7	51.1	48.3
	962.47	0.6	1151.6	36.576	209.14	425.51	1.0330	1.8076	48.3	51.1	51.7	48.9
	961.81	0.8	1153.2	36.715	209.12	424.50	1.0330	1.8041	47.7	50.6	52.3	49.4
	961.11	1.0	1154.8	36.859	209.09	423.45	1.0330	1.8005	47.1	50.0	52.9	50.0
8	1024.2	0.0	1138.8	38.514	212.33	428.88	1.0438	1.8134	50.0	52.7	50.0	47.3
	1023.6	0.2	1140.2	38.648	212.30	427.95	1.0438	1.8102	49.5	52.2	50.5	47.8
	1023.0	0.4	1141.7	38.787	212.27	426.99	1.0438	1.8070	48.9	51.7	51.1	48.3
	1022.3	0.6	1143.2	38.930	212.24	426.01	1.0438	1.8037	48.3	51.1	51.7	48.9
	1021.6	0.8	1144.7	39.077	212.21	425.00	1.0438	1.8002	47.7	50.6	52.3	49.4
	1020.9	1.0	1146.2	39.228	212.18	423.97	1.0438	1.7967	47.1	50.0	52.9	50.0
10	1087.0	0.0	1130.3	40.974	215.46	429.31	1.0547	1.8093	50.0	52.7	50.0	47.3
	1086.4	0.2	1131.7	41.116	215.43	428.38	1.0547	1.8062	49.5	52.2	50.5	47.8
	1085.7	0.4	1133.1	41.262	215.40	427.44	1.0547	1.8030	48.9	51.7	51.1	48.3
	1085.0	0.6	1134.6	41.413	215.36	426.47	1.0547	1.7998	48.3	51.1	51.7	48.9
	1084.3	0.8	1136.1	41.569	215.33	425.47	1.0547	1.7964	47.7	50.6	52.3	49.4
	1083.5	1.0	1137.6	41.729	215.29	424.45	1.0546	1.7929	47.1	50.0	52.9	50.0
12	1152.6	0.0	1121.7	43.570	218.62	429.70	1.0656	1.8052	50.0	52.7	50.0	47.3
	1152.0	0.2	1123.0	43.721	218.58	428.79	1.0656	1.8022	49.5	52.2	50.5	47.8
	1151.2	0.4	1124.4	43.875	218.54	427.85	1.0656	1.7991	48.9	51.6	51.1	48.4
	1150.5	0.6	1125.9	44.034	218.50	426.89	1.0655	1.7959	48.3	51.1	51.7	48.9
	1149.7	0.8	1127.3	44.198	218.46	425.91	1.0655	1.7926	47.8	50.6	52.2	49.4
	1148.9	1.0	1128.8	44.367	218.42	424.90	1.0654	1.7892	47.2	50.0	52.8	50.0
14	1221.2	0.0	1112.9	46.311	221.80	430.05	1.0765	1.8011	50.0	52.6	50.0	47.4
	1220.5	0.2	1114.2	46.470	221.76	429.15	1.0765	1.7982	49.5	52.1	50.5	47.9
	1219.7	0.4	1115.6	46.633	221.72	428.23	1.0764	1.7951	48.9	51.6	51.1	48.4
	1218.9	0.6	1117.0	46.801	221.67	427.28	1.0764	1.7920	48.4	51.1	51.6	48.9
	1218.1	0.8	1118.4	46.974	221.63	426.31	1.0763	1.7887	47.8	50.6	52.2	49.4
	1217.3	1.0	1119.9	47.152	221.58	425.32	1.0763	1.7854	47.2	50.0	52.8	50.0
16	1292.7	0.0	1104.0	49.205	225.01	430.37	1.0874	1.7970	50.0	52.6	50.0	47.4
	1292.0	0.2	1105.3	49.373	224.96	429.48	1.0874	1.7941	49.5	52.1	50.5	47.9
	1291.2	0.4	1106.6	49.545	224.91	428.57	1.0873	1.7911	48.9	51.6	51.1	48.4
	1290.4	0.6	1108.0	49.722	224.87	427.63	1.0873	1.7880	48.4	51.1	51.6	48.9
	1289.5	0.8	1109.4	49.905	224.81	426.68	1.0872	1.7849	47.8	50.5	52.2	49.5
	1288.6	1.0	1110.8	50.092	224.76	425.70	1.0871	1.7816	47.2	50.0	52.8	50.0
18	1367.4	0.0	1094.9	52.262	228.24	430.64	1.0983	1.7929	50.0	52.6	50.0	47.4
	1366.6	0.2	1096.2	52.439	228.19	429.77	1.0983	1.7901	49.5	52.1	50.5	47.9
	1365.8	0.4	1097.5	52.620	228.14	428.87	1.0982	1.7871	48.9	51.6	51.1	48.4
	1364.9	0.6	1098.8	52.807	228.09	427.95	1.0981	1.7841	48.4	51.1	51.6	48.9
	1364.0	0.8	1100.1	52.999	228.03	427.00	1.0980	1.7810	47.8	50.5	52.2	49.5
	1363.1	1.0	1101.5	53.197	227.97	426.04	1.0979	1.7778	47.3	50.0	52.7	50.0

付表 4　R 410A の飽和表（温度基準）⑥

t °C	p kPa	q	ϱ' kg m^{-3}	ϱ'' kg m^{-3}	h' kJ kg^{-1}	h'' kJ kg^{-1}	s' kJ kg^{-1} K^{-1}	s'' kJ kg^{-1} K^{-1}	ξ'_{32} mass %	ξ''_{32} mass %	ξ'_{125} mass %	ξ''_{125} mass %
20	1445.2	0.0	1085.6	55.492	231.50	430.88	1.1092	1.7888	50.0	52.6	50.0	47.4
	1444.4	0.2	1086.9	55.678	231.45	430.01	1.1092	1.7860	49.5	52.1	50.5	47.9
	1443.5	0.4	1088.1	55.869	231.39	429.12	1.1091	1.7831	48.9	51.6	51.1	48.4
	1442.6	0.6	1089.4	56.066	231.33	428.21	1.1090	1.7801	48.4	51.1	51.6	48.9
	1441.7	0.8	1090.7	56.268	231.27	427.29	1.1089	1.7771	47.9	50.5	52.1	49.5
	1440.7	1.0	1092.1	56.476	231.21	426.34	1.1087	1.7740	47.3	50.0	52.7	50.0
22	1526.3	0.0	1076.2	58.906	234.79	431.06	1.1202	1.7846	50.0	52.5	50.0	47.5
	1525.5	0.2	1077.4	59.102	234.73	430.21	1.1201	1.7818	49.5	52.1	50.5	47.9
	1524.6	0.4	1078.6	59.303	234.67	429.33	1.1200	1.7790	49.0	51.6	51.0	48.4
	1523.6	0.6	1079.9	59.510	234.61	428.44	1.1199	1.7761	48.4	51.1	51.6	48.9
	1522.6	0.8	1081.1	59.723	234.55	427.52	1.1197	1.7732	47.9	50.5	52.1	49.5
	1521.6	1.0	1082.5	59.941	234.48	426.59	1.1196	1.7701	47.3	50.0	52.7	50.0
24	1610.8	0.0	1066.5	62.517	238.12	431.20	1.1311	1.7803	50.0	52.5	50.0	47.5
	1609.9	0.2	1067.7	62.723	238.05	430.35	1.1310	1.7777	49.5	52.0	50.5	48.0
	1608.9	0.4	1068.9	62.935	237.99	429.49	1.1309	1.7749	49.0	51.5	51.0	48.5
	1607.9	0.6	1070.1	63.153	237.92	428.61	1.1308	1.7721	48.4	51.0	51.6	49.0
	1606.9	0.8	1071.4	63.376	237.85	427.71	1.1306	1.7692	47.9	50.5	52.1	49.5
	1605.8	1.0	1072.6	63.606	237.78	426.80	1.1305	1.7662	47.3	50.0	52.7	50.0
26	1698.8	0.0	1056.7	66.338	241.47	431.28	1.1421	1.7760	50.0	52.5	50.0	47.5
	1697.8	0.2	1057.8	66.555	241.40	430.45	1.1420	1.7734	49.5	52.0	50.5	48.0
	1696.8	0.4	1059.0	66.778	241.33	429.60	1.1418	1.7707	49.0	51.5	51.0	48.5
	1695.7	0.6	1060.1	67.007	241.26	428.74	1.1417	1.7680	48.5	51.0	51.5	49.0
	1694.7	0.8	1061.3	67.242	241.19	427.86	1.1415	1.7652	47.9	50.5	52.1	49.5
	1693.5	1.0	1062.6	67.483	241.11	426.95	1.1414	1.7623	47.4	50.0	52.6	50.0
28	1790.2	0.0	1046.6	70.386	244.86	431.31	1.1531	1.7717	50.0	52.4	50.0	47.6
	1789.2	0.2	1047.7	70.614	244.79	430.49	1.1530	1.7691	49.5	52.0	50.5	48.0
	1788.2	0.4	1048.8	70.848	244.71	429.66	1.1528	1.7665	49.0	51.5	51.0	48.5
	1787.1	0.6	1049.9	71.088	244.64	428.81	1.1527	1.7638	48.5	51.0	51.5	49.0
	1786.0	0.8	1051.1	71.335	244.56	427.94	1.1525	1.7611	48.0	50.5	52.0	49.5
	1784.8	1.0	1052.3	71.588	244.48	427.06	1.1523	1.7582	47.4	50.0	52.6	50.0
30	1885.4	0.0	1036.2	74.676	248.29	431.27	1.1641	1.7672	50.0	52.4	50.0	47.6
	1884.3	0.2	1037.3	74.916	248.21	430.47	1.1640	1.7647	49.5	51.9	50.5	48.1
	1883.2	0.4	1038.4	75.162	248.13	429.66	1.1638	1.7622	49.0	51.5	51.0	48.5
	1882.1	0.6	1039.5	75.414	248.06	428.82	1.1637	1.7596	48.5	51.0	51.5	49.0
	1880.9	0.8	1040.6	75.673	247.97	427.97	1.1635	1.7569	48.0	50.5	52.0	49.5
	1879.7	1.0	1041.7	75.938	247.89	427.11	1.1633	1.7541	47.5	50.0	52.5	50.0
32	1984.3	0.0	1025.6	79.229	251.75	431.18	1.1752	1.7627	50.0	52.4	50.0	47.6
	1983.2	0.2	1026.6	79.481	251.67	430.39	1.1751	1.7603	49.5	51.9	50.5	48.1
	1982.0	0.4	1027.7	79.739	251.59	429.59	1.1749	1.7578	49.0	51.5	51.0	48.5
	1980.8	0.6	1028.7	80.004	251.51	428.78	1.1747	1.7552	48.5	51.0	51.5	49.0
	1979.6	0.8	1029.8	80.275	251.43	427.94	1.1745	1.7526	48.0	50.5	52.0	49.5
	1978.3	1.0	1030.9	80.553	251.34	427.09	1.1743	1.7500	47.5	50.0	52.5	50.0
34	2087.0	0.0	1014.7	84.067	255.26	431.01	1.1864	1.7581	50.0	52.3	50.0	47.7
	2085.9	0.2	1015.7	84.331	255.18	430.24	1.1862	1.7557	49.5	51.9	50.5	48.1
	2084.7	0.4	1016.7	84.602	255.10	429.46	1.1860	1.7533	49.0	51.4	51.0	48.6
	2083.4	0.6	1017.7	84.879	255.01	428.66	1.1858	1.7508	48.6	51.0	51.4	49.0
	2082.2	0.8	1018.7	85.164	254.92	427.85	1.1856	1.7483	48.1	50.5	51.9	49.5
	2080.9	1.0	1019.8	85.455	254.83	427.02	1.1854	1.7457	47.5	50.0	52.5	50.0
36	2193.7	0.0	1003.5	89.213	258.82	430.77	1.1976	1.7533	50.0	52.3	50.0	47.7
	2192.5	0.2	1004.4	89.491	258.74	430.02	1.1974	1.7510	49.5	51.9	50.5	48.1
	2191.3	0.4	1005.4	89.775	258.65	429.26	1.1972	1.7486	49.1	51.4	50.9	48.6
	2190.0	0.6	1006.4	90.065	258.56	428.47	1.1970	1.7462	48.6	50.9	51.4	49.1
	2188.7	0.8	1007.4	90.363	258.47	427.68	1.1968	1.7438	48.1	50.5	51.9	49.5
	2187.3	1.0	1008.4	90.668	258.38	426.87	1.1965	1.7413	47.6	50.0	52.4	50.0
38	2304.4	0.0	991.96	94.697	262.43	430.45	1.2088	1.7484	50.0	52.3	50.0	47.7
	2303.2	0.2	992.84	94.988	262.34	429.72	1.2086	1.7462	49.5	51.8	50.5	48.2
	2301.9	0.4	993.75	95.286	262.25	428.97	1.2084	1.7439	49.1	51.4	50.9	48.6
	2300.6	0.6	994.67	95.590	262.16	428.21	1.2082	1.7415	48.6	50.9	51.4	49.1
	2299.3	0.8	995.61	95.902	262.06	427.43	1.2080	1.7392	48.1	50.5	51.9	49.5
	2297.9	1.0	996.57	96.220	261.97	426.64	1.2077	1.7367	47.6	50.0	52.4	50.0

付表 4　R 410 A の飽和表（温度基準）⑧

t °C	p kPa	q	ρ' kg m⁻³	ρ''	h' kJ kg⁻¹	h''	s' kJ kg⁻¹ K⁻¹	s''	ξ'_{32}	ξ''_{32} mass %	ξ'_{125}	ξ''_{125}
60	3827.7	0.0	824.79	193.62	307.64	418.21	1.3438	1.6755	50.0	51.5	50.0	48.5
	3826.2	0.2	825.04	194.10	307.56	417.74	1.3436	1.6741	49.7	51.2	50.3	48.8
	3824.8	0.4	825.29	194.58	307.47	417.27	1.3434	1.6728	49.4	50.9	50.6	49.1
	3823.3	0.6	825.55	195.07	307.38	416.79	1.3432	1.6714	49.1	50.6	50.9	49.4
	3821.8	0.8	825.80	195.57	307.29	416.31	1.3429	1.6700	48.8	50.3	51.2	49.7
	3820.3	1.0	826.05	196.07	307.20	415.82	1.3427	1.6686	48.5	50.0	51.5	50.0
62	3998.0	0.0	802.38	209.53	312.72	415.61	1.3584	1.6652	50.0	51.4	50.0	48.6
	3996.7	0.2	802.55	210.03	312.64	415.17	1.3582	1.6639	49.7	51.1	50.3	48.9
	3995.3	0.4	802.72	210.54	312.55	414.73	1.3580	1.6627	49.4	50.8	50.6	49.2
	3993.8	0.6	802.88	211.05	312.47	414.29	1.3578	1.6614	49.2	50.6	50.8	49.4
	3992.4	0.8	803.05	211.57	312.39	413.84	1.3576	1.6601	48.9	50.3	51.1	49.7
	3990.9	1.0	803.21	212.10	312.31	413.39	1.3574	1.6588	48.6	50.0	51.4	50.0
64	4174.7	0.0	777.16	228.14	318.16	412.45	1.3739	1.6534	50.0	51.3	50.0	48.7
	4173.4	0.2	777.23	228.67	318.08	412.05	1.3737	1.6522	49.7	51.0	50.3	49.0
	4172.1	0.4	777.30	229.20	318.01	411.64	1.3735	1.6511	49.5	50.8	50.5	49.2
	4170.7	0.6	777.37	229.74	317.94	411.24	1.3734	1.6499	49.2	50.5	50.8	49.5
	4169.4	0.8	777.44	230.28	317.86	410.83	1.3732	1.6488	48.9	50.3	51.0	49.7
	4168.0	1.0	777.50	230.83	317.79	410.42	1.3730	1.6476	48.7	50.0	51.3	50.0
66	4358.0	0.0	747.82	250.67	324.12	408.49	1.3908	1.6394	50.0	51.1	50.0	48.9
	4356.6	0.2	747.79	251.23	324.04	408.13	1.3907	1.6384	49.8	50.9	50.2	49.1
	4355.6	0.4	747.75	251.79	324.01	407.76	1.3905	1.6374	49.5	50.7	50.5	49.3
	4354.4	0.6	747.70	252.36	323.95	407.40	1.3904	1.6363	49.3	50.5	50.7	49.5
	4353.1	0.8	747.66	252.93	323.82	407.03	1.3903	1.6353	49.0	50.2	50.9	49.8
	4351.9	1.0	747.61	253.51	323.82	406.66	1.3901	1.6342	48.9	50.0	51.1	50.0
68	4548.4	0.0	711.72	279.60	330.97	403.25	1.4102	1.6219	50.0	50.9	50.0	49.1
	4547.4	0.2	711.54	280.20	330.93	402.93	1.4101	1.6210	49.8	50.8	50.2	49.2
	4546.4	0.4	711.36	280.80	330.89	402.61	1.4100	1.6201	49.6	50.6	50.4	49.4
	4545.3	0.6	711.18	281.41	330.85	402.29	1.4099	1.6192	49.4	50.4	50.6	49.6
	4544.2	0.8	710.99	282.02	330.81	401.97	1.4098	1.6183	49.2	50.2	50.8	49.8
	4543.1	1.0	710.80	282.64	330.77	401.65	1.4097	1.6174	49.1	50.0	50.9	50.0
70	4746.8	0.0	661.11	321.78	339.69	395.42	1.4348	1.5971	50.0	50.6	50.0	49.3
	4746.0	0.2	660.71	322.46	339.68	395.15	1.4348	1.5964	49.9	50.5	50.1	49.4
	4745.2	0.4	660.31	323.14	339.68	394.88	1.4348	1.5956	49.7	50.4	50.3	49.6
	4744.4	0.6	659.90	323.83	339.67	394.61	1.4348	1.5949	49.6	50.2	50.4	49.7
	4743.6	0.8	659.48	324.52	339.67	394.34	1.4348	1.5941	49.4	50.1	50.6	49.9
	4742.8	1.0	659.07	325.21	339.67	394.07	1.4349	1.5933	49.3	50.0	50.7	50.0
71.95	4948.3	0.0	472.00	472.00	368.31	368.31	1.5169	1.5169	50.0	50.0	50.0	50.0

付表 4　R 410 A の飽和表（温度基準）⑦

t °C	p kPa	q	ρ' kg m⁻³	ρ''	h' kJ kg⁻¹	h''	s' kJ kg⁻¹ K⁻¹	s''	ξ'_{32}	ξ''_{32} mass %	ξ'_{125}	ξ''_{125}
40	2419.4	0.0	980.02	100.55	266.09	430.05	1.2202	1.7433	50.0	52.2	50.0	47.8
	2418.1	0.2	980.86	100.86	266.00	429.33	1.2200	1.7412	49.6	51.8	50.4	48.2
	2416.8	0.4	981.72	101.17	265.91	428.60	1.2198	1.7389	49.1	51.3	50.9	48.7
	2415.4	0.6	982.59	101.49	265.81	427.86	1.2195	1.7367	48.7	50.9	51.3	49.1
	2414.0	0.8	983.48	101.81	265.72	427.11	1.2193	1.7344	48.2	50.5	51.8	49.5
	2412.6	1.0	984.38	102.15	265.62	426.34	1.2191	1.7320	47.7	50.0	52.3	50.0
42	2538.6	0.0	967.65	106.81	269.81	429.54	1.2316	1.7381	50.0	52.2	50.0	47.8
	2537.3	0.2	968.45	107.13	269.72	428.85	1.2314	1.7360	49.6	51.7	50.4	48.3
	2536.0	0.4	969.26	107.46	269.62	428.14	1.2312	1.7338	49.1	51.3	50.9	48.7
	2534.6	0.6	970.08	107.79	269.53	427.42	1.2310	1.7317	48.7	50.9	51.3	49.1
	2533.1	0.8	970.92	108.13	269.43	426.68	1.2307	1.7294	48.2	50.4	51.8	49.6
	2531.6	1.0	971.77	108.48	269.33	425.94	1.2305	1.7272	47.7	50.0	52.3	50.0
44	2662.3	0.0	954.82	113.53	273.60	428.94	1.2432	1.7326	50.0	52.1	50.0	47.9
	2660.9	0.2	955.57	113.87	273.50	428.26	1.2430	1.7306	49.6	51.7	50.4	48.3
	2659.5	0.4	956.33	114.21	273.41	427.57	1.2428	1.7285	49.1	51.3	50.9	48.7
	2658.1	0.6	957.10	114.56	273.31	426.87	1.2425	1.7264	48.7	50.9	51.3	49.1
	2656.6	0.8	957.89	114.91	273.21	426.16	1.2423	1.7243	48.2	50.4	51.7	49.6
	2655.1	1.0	958.68	115.27	273.11	425.44	1.2420	1.7221	47.8	50.0	52.2	50.0
46	2790.4	0.0	941.47	120.76	277.46	428.21	1.2549	1.7269	50.0	52.0	50.0	48.0
	2789.1	0.2	942.16	121.10	277.36	427.56	1.2547	1.7250	49.6	51.6	50.4	48.4
	2787.7	0.4	942.87	121.46	277.27	426.89	1.2545	1.7230	49.2	51.2	50.8	48.8
	2786.2	0.6	943.59	121.83	277.17	426.22	1.2542	1.7210	48.7	50.8	51.3	49.2
	2784.7	0.8	944.32	122.20	277.07	425.53	1.2540	1.7189	48.3	50.4	51.7	49.6
	2783.1	1.0	945.06	122.58	276.96	424.83	1.2537	1.7168	47.9	50.0	52.1	50.0
48	2923.3	0.0	927.52	128.55	281.40	427.36	1.2668	1.7209	50.0	52.0	50.0	48.0
	2921.9	0.2	928.16	128.92	281.31	426.73	1.2666	1.7190	49.6	51.6	50.4	48.4
	2920.5	0.4	928.82	129.29	281.21	426.08	1.2663	1.7171	49.2	51.2	50.8	48.8
	2919.0	0.6	929.48	129.67	281.11	425.43	1.2661	1.7152	48.8	50.8	51.2	49.2
	2917.5	0.8	930.15	130.06	281.01	424.77	1.2658	1.7132	48.4	50.4	51.6	49.6
	2915.9	1.0	930.83	130.45	280.90	424.10	1.2656	1.7112	47.9	50.0	52.0	50.0
50	3061.0	0.0	912.90	137.00	285.44	426.36	1.2789	1.7146	50.0	51.9	50.0	48.1
	3059.6	0.2	913.49	137.38	285.34	425.75	1.2786	1.7128	49.6	51.5	50.4	48.5
	3058.1	0.4	914.08	137.77	285.24	425.13	1.2784	1.7110	49.2	51.2	50.8	48.8
	3056.6	0.6	914.68	138.16	285.14	424.51	1.2782	1.7091	48.8	50.8	51.2	49.2
	3055.1	0.8	915.29	138.57	285.04	423.87	1.2779	1.7073	48.4	50.4	51.6	49.6
	3053.5	1.0	915.91	138.98	284.94	423.22	1.2776	1.7053	48.0	50.0	52.0	50.0
52	3203.7	0.0	897.50	146.19	289.58	425.19	1.2912	1.7079	50.0	51.9	50.0	48.1
	3202.3	0.2	898.03	146.59	289.49	424.61	1.2909	1.7062	49.6	51.5	50.4	48.5
	3200.8	0.4	898.56	146.99	289.39	424.02	1.2907	1.7045	49.2	51.1	50.8	48.9
	3199.2	0.6	899.10	147.41	289.29	423.42	1.2904	1.7027	48.8	50.8	51.1	49.2
	3197.7	0.8	899.65	147.83	289.19	422.81	1.2902	1.7009	48.5	50.4	51.5	49.6
	3196.1	1.0	900.20	148.26	289.08	422.19	1.2899	1.6991	48.1	50.0	51.9	50.0
54	3351.5	0.0	881.19	156.25	293.85	423.84	1.3037	1.7008	50.0	51.8	50.0	48.2
	3350.1	0.2	881.66	156.67	293.75	423.28	1.3035	1.6991	49.6	51.4	50.4	48.6
	3348.6	0.4	882.13	157.10	293.66	422.71	1.3033	1.6975	49.3	51.1	50.7	48.9
	3347.0	0.6	882.60	157.53	293.56	422.11	1.3030	1.6958	48.9	50.7	51.1	49.3
	3345.5	0.8	883.08	157.97	293.46	421.56	1.3028	1.6941	48.5	50.4	51.5	49.6
	3343.9	1.0	883.56	158.42	293.36	420.97	1.3025	1.6924	48.2	50.0	51.8	50.0
56	3504.6	0.0	863.80	167.36	298.26	422.25	1.3166	1.6931	50.0	51.7	50.0	48.3
	3503.2	0.2	864.20	167.79	298.17	421.72	1.3164	1.6915	49.7	51.4	50.3	48.6
	3501.7	0.4	864.60	168.24	298.07	421.18	1.3162	1.6900	49.3	51.0	50.7	49.0
	3500.2	0.6	865.01	168.69	297.97	420.64	1.3159	1.6884	49.0	50.7	51.0	49.3
	3498.6	0.8	865.42	169.14	297.88	420.09	1.3157	1.6868	48.5	50.3	51.5	49.7
	3497.0	1.0	865.83	169.61	297.78	419.54	1.3154	1.6852	48.3	50.0	51.7	50.0
58	3663.3	0.0	845.11	179.71	302.85	420.40	1.3300	1.6847	50.0	51.6	50.0	48.4
	3661.8	0.2	845.44	180.16	302.75	419.90	1.3297	1.6833	49.7	51.3	50.3	48.7
	3660.4	0.4	845.77	180.63	302.66	419.39	1.3295	1.6818	49.4	51.0	50.6	49.0
	3658.9	0.6	846.10	181.10	302.57	418.88	1.3293	1.6803	49.0	50.7	51.0	49.3
	3657.3	0.8	846.43	181.58	302.47	418.36	1.3290	1.6788	48.7	50.3	51.3	49.7
	3655.8	1.0	846.77	182.06	302.38	417.84	1.3288	1.6773	48.4	50.0	51.6	50.0

付表 5　二酸化炭素の飽和表（温度基準）②

温度	圧力	定圧比熱 kJ/(kg·K)		定容比熱 kJ/(kg·K)		熱伝導率 mW/(m·K)		粘性係数 μPa·s	
℃	MPa	液体	蒸気	液体	蒸気	液体	蒸気	液体	蒸気
t	p	c_p'	c_p''	c_v'	c_v''	λ'	λ''	η'	η''
-54	0.57805	1.9595	0.92477	0.97102	0.63647	177.3	11.23	245.6	11.09
-52	0.62857	1.9650	0.93803	0.96823	0.64232	174.7	11.40	237.3	11.20
-50	0.68234	1.9712	0.95194	0.96551	0.64831	172.1	11.58	229.3	11.31
-48	0.73949	1.9779	0.96657	0.96285	0.65446	169.5	11.76	221.6	11.42
-46	0.80015	1.9853	0.98197	0.96025	0.66077	166.9	11.95	214.3	11.53
-44	0.86445	1.9933	0.99817	0.95772	0.66724	164.4	12.14	207.2	11.64
-42	0.93252	2.0021	1.0153	0.95527	0.67387	161.8	12.34	200.3	11.75
-40	1.0045	2.0117	1.0333	0.95289	0.68068	159.3	12.54	193.8	11.87
-38	1.0805	2.0220	1.0523	0.95059	0.68766	156.8	12.75	187.4	11.98
-36	1.1607	2.0333	1.0725	0.94837	0.69482	154.3	12.97	181.3	12.10
-34	1.2452	2.0455	1.0938	0.94623	0.70217	151.8	13.20	175.4	12.22
-32	1.3342	2.0587	1.1165	0.94419	0.70970	149.3	13.43	169.7	12.34
-30	1.4278	2.0731	1.1406	0.94224	0.71745	146.9	13.68	164.2	12.46
-28	1.5261	2.0886	1.1663	0.94040	0.72542	144.4	13.94	158.9	12.59
-26	1.6293	2.1055	1.1938	0.93867	0.73366	141.9	14.21	153.8	12.72
-24	1.7375	2.1238	1.2234	0.93707	0.74219	139.5	14.49	148.8	12.85
-22	1.8509	2.1437	1.2551	0.93562	0.75103	137.1	14.78	144.0	12.98
-20	1.9696	2.1653	1.2893	0.93437	0.76021	134.6	15.09	139.3	13.12
-18	2.0938	2.1889	1.3263	0.93335	0.76973	132.2	15.42	134.8	13.26
-16	2.2237	2.2146	1.3664	0.93263	0.77960	129.8	15.77	130.4	13.40
-14	2.3593	2.2426	1.4099	0.93229	0.78982	127.4	16.14	126.2	13.55
-12	2.5010	2.2734	1.4572	0.93239	0.80038	125.0	16.54	122.0	13.70
-10	2.6487	2.3072	1.5091	0.93300	0.81130	122.5	16.96	118.0	13.86
-8	2.8027	2.3446	1.5660	0.93419	0.82258	120.1	17.42	114.1	14.03
-6	2.9632	2.3860	1.6288	0.93598	0.83426	117.7	17.91	110.3	14.20
-4	3.1303	2.4322	1.6986	0.93839	0.84638	115.3	18.44	106.6	14.39
-2	3.3042	2.4839	1.7767	0.94138	0.85900	112.9	19.03	102.9	14.58
0	3.4851	2.5423	1.8648	0.94493	0.87220	110.4	19.67	99.39	14.79
2	3.6733	2.6086	1.9649	0.94897	0.88606	108.0	20.38	95.92	15.00
4	3.8688	2.6846	2.0799	0.95344	0.90070	105.5	21.17	92.50	15.24
6	4.0720	2.7724	2.2134	0.95829	0.91624	103.1	22.06	89.14	15.49
8	4.2831	2.8753	2.3704	0.96351	0.93286	100.6	23.06	85.83	15.76
10	4.5022	2.9976	2.5578	0.96913	0.95074	98.12	24.21	82.56	16.06
12	4.7297	3.1454	2.7856	0.97526	0.97015	95.62	25.53	79.30	16.39
14	4.9658	3.3278	3.0684	0.98209	0.99145	93.12	27.08	76.06	16.75
16	5.2108	3.5583	3.4290	0.98996	1.0151	90.61	28.93	72.80	17.16
18	5.4651	3.8581	3.9046	0.99939	1.0418	88.12	31.16	69.51	17.64
20	5.7291	4.2637	4.5599	1.0114	1.0725	85.68	33.94	66.15	18.19
22	6.0031	4.8464	5.5186	1.0279	1.1090	83.39	37.52	62.67	18.85
24	6.2877	5.7674	7.0487	1.0527	1.1543	81.47	42.35	59.00	19.66
26	6.5837	7.4604	9.8620	1.0937	1.2144	80.45	49.44	54.98	20.73
28	6.8918	11.549	16.691	1.1713	1.3060	81.88	61.73	50.30	22.27
30	7.2137	35.338	55.822	1.4063	1.5228	95.36	98.02	43.77	25.17
30.978	7.3773	(608.2)				(608.2)		(33.08)	(33.08)

EOS (v, ρ, h, s, c_p, c_v) by R. Span and W. Wagner (1996). λ correlation by V. Vesovic, W.A. Wakeham, G.A. Olchowy, J.A. Sengers, J.T.R Watson, J. Millat (1990). η correlation by A. Fenghour, W.A. Wakeham, V. Vesovic (1998). Calculated by H. Ishikawa. Authorized by N. Kagawa (2003)

付表 5　二酸化炭素の飽和表（温度基準）①

温度	圧力	比容積 m³/kg		密度 kg/m³		比エンタルピー kJ/kg		潜熱	比エントロピー kJ/(kg·K)	
℃	MPa	液体	蒸気	液体	蒸気	液体	蒸気	$h''-h'$	液体	蒸気
t	p	v'	v''	ρ'	ρ''	h'	h''		s'	s''
-54	0.57805	0.00085526	0.065430	1169.2	15.283	85.056	431.34	346.29	0.54413	2.1243
-52	0.62857	0.00086063	0.060376	1161.9	16.563	88.994	432.03	343.03	0.56182	2.1130
-50	0.68234	0.00086613	0.055789	1154.6	17.925	92.943	432.68	339.73	0.57939	2.1018
-48	0.73949	0.00087176	0.051618	1147.1	19.373	96.905	433.29	336.38	0.59684	2.0909
-46	0.80015	0.00087752	0.047819	1139.6	20.912	100.88	433.86	332.98	0.61419	2.0801
-44	0.86445	0.00088343	0.044352	1132.0	22.547	104.87	434.39	329.52	0.63143	2.0694
-42	0.93252	0.00088949	0.041184	1124.2	24.281	108.88	434.88	326.00	0.64858	2.0589
-40	1.0045	0.00089572	0.038284	1116.4	26.121	112.90	435.32	322.42	0.66564	2.0485
-38	1.0805	0.00090211	0.035624	1108.5	28.071	116.95	435.72	318.78	0.68261	2.0382
-36	1.1607	0.00090868	0.033181	1100.5	30.137	121.01	436.07	315.06	0.69951	2.0281
-34	1.2452	0.00091545	0.030935	1092.4	32.326	125.10	436.37	311.28	0.71634	2.0180
-32	1.3342	0.00092242	0.028865	1084.1	34.644	129.20	436.62	307.42	0.73311	2.0079
-30	1.4278	0.00092960	0.026956	1075.7	37.098	133.34	436.82	303.48	0.74983	1.9980
-28	1.5261	0.00093701	0.025192	1067.2	39.696	137.50	436.96	299.46	0.76649	1.9880
-26	1.6293	0.00094467	0.023560	1058.6	42.445	141.69	437.04	295.35	0.78311	1.9781
-24	1.7375	0.00095260	0.022048	1049.8	45.356	145.91	437.06	291.15	0.79971	1.9683
-22	1.8509	0.00096080	0.020645	1040.8	48.437	150.16	437.01	286.85	0.81627	1.9584
-20	1.9696	0.00096931	0.019343	1031.7	51.700	154.45	436.89	282.44	0.83283	1.9485
-18	2.0938	0.00097815	0.018131	1022.3	55.155	158.77	436.70	277.93	0.84937	1.9386
-16	2.2237	0.00098734	0.017002	1012.8	58.816	163.14	436.44	273.30	0.86593	1.9287
-14	2.3593	0.00099692	0.015950	1003.1	62.697	167.55	436.09	268.54	0.88249	1.9187
-12	2.5010	0.0010069	0.014967	993.13	66.814	172.01	435.66	263.65	0.89908	1.9086
-10	2.6487	0.0010174	0.014048	982.93	71.185	176.52	435.14	258.61	0.91571	1.8985
-8	2.8027	0.0010283	0.013188	972.46	75.829	181.09	434.51	253.43	0.93240	1.8882
-6	2.9632	0.0010398	0.012381	961.70	80.770	185.71	433.79	248.08	0.94915	1.8778
-4	3.1303	0.0010519	0.011624	950.63	86.032	190.40	432.95	242.55	0.96599	1.8672
-2	3.3042	0.0010647	0.010911	939.22	91.647	195.16	431.99	236.83	0.98293	1.8563
0	3.4851	0.0010782	0.010241	927.43	97.647	200.00	430.89	230.89	1.0000	1.8453
2	3.6733	0.0010926	0.0096085	915.23	104.07	204.93	429.65	224.73	1.0172	1.8340
4	3.8688	0.0011080	0.0090110	902.56	110.98	209.95	428.25	218.30	1.0346	1.8223
6	4.0720	0.0011244	0.0084454	889.36	118.41	215.08	426.67	211.59	1.0523	1.8102
8	4.2831	0.0011421	0.0079089	875.58	126.44	220.34	424.89	204.56	1.0702	1.7977
10	4.5022	0.0011613	0.0073988	861.12	135.16	225.73	422.88	197.15	1.0884	1.7847
12	4.7297	0.0011822	0.0069125	845.87	144.67	231.29	420.62	189.33	1.1070	1.7710
14	4.9658	0.0012053	0.0064472	829.70	155.11	237.03	418.05	181.02	1.1261	1.7565
16	5.2108	0.0012309	0.0060003	812.41	166.66	243.01	415.12	172.12	1.1458	1.7411
18	5.4651	0.0012598	0.0055688	793.76	179.57	249.26	411.76	162.50	1.1663	1.7244
20	5.7291	0.0012930	0.0051493	773.39	194.20	255.87	407.87	152.00	1.1877	1.7062
22	6.0031	0.0013320	0.0047375	750.77	211.08	262.93	403.26	140.34	1.2105	1.6860
24	6.2877	0.0013793	0.0043272	725.02	231.10	270.61	397.70	127.09	1.2352	1.6629
26	6.5837	0.0014400	0.0039083	694.46	255.86	279.26	390.71	111.45	1.2627	1.6353
28	6.8918	0.0015261	0.0034589	655.28	289.11	289.62	381.20	91.58	1.2958	1.5999
30	7.2137	0.0016855	0.0028977	593.31	345.10	304.55	365.13	60.58	1.3435	1.5433
30.978	7.3773	0.0021386	0.0021386	467.70	467.70	329.13	329.13	0.00	1.4336	1.4336

EOS (v, ρ, h, s, c_p, c_v) by R. Span and W. Wagner (1996). λ correlation by V. Vesovic, W.A. Wakeham, G.A. Olchowy, J.A. Sengers, J.T.R Watson, J. Millat (1990). η correlation by A. Fenghour, W.A. Wakeham, V. Vesovic (1998). Calculated by H. Ishikawa. Authorized by N. Kagawa (2003)

付表 6　二酸化炭素の飽和表（圧力基準）②

圧力 MPa	温度 ℃	定圧比熱 kJ/(kg·K)		定容比熱 kJ/(kg·K)		熱伝導率 mW/(m·K)		粘性係数 μPa·s	
p	t	液体 c_p'	蒸気 c_p''	液体 c_v'	蒸気 c_v''	液体 λ'	蒸気 λ''	液体 η'	蒸気 η''
0.60	-53.115	1.9619	0.93055	0.96978	0.63904	176.1	11.30	241.9	11.14
0.65	-51.188	1.9675	0.94359	0.96712	0.64473	173.6	11.47	234.0	11.24
0.70	-49.369	1.9732	0.95648	0.96466	0.65024	171.2	11.63	226.8	11.34
0.75	-47.645	1.9792	0.96925	0.96238	0.65557	169.0	11.79	220.3	11.44
0.80	-46.005	1.9853	0.98193	0.96026	0.66075	166.9	11.95	214.3	11.53
0.85	-44.440	1.9915	0.99454	0.95827	0.66580	164.9	12.10	208.7	11.62
0.90	-42.941	1.9979	1.0071	0.95642	0.67073	163.0	12.24	203.5	11.70
0.95	-41.504	2.0044	1.0196	0.95467	0.67555	161.2	12.39	198.7	11.78
1.0	-40.122	2.0111	1.0322	0.95303	0.68026	159.5	12.53	194.1	11.86
1.1	-37.504	2.0247	1.0572	0.95003	0.68942	156.2	12.81	185.9	12.01
1.2	-35.057	2.0389	1.0824	0.94735	0.69826	153.1	13.08	178.5	12.16
1.4	-30.583	2.0688	1.1334	0.94280	0.71517	147.6	13.61	165.8	12.43
1.6	-26.558	2.1006	1.1860	0.93914	0.73134	142.6	14.13	155.2	12.68
1.8	-22.886	2.1347	1.2408	0.93624	0.74707	138.1	14.65	146.1	12.92
2.0	-19.502	2.1710	1.2983	0.93409	0.76254	134.0	15.17	138.2	13.15
2.2	-16.358	2.2098	1.3590	0.93274	0.77781	130.2	15.71	131.2	13.37
2.4	-13.417	2.2513	1.4233	0.93227	0.79286	126.7	16.25	125.0	13.59
2.6	-10.649	2.2959	1.4917	0.93274	0.80771	123.3	16.82	119.3	13.81
2.8	-8.034	2.3439	1.5649	0.93417	0.82238	120.2	17.41	114.2	14.03
3.0	-5.552	2.3959	1.6438	0.93647	0.83693	117.2	18.03	109.5	14.25
3.2	-3.189	2.4525	1.7292	0.93953	0.85144	114.3	18.68	105.1	14.47
3.4	-0.931	2.5142	1.8224	0.94321	0.86598	111.6	19.36	101.0	14.69
3.6	1.230	2.5821	1.9248	0.94736	0.88065	108.9	20.10	97.25	14.92
3.8	3.305	2.6570	2.0380	0.95184	0.89552	106.4	20.89	93.68	15.15
4.0	5.300	2.7402	2.1642	0.95655	0.91069	103.9	21.73	90.31	15.40
4.5	9.980	2.9963	2.5558	0.96907	0.95056	98.14	24.19	82.59	16.06
5.0	14.284	3.3572	3.1141	0.98314	0.99464	92.76	27.32	75.60	16.81
5.5	18.268	3.9053	3.9802	1.0008	1.0456	87.79	31.50	69.06	17.71
6.0	21.978	4.8385	5.5054	1.0277	1.1086	83.42	37.47	62.71	18.84
6.5	25.442	6.8607	8.8657	1.0799	1.1955	80.59	47.13	56.15	20.40
7.0	28.683	14.686	21.956	1.2173	1.3535	83.77	68.82	48.41	23.01
7.3773	30.978					(608.2)	(608.2)	(33.08)	(33.08)

EOS (v, ρ, h, s, c_p, c_v) by R. Span and W. Wagner (1996). λ correlation by V. Vesovic, W.A. Wakeham, G.A. Olchowy, J.A. Sengers, J.T.R Watson, J. Millat (1990). η correlation by A. Fenghour, W.A. Wakeham, V. Vesovic (1998)
Calculated by H. Ichikawa. Authorized by N. Kagawa (2003)

付表 6　二酸化炭素の飽和表（圧力基準）①

圧力 MPa	温度 ℃	比容積 m³/kg		密度 kg/m³		比エンタルピー kJ/kg			比エントロピー kJ/(kg·K)	
p	t	液体 v'	蒸気 v''	液体 ρ'	蒸気 ρ''	液体 h'	蒸気 h''	潜熱 $h''-h'$	液体 s'	蒸気 s''
0.60	-53.115	0.00085762	0.063133	1166.0	15.840	86.796	431.65	344.85	0.55197	2.1192
0.65	-51.188	0.00086285	0.058460	1159.0	17.106	90.595	432.29	341.70	0.56896	2.1084
0.70	-49.369	0.00086789	0.054430	1152.2	18.372	94.191	432.87	338.68	0.58490	2.0984
0.75	-47.645	0.00087277	0.050918	1145.8	19.640	97.609	433.39	335.78	0.59993	2.0889
0.80	-46.005	0.00087751	0.047828	1139.6	20.908	100.87	433.86	332.99	0.61414	2.0801
0.85	-44.440	0.00088212	0.045088	1133.6	22.179	103.99	434.28	330.28	0.62765	2.0718
0.90	-42.941	0.00088662	0.042640	1127.9	23.452	106.99	434.65	327.66	0.64052	2.0638
0.95	-41.504	0.00089102	0.040441	1122.3	24.727	109.87	434.99	325.12	0.65281	2.0563
1.0	-40.122	0.00089533	0.038453	1116.9	26.006	112.66	435.30	322.64	0.66460	2.0492
1.1	-37.504	0.00090372	0.034999	1106.5	28.572	117.95	435.81	317.86	0.68681	2.0357
1.2	-35.057	0.00091185	0.032099	1096.7	31.153	122.93	436.22	313.29	0.70745	2.0233
1.4	-30.583	0.00092748	0.027497	1078.2	36.368	132.13	436.77	304.64	0.74496	2.0009
1.6	-26.558	0.00094251	0.024002	1061.0	41.663	140.52	437.02	296.51	0.77848	1.9809
1.8	-22.886	0.00095713	0.021254	1044.8	47.051	148.27	437.04	288.77	0.80894	1.9628
2.0	-19.502	0.00097148	0.019033	1029.4	52.541	155.52	436.85	281.33	0.83694	1.9461
2.2	-16.358	0.00098567	0.017199	1014.5	58.144	162.36	436.49	274.13	0.86296	1.9305
2.4	-13.417	0.00099979	0.015656	1000.2	63.873	168.85	435.97	267.13	0.88733	1.9158
2.6	-10.649	0.0010010	0.014340	986.27	69.737	175.05	435.32	260.27	0.91031	1.9018
2.8	-8.034	0.0010281	0.013202	972.64	75.747	181.01	434.53	253.52	0.93211	1.8884
3.0	-5.552	0.0010425	0.012207	959.25	81.919	186.75	433.61	246.86	0.95291	1.8754
3.2	-3.189	0.0010570	0.011329	946.05	88.266	192.32	432.57	240.25	0.97285	1.8628
3.4	-0.931	0.0010718	0.010548	932.97	94.804	197.74	431.42	233.68	0.99204	1.8505
3.6	1.230	0.0010870	0.0098475	919.97	101.55	203.02	430.15	227.13	1.0106	1.8384
3.8	3.305	0.0011025	0.0092149	907.02	108.52	208.19	428.76	220.56	1.0286	1.8264
4.0	5.300	0.0011185	0.0086400	894.04	115.74	213.27	427.25	213.97	1.0461	1.8145
4.5	9.980	0.0011611	0.0074037	861.27	135.07	225.68	422.90	197.23	1.0882	1.7848
5.0	14.284	0.0012087	0.0063828	827.32	156.67	237.87	417.66	179.79	1.1289	1.7544
5.5	18.268	0.0012640	0.0055119	791.13	181.43	250.13	411.28	161.15	1.1691	1.7221
6.0	21.978	0.0013315	0.0047420	751.04	210.88	262.85	403.32	140.48	1.2102	1.6862
6.5	25.442	0.0014212	0.0040269	703.62	248.33	276.72	392.85	116.13	1.2547	1.6436
7.0	28.683	0.0015667	0.0032891	638.30	304.04	293.88	376.91	83.03	1.3093	1.5844
7.3773	30.978	0.0021386	0.0021386	467.70	467.70	329.13	329.13	0.00	1.4336	1.4336

EOS (v, ρ, h, s, c_p, c_v) by R. Span and W. Wagner (1996). λ correlation by V. Vesovic, W.A. Wakeham, G.A. Olchowy, J.A. Sengers, J.T.R Watson, J. Millat (1990). η correlation by A. Fenghour, W.A. Wakeham, V. Vesovic (1998)
Calculated by H. Ichikawa. Authorized by N. Kagawa (2003)

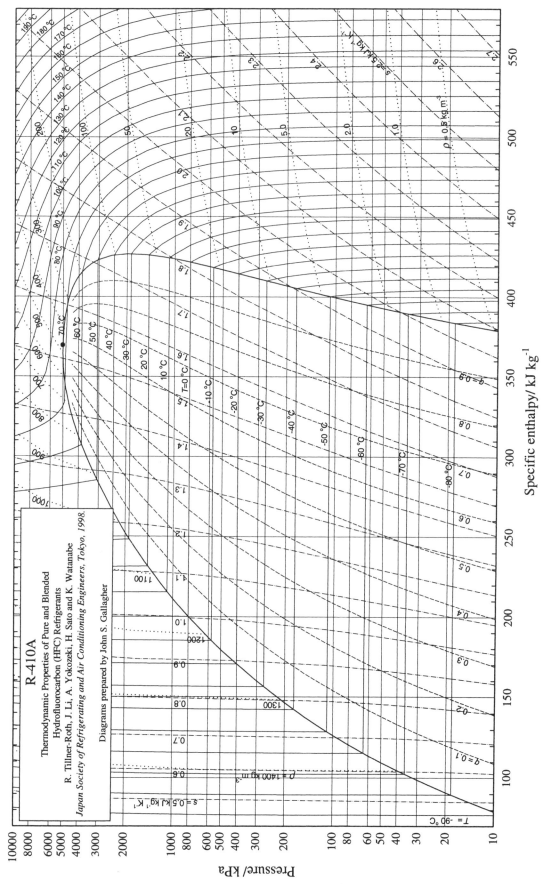

付図 1　R 410A の p-h 線図

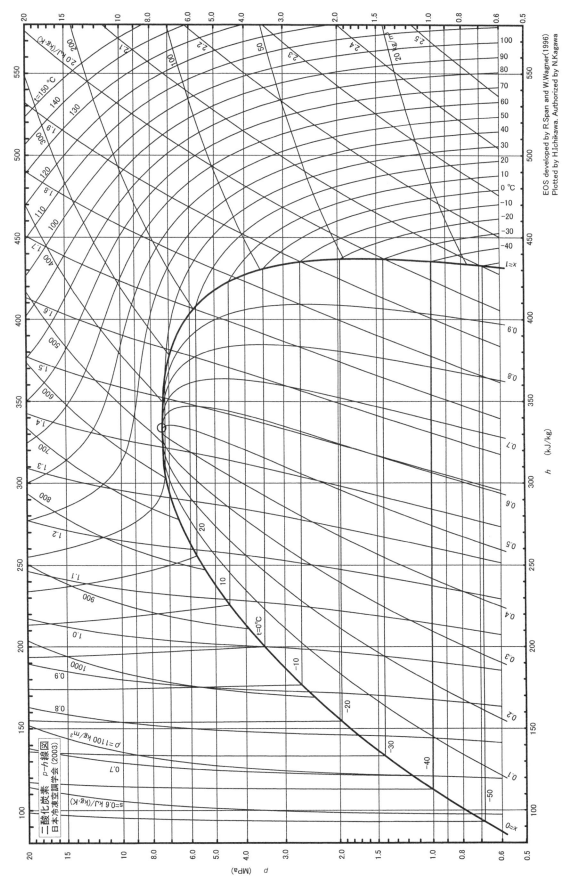

付図 2　二酸化炭素の p–h 線図

索　　引

編著者略歴

小口幸成（おぐちこうせい）

1940 年	東京都に生まれる
1970 年	慶應義塾大学大学院工学研究科博士課程修了
	神奈川工科大学教授，同学長，学校法人鷗友学園理事長などを経て
現　在	神奈川工科大学名誉教授・工学博士
	学校法人鷗友学園特別顧問

髙石吉登（たかいしよしのり）

1951 年	千葉県に生まれる
1981 年	慶應義塾大学大学院工学研究科博士課程修了
	神奈川工科大学教授，インペリアル・カレッジ・ロンドン訪問研究員
	などを経て
現　在	神奈川工科大学名誉教授・工学博士

熱　力　学（第 2 版）　　　　　　定価はカバーに表示

2023 年 2 月 1 日　　初版第 1 刷

編著者	小　口　幸　成	
	髙　石　吉　登	
発行者	朝　倉　誠　造	
発行所	株式会社 朝　倉　書　店	

東京都新宿区新小川町 6-29
郵 便 番 号　　162-8707
電　話　　03（3260）0141
FAX　　03（3260）0180
https://www.asakura.co.jp

〈検印省略〉

Ⓒ 2023 〈無断複写・転載を禁ず〉　　　　　新日本印刷・渡辺製本

ISBN 978-4-254-23764-1　C 3053　　　　　Printed in Japan

機械工学テキストシリーズ1 機械力学

吉沢 正紹・大石 久己・藪野 浩司・曄道 佳明 (著)

B5 判／ 144 ページ　ISBN：978-4-254-23761-0 C3353　定価 3,520 円（本体 3,200 円＋税）

機械システムにおける力学の基本を数多くのモデルで解説した教科書。随所に例題・演習・トピック解説を挿入。〔内容〕機械力学の目的／振動と緩和／回転機械／はり／ピストンクランク機構の動力学／磁気浮上物体の上下振動／座屈現象／他

機械工学テキストシリーズ3 動力発生学 ―エンジンのしくみから宇宙ロケットまで―

小口 幸成・神本 武征 (編著)

B5 判／ 152 ページ　ISBN：978-4-254-23763-4 C3353　定価 3,520 円（本体 3,200 円＋税）

エネルギーの基本概念から，燃焼，電気や動力の発生を体系的に学ぶことができる，これから技術者を目指す学生に向けた入門テキスト。〔内容〕エネルギー／燃焼／環境／内熱機関／ガスタービン／蒸気機関／燃料電池／宇宙用推進エンジン他

最新 内燃機関 ［改訂版］

秋濱 一弘・津江 光洋・友田 晃利・野村 浩司・松村 恵理子 (編著) ／他 4 名 (著)

A5 判／ 216 ページ　ISBN：978-4-254-23149-6 C3053　定価 3,520 円（本体 3,200 円＋税）

長年愛読された教科書を最新情報にアップデート〔内容〕緒論（熱機関等），サイクル，燃料，燃焼，熱マネージメント，力学，潤滑，性能と試験法，火花点火機関（ハイブリッド車含む），圧縮点火機関，ガスタービン，ロケットエンジン

最新・未来のエンジン ―自動車・航空宇宙から究極リアクターまで―

内藤 健 (編著)

A5 判／ 196 ページ　ISBN：978-4-254-23147-2 C3053　定価 3,740 円（本体 3,400 円＋税）

多様な分野，方向性で性能向上が進められるエンジンについて，今後実用化の可能性があるものまでを基礎からわかりやすく解説。対象は学部生から一般の読者まで。〔内容〕ガソリンエンジン／デトネーションエンジン／究極エンジン／他

きづく！ つながる！ 機械工学

窪田 佳寛・吉野 隆・望月 修 (著)

A5 判／ 164 ページ　ISBN：978-4-254-23145-8 C3053　定価 2,750 円（本体 2,500 円＋税）

機械工学の教科書。情報科学・計測工学・最適化も含み，広く学べる。〔内容〕運動／エネルギー・仕事／熱／風と水流／物体周りの流れ／微小世界での運動／流れの力を制御／ネットワーク／情報の活用／構造体の強さ／工場の流れ，等

Bilingual edition 計測工学 Measurement and Instrumentation

高 偉・清水 裕樹・羽根 一博・祖山 均・足立 幸志 (著)

A5 判／ 200 ページ　ISBN：978-4-254-20165-9 C3050　定価 3,080 円（本体 2,800 円＋税）

計測工学の基礎を日本語と英語で記述。〔内容〕計測の概念／計測システムの構成と特性／計測の不確かさ／信号の変換／データ処理／変位と変形／速度と加速度／力とトルク／材料物性値／流体／温度と湿度／光／電気磁気／計測回路